高等学校土木工程专业"十三五"系列教材
高校土木工程专业系列教材

装配式混凝土结构

主编 黄 靓 冯 鹏 张 剑
主审 沈蒲生

中国建筑工业出版社

图书在版编目(CIP)数据

装配式混凝土结构/黄靓，冯鹏，张剑主编. —北京：
中国建筑工业出版社，2020.1（2024.6重印）
高等学校土木工程专业"十三五"系列教材 高校土木
工程专业系列教材
ISBN 978-7-112-24659-5

Ⅰ.①装… Ⅱ.①黄… ②冯… ③张… Ⅲ.①装配式混
凝土结构-高等学校-教材 Ⅳ.①TU37

中国版本图书馆 CIP 数据核字(2020)第 011015 号

本书分为 12 章，系统介绍了装配式混凝土结构的相关内容，包括绪论、装配式混
凝土结构常用材料、装配式混凝土结构体系和结构设计基本规定、装配式钢筋混凝土
叠合楼盖设计、装配整体式混凝土框架结构设计、装配整体式混凝土剪力墙结构设计、
预制混凝土构件设计、预制混凝土构件生产及智能制造、装配式混凝土建筑施工技术、
装配式混凝土建筑施工组织、BIM 技术在装配式混凝土建筑中的应用、装配式混凝土
建筑的建设项目管理体系。

本书每章设有本章学习目标和本章小结，章节末配有思考题、习题和拓展题，同
时文中附有二维码数字资源，包括视频、图集等内容，方便生动教学。

本书适用于高校土木工程专业本科学生、研究生以及从事混凝土结构设计、施工、
管理的工程技术人员。

本书还配有教学课件，请选用此书作为教材的教师通过以下方式获取课件：1. 邮
件：jckj@ cabp. com. cn 或 jiangongkejian@ 163. com（邮件请注明书名）；2. 电话：
(010)58337285；3. 建工书院：http：//edu. cabplink. com。

责任编辑：赵 莉 吉万旺 王 跃
责任校对：姜小莲

高等学校土木工程专业"十三五"系列教材
高 校 土 木 工 程 专 业 系 列 教 材
装配式混凝土结构
主编 黄 靓 冯 鹏 张 剑
主审 沈蒲生

＊

中国建筑工业出版社出版、发行（北京海淀三里河路 9 号）
各地新华书店、建筑书店经销
北京红光制版公司制版
廊坊市海涛印刷有限公司印刷

＊

开本：787×1092 毫米 1/16 印张：17¼ 字数：412 千字
2020 年 5 月第一版 2024 年 6 月第六次印刷
定价：**62.00 元**（赠教师课件及二维码资源）
ISBN 978-7-112-24659-5
(35265)

本教材编审委员会名单

主　任：肖　在　刘元珍　毛　超　李永梅　林红威　李运帷

副主任：（以姓氏笔画排序）

王崇恩　王雅明　邓　鹏　邓逸川　朱换良　李　勃

张　胜　张村义　张家广　欧妍君　罗　维　周　靖

胡前云　袁　鸿　彭　飞　彭凌云　曾中波　谭　觉

委　员：（以姓氏笔画排序）

毛广湘　方孜瑜　刘　清　刘　锋　江学良　许四法

严　兵　杨　光　杨　帆　杨春侠　杨期柱　杨德磊

汪小平　张　敏　张龙威　张锋剑　陈　智　陈占峰

卓德兵　罗清海　赵羽习　祝方才　祝明桥　贺　伟

徐汉勇　黄世清　曹现雷　曹国辉　崔宏志　董　云

童智能　谭新明　薛小龙

前　　言

党中央、国务院高度重视装配式建筑的发展，近几年，国家发布了《关于完善质量保障体系提升建筑工程品质的指导意见》《关于开展质量提升行动的指导意见》《关于促进建筑业持续健康发展的实施意见》《"十三五"装配式建筑行动方案》《中共中央国务院关于进一步加强城市规划建设管理工作的若干意见》等一系列的政策，提出要大力发展装配式建筑，加快推进装配式建筑的应用，扩大装配式建筑覆盖面，提高全国装配式建筑占新建建筑面积的比例。根据规划，2020 年全国装配式建筑占新建建筑的比例达到 15% 以上，力争用 10 年左右时间，使装配式建筑占新建建筑的比例达到 30%。目前我国的装配式建筑已经步入加速发展期。为落实中央政策目标，各地方政府也已制定装配式建筑规模阶段性目标并同步出台若干鼓励推广的政策法规。

装配式混凝土结构是目前我国主要的装配式建筑的结构形式之一，我国目前建造的装配式建筑房屋大部分是装配式混凝土结构房屋。如今制约我国装配式建筑发展的一个重要问题是专业的装配式建筑人才缺乏，所以很有必要编写一本装配式混凝土结构的教材，培养大批装配式混凝土结构房屋的设计、施工等方面的专业化人才队伍。在此背景下，国内的八大院校（湖南大学、清华大学、同济大学、太原理工大学、重庆大学、北京工业大学、华南理工大学和暨南大学）以及长沙远大住宅工业集团股份有限公司联合编写了这本《装配式混凝土结构》教材。

本教材介绍了装配式混凝土结构常用材料、装配式混凝土结构体系和结构设计基本规定、装配式钢筋混凝土叠合楼盖设计、装配整体式混凝土框架结构和剪力墙结构设计、预制混凝土构件设计和生产及智能制造、装配式混凝土建筑施工技术和建筑施工组织、BIM技术在装配式混凝土建筑中的应用、装配式混凝土建筑的建设项目管理体系等内容，同时对装配式混凝土结构在国内外的发展与应用现状，以及对装配式建筑、建筑工业化、绿色建筑以及建筑产业现代化之间的关系等内容进行了阐述。学生学习这本教材之前需要学习《混凝土结构设计原理》和《混凝土结构设计》，并具备一定的《高层结构设计》和《结构抗震设计》的基本知识。本书稿主要参考了《装配式混凝土结构技术规程》JGJ 1—2014、《混凝土结构设计规范》（2015 年版）GB 50010—2010、《钢筋桁架楼承板》JG/T 368—2012、《预制带肋底板混凝土叠合楼板技术规程》JGJ/T 258—2011 等规范，并且是按最新版的《建筑结构可靠性设计统一标准》GB 50068—2018 进行编写的。

本书是由湖南大学黄靓（第 1 章、第 5 章、第 6 章、第 7 章、第 11 章）、邓鹏（第 5章），清华大学的冯鹏、林红威（第 2 章、第 3 章），北京工业大学的彭凌云、李永梅（第4 章、第 7 章），太原理工大学的刘元珍（第 1 章、第 9 章、第 10 章、第 11 章）、张家广（第 1 章）、王崇恩（第 11 章），重庆大学毛超（第 1 章、第 12 章），同济大学彭飞（第 1

章），华南理工大学的周靖（第 5 章），暨南大学袁鸿（第 6 章），远大住工的张剑、肖在、王雅明、张村义、谭觉（第 4 章、第 8 章）等作者编写，黄靓负责统稿。别外，装配式建筑政策解读得到了李运帷、罗维同志的大力帮助，本书编写过程中还得到了研究生秦明珠、吴越、孙强、毛志杰、张慧芳、李一帆、宣鹏程、秦翔宇、王雨桐、张玥等同学的帮助，在此向他们表示感谢。

湖南大学的沈蒲生教授审阅了全部书稿，在此表示衷心感谢。由于我们的水平所限，八个院校联合编写一本装配式混凝土结构的教材，也是我们的初次尝试，书中错误之处在所难免，欢迎批评指正。

编者

2019 年 10 月

目　　录

第 1 章 绪 论

Introduction

本章学习目标

1. 熟练掌握装配式混凝土结构的概念、分类和优势。

2. 了解国内外装配式混凝土结构的发展和应用现状；了解我国目前装配式混凝土结构发展及问题。

3. 掌握建筑工业化概念和特征；掌握绿色建筑概念和设计理念；掌握建筑产业现代化概念和特征。

4. 了解装配式建筑与建筑工业化的关系；了解装配式建筑与绿色建筑的关系；了解建筑工业化与建筑产业现代化的关系。

5. 了解装配式混凝土建筑可持续性的五个方面。

1.1 装配式混凝土结构的概念及其优势
Concept and Advantage of Precast Concrete Structure

1.1.1 装配式混凝土结构概念及其类型
Concept and Classification of Precast Concrete Structure

装配式混凝土结构是由预制混凝土（Precast Concrete，简称 PC）构件通过可靠的连接方式装配而成的混凝土结构，包括装配整体式结构、全装配混凝土结构等。在建筑工程中，简称装配式混凝土建筑；在结构工程中，简称装配式混凝土结构。装配式混凝土结构的两个基本特征为：PC 构件和可靠的连接方式。可扫描右侧二维码查看更多装配式建筑知识。

装配整体式混凝土结构是由 PC 构件通过可靠的方式进行连接并与现场后浇混凝土、水泥基灌浆料形成整体的装配式混凝土结构。简而言之，装配整体式混凝土结构的连接以"湿连接"为主要方式（见图 1-1）。装配整体式混凝土结构具有较好的整体性和抗震能力。目前，我国的多层和高层装配式混凝土建筑大多采用装配整体式混凝土结构。

全装配式混凝土结构是由 PC 构件采用"干连接"方式（如螺栓连接、焊接等，见图 1-2）形成的结构形式，目前主要在低层建筑中采用。

装配整体式混凝土结构体系主要包括：装配整体式混凝土框架结构、装配整体式剪力墙结构

图 1-1 湿连接形式

装配式建筑设计理念及基础知识

图 1-2 干连接形式

等。更多装配式混凝土结构体系的介绍可扫描右侧二维码查看。

装配式混凝土结构体系简介

（1）装配整体式混凝土框架结构

装配整体式混凝土框架结构是全部或部分框架梁、柱采用预制构件建成的装配整体式混凝土结构，简称装配整体式框架结构，如图 1-3 所示。装配整体式框架结构由多个预制部分组成：预制梁、预制柱、预制楼梯、外挂墙板等。该结构体系主要用于需要大空间的商场、停车场、办公楼、教学楼和商务楼等建筑，近年来也应用于居住建筑。

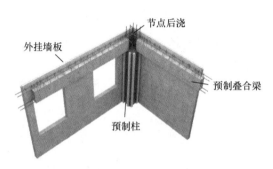

图 1-3 装配整体式混凝土框架结构

（2）装配整体式混凝土剪力墙结构

装配整体式混凝土剪力墙结构是采用预制墙板构建成的装配整体式混凝土结构，简称装配整体式剪力墙结构，如图 1-4 所示。在装配整体式混凝土剪力墙结构中，全部或者部分剪力墙采用预制构件，构件之间拼缝采用湿式连接，结构性能和现浇结构基本一致，主要按照现浇结构的设计方法进行设计；其他构件（外围护墙板、内受力剪力墙、叠合楼板、阳台、楼梯等）酌情选择预制。

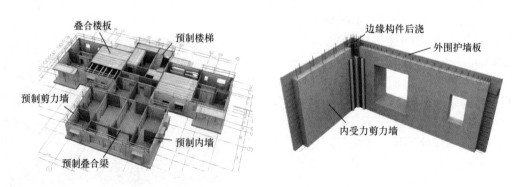

图 1-4 装配整体式剪力墙结构

1.1.2 装配式混凝土结构优势
Advantage of Precast Concrete Structure

装配式混凝土结构相对于传统的建筑结构具有的优势主要有：

（1）预制构件在工厂采用机械化生产，产品质量高，构件外观质量、耐久性好。构件表面质量优越，可取消传统构件的表面抹灰作业。

（2）可大幅减少施工现场湿作业量，减少施工现场水泥、砂石、模板及支撑体系料具使用量，有利于保护环境和资源，减少粉尘和噪声等污染。

（3）可将保温、装饰部分与构件进行整体预制，可较大减少现场工作量，简化现场的施工工艺，提高工程的施工质量。

（4）预制构件机械化程度高，可较大地减少现场施工人员配备。施工现场人员大量减少，可降低安全事故的发生率。

1.2 国外装配式混凝土结构的发展与应用现状
Foreign Development and Application of
Precast Concrete Structure

1.2.1 英国装配式混凝土结构发展与应用现状
Development and Application of Precast Concrete Structure in UK

1875 年 6 月，英国的 W. H. Lascelles 提出了在承重结构上安装预制混凝土外墙板，由此开启了预制混凝土的应用。

1945 年，由于两次世界大战带来的巨大的住房需求和建筑工人短缺的问题，英国政府发布了白皮书，以重点发展工业化制造能力来弥补传统建造方式的不足，推动了建筑生产的规模化、工厂化，促进了英国装配式混凝土建筑的进一步发展。

20 世纪 50 年代到 70 年代是英国建筑行业朝着装配式混凝土建筑方向发展的蓬勃期，期间装配式混凝土结构的发展主要体现在预制混凝土大板结构，该结构的发展得益于战后运输和吊装设备的发展，大板结构使得预制混凝土构件真正成为了结构构件。

20 世纪 90 年代，传统建筑方式的弊端使得住宅建造迈入提高品质阶段，同时也推动了装配式混凝土建筑的发展。目前，在英国这种工厂化预制建筑部件、现场安装的建造方式，已广泛应用于建筑行业。

1.2.2 美国装配式混凝土结构发展与应用现状
Development and Application of Precast Concrete Structure in USA

美国在 20 世纪 50 年代就开始大力推广装配式混凝土结构，其中 50％用于桥梁结构，50％则为房屋建筑。美国的预制建筑主要包括建筑预制外墙和结构预制构件两大系列，预制构件的共同特点是大型化，并与预应力相结合。因为在工程中大量应用了大型预应力预制混凝土构件技术，PC 技术的优越性得到了更好的发挥。20 世纪 70 年代，装配式住宅在美国盛行，在美国的大城市中，大部分是以装配式混凝土和装配式钢结构住宅为主。

随着战后运输和吊装设备的发展，大型化预制构件渐渐得到应用，在美国等国家出现了预制盒子结构，这种盒子结构是将一个房间连同设备装修等按照定型模式，在工厂依照盒子的形式制作成型再于现场吊装的六面体预制构件。

20 世纪 60 年代至 70 年代，由于劳动力匮乏、人力成本高，装配式混凝土结构除了在居住建筑中发展很快，同时也在公共建筑中得到了应用，预制构件在框架结构体系的运用中日渐成熟。期间，美国还出现了另一种装配式混凝土结构体系——干式连接的全预制装配式结构，这种结构不采用后浇混凝土。美国对于干式连接节点的传力方式控制得很好，能够大幅提高机械化程度，降低材料和人力的成本。全预制混凝土结构经过数十年的发展，因其质量易控且经济的优点，已经占据了美国装配式混凝土结构的主导地位。

1970 年开始美国还研发了连结套筒，并首次在檀香山一栋 38 层旅馆建筑的预制混凝土柱连接中得到应用。此后美国对套筒灌浆技术进行了进一步的研究与应用，这种技术开始用于各种类型的结构连接。

1976 年，美国国会通过了《国家工业化住宅建造及安全法案》，出台了一系列严格的行业规范标准，一直沿用到今天。如今，美国不但注重装配式住宅的质量，其住宅更有着美观、舒适性及个性化的特点。其住宅用构件和部品几乎百分百达到了标准化、系列化、专业化、商品化、社会化，具有很高的工业化生产水平，用户可通过产品目录选择住宅形式。这些构件结构性能好，有很大通用性，也易于机械化生产。

1.2.3 德国装配式混凝土结构发展与应用现状
Development and Application of Precast Concrete Structure in Germany

1845 年德国生产了预制混凝土楼梯，此后德国的预制构件发展便日趋成熟并不断投入应用。从 20 世纪中叶，由于战后需要在短期内建设大量住宅，东德地区开始尝试采用适应工业化的 PC 大板体系，并在 20 世纪 70 年代至 90 年代，开展大规模的住宅建设，但是从 90 年代以后该体系因在抗震、保温和隔声以及防水等方面有诸多问题已很少被应用。

图 1-5　德国装配混凝土大板体系住宅

德国当前的装配式混凝土建筑主要采用装配式叠合板体系。预制墙板由两层预制板与格构钢筋制作而成，现场就位后，在两层板中间浇筑混凝土，共同承受竖向荷载和水平力作用，该结构能很好地结合现浇混凝土结构和装配式混凝土结构的特点，基本不存在一般装配式混凝土剪力墙拼缝薄弱环节，能够大幅度减少模板和支架的用量，节省工程费用，并且墙体轻便，大体量的构件也能应用，适合大规模推广应用。结构水平构件和竖向构件通过现浇钢筋混凝土连接，使结构具有良好的整体性能。此外，该体系中主要预制构件预制墙和叠合楼板可以无缝共用生产线，能够提高生产线利用效率。

目前德国的构件预制与装配建造已经进入工业化、专业化设计，标准化、模块化、通

图 1-6　装配式混凝土双面叠合板

用化生产，其构件部品易于仓储、运输，可多次重复使用、临时周转并具有节能低耗、绿色环保的耐久性能。

1.2.4　日本装配式混凝土结构发展与应用现状
Development and Application of Precast Concrete Structure in Japan

日本预制技术的历史最早可以追溯到 1918 年，其中，具有代表性的 PC 结构的演化经历了三个发展阶段：

第一阶段为第二次世界大战后初级发展阶段，此阶段政府为了解决住宅供应不足的问题，需要建造大量的简易住宅，提高建造速度。政策上对预制装配式结构给予支持，建设省制定了一系列方针政策和统一的模数标准，逐步实现建筑体系的标准化和部件化。

第二阶段为 20 世纪 70 至 80 年代，此阶段为完善住宅的质量与功能阶段，平面布置由单一化向多样化方向发展，住宅产业进入稳定发展时期。

第三阶段为 20 世纪 90 年代至今，重点以节约能源和可持续发展作为目标。推出了采用部件化和工业化方式生产、生产效率高、住宅内部结构可变、适应居民多种不同需求的"中高层住宅生产体系"。

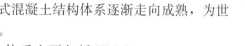

日本装配式
发展历程

经过三个阶段的过渡，日本装配式混凝土结构体系逐渐走向成熟，为世界各国装配式结构的发展提供了借鉴。

目前，日本的装配式混凝土结构体系主要包括 W-PC、R-PC、WR-PC、SR-PC 四种，其发展历程可扫描右图二维码查看，各种结构体系的特点如下所示。

（1）W-PC 结构体系（装配式混凝土剪力墙结构）

W-PC 结构体系始于 1965 年，是日本最早使用的预制装配式结构，目前在日本较少使用。主要由 PC 墙板组成结构的竖向承重体系和水平抗侧力体系，PC 墙板与 PC 楼板之间，以及 PC 墙板自身之间采用干式或半干式连接。

（2）R-PC 结构体系（装配式混凝土框架结构）

R-PC 结构是装配式的钢筋混凝土框架结构（图 1-7），框架结构具有房间布置灵活、结构受力明确、计算简单等特点，日本的混凝土结构以钢筋混凝土框架结构为主。

日本的 PC 框架体系在等同现浇的设计思路下，其构件

图 1-7　日本 208m 高装配式
框架结构住宅

5

的加工和现场安装施工相对于其他体系而言要简单方便。

（3）WR-PC 结构体系（PC 框架-墙板体系）

结合 PC 框架及湿式连接节点，日本研发出带预制墙板的 PC 框架-墙板体系。这种体系采用部分 PC 框架代替了 PC 墙板，建筑平面布局更加灵活，同时采用湿式连接节点，结构整体的安全性、抗震性能及适用高度都有所提高。

（4）SR-PC 结构体系（装配式劲性钢筋混凝土结构）

SR-PC 结构体系的柱子和梁为钢骨混凝土构件，剪力墙为预制装配式构件。钢骨架间采用焊接或螺栓接合，钢筋采用机械式接口焊接。该体系的型钢与混凝土共同承担荷载，可以在施工时作为承重骨架，承受模板和其他施工荷载，给施工带来极大的便利。

1.2.5 新西兰装配式混凝土结构发展与应用现状

Development and Application of Precast Concrete Structure in New Zealand

装配式混凝土结构在新西兰有着较早的发展历史，如图 1-8 所示。

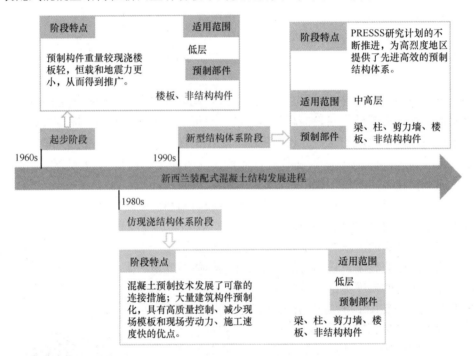

图 1-8 新西兰装配式混凝土结构发展进程

自 20 世纪 60 年代，新西兰开始使用预制楼板和其他非结构构件，由于其重量较现浇楼板轻，恒载和地震作用更小，PC 在建筑施工中得到了稳定的增长。

20 世纪 80 年代，新西兰的混凝土预制技术发展了可靠的连接措施，开始在混凝土框架和剪力墙中大量使用预制构件。由于 PC 构件具有质量高、现场模板和劳动力少以及施工速度快等优点，使 PC 构件具有明显的成本优势，PC 在新西兰迎来了在建筑中应用的繁荣时期。

1988 年，新西兰混凝土学会、新西兰国家地震工程学会与坎特伯雷大学先进工程研究中心成立了预制结构研究小组，分析并总结预制结构设计与施工方面的资料，于 1991 年和 1999 年先后出版了两版《建筑物中结构 PC 使用指南》（*Guidelines for the Use of*

Structural Precast Concrete in Buildings）。此时预制结构的抗震设计采用与现浇结构相同的设计思路，即能力设计法，最大限度地保证柱内钢筋不屈服。

20 世纪 90 年代至今，Nigel Priestley 教授领导下的关于预制结构抗震性能评估与设计的 PRESSS（PREcast Seismic Structural System）研究成果不断涌现，为高烈度地区提供了先进高效的预制混凝土结构体系，使装配式混凝土结构被大量应用于中高层结构中。

1.2.6 澳大利亚装配式混凝土结构发展与应用现状
Development and Application of Precast Concrete Structure in Australia

从 20 世纪 50 年代开始，澳大利亚开展了大规模预制装配式住宅项目，并在 20 世纪 60 年代提出了"快速安装预制住宅"的概念，预制装配式房屋的发展处于一种相当稳定的状态。

20 世纪 80 年代，随着澳大利亚国内建筑工业的蓬勃发展，传统的建筑工程设计、施工等已不能满足整体的建筑发展趋势，当时的技术体系已经不能满足建筑工程发展的需要。澳大利亚急需建立一种体系，来最大限度地减少对现场技术工人的需求、加快施工速度、节约工程成本、减小工程能耗、进一步提高成品的质量及施工速度。为了解决上述相关问题，全预制钢筋混凝土装配整体式结构（NPC）技术应运而生。NPC 作为一种混凝土装配式结构体系，其原理主要是采用预制钢筋混凝土柱、墙，预制钢筋混凝土叠合梁、板，通过预埋件、预埋钢筋插孔灌浆、钢筋混凝土后浇部分等将梁、板、柱及节点连成整体，形成整体结构体系。

波浪大厦（见图 1-9）位于澳大利亚昆士兰的黄金海岸，大厦由一系列钢筋混凝土楼板建造，利用剪力墙结构支撑。每一层都包裹上钢筋混凝土悬臂阳台和曲边预制板。这种模式每 4 层重复一次，类似于螺旋状的上升样式。只利用了 500 个 PC 曲边阳台板，不加任何修饰，展现预制装配式混凝土建筑的素颜美。

21 世纪以来，澳大利亚大力推动模块化装配式结构。模块化结构旨在最大限度地提高场外预制内容，最大限度地减少现场建筑活动，并最大限度地减少现场返工的可能性。最大化地将结构完整的建筑单元运送到现场的概念被描述为模块化结构。

澳大利亚预制房屋先进制造培训中心研究总监 Tuan Ngo 教授表示，澳大利亚预制的模块化住房占建筑工程量的 70%。极端的天气，会使户外的建造活动变得异常困难，因此，工厂预制建筑模块（图 1-10）

(a)   *(b)*

图 1-9　昆士兰波浪大厦
(a) 大厦外观；*(b)* 大厦施工

就成了最佳解决方案。除了能够提供低成本的临时性住宿，模块化建筑还具有巨大的社会意义，尤其是对于城市中的无家可归者。如果发生大范围的灾害，应急的救灾建筑可以由工厂迅速反应，预制并运送至安全的集散点，安置受灾人群。

图 1-10　预制建筑模块生产

1.3　国内装配式混凝土结构的发展与应用现状
Domestic Development and Application of
Precast Concrete Structure

我国从 20 世纪五六十年代开始研究装配式混凝土建筑的设计施工技术，形成了一系列装配式混凝土结构体系，较为典型的结构体系有装配式单层工业厂房排架体系、装配式多层框架结构体系、装配式大板结构体系等。到了 20 世纪 70 年代混凝土预制空心楼板得到了普遍应用，70 年代末，我国引进了南斯拉夫预制预应力混凝土板柱结构体系，即 IMS 体系。到 20 世纪 80 年代装配式混凝土建筑的应用达到全盛时期，全国许多地方都形成了设计、制作和施工安装一体化的装配式混凝土工业化建筑模式。装配式混凝土结构和采用预制空心楼板的砌体结构成为两种最主要的结构体系，应用普及率达 70％以上。

然而，我国大陆地区的装配式混凝土结构在 20 世纪 80 年代后期进入衰退期，出现这一现象的主要原因为：（1）装配式混凝土技术发展缓慢，PC 生产企业规模小，设备、工艺落后，产品单一，质量标准低，而我国建筑建设规模急剧增长，建筑设计出现个性化、多样化、复杂化的特点；（2）装配式混凝土建筑质量和使用功能不佳，由于片面追求经济利益，导致装配式混凝土建筑普遍存在隔声、隔热、防水差等问题，致使装配式混凝土建筑在推广应用中受到社会普遍抵触；（3）装配式混凝土结构的抗震问题突出，由于未能精心设计连接节点并保证施工质量，导致结构整体性较差，在过去发生的几次地震中部分装配式混凝土结构破坏严重，抗震问题在一定程度上限制了其在抗震设防地区的推广应用。由于我国装配式混凝土建筑设计和施工技术研发水平跟不上社会需求及建筑技术发展的变化，到 20 世纪 90 年代中期，装配式混凝土建筑已被全现浇的混凝土结构体系全面取代。

现场湿作业方式主要存在的问题为施工工期长、劳动生产率低、工业化水平低、成套技术集成度低、自然能源和社会资源消耗大等。进入 21 世纪后，随着劳动力成本上升、节能环保要求提高以及装配式施工技术和管理水平提升等因素，装配式混凝土技术在我国又重新受到重视。2016 年 2 月，国务院印发的《关于进一步加强城市规划建设管理工作的若干意见》中提出了加大政策支持力度，力争用 10 年左右时间，使装配式建筑占新建建筑的比例达到 30％。随着国家和很多地方对装配式混凝土建筑产业发展扶持政策的推出，装配式混凝土结构近些年得到迅猛发展。

目前，保温装饰一体化板因其热桥作用少，节能保温效果好等优点得到了较好的发展。既适用于各类公共建筑，也适用于住宅建筑的外墙外保温；不仅适用于新建筑的外墙保温与装饰，也适用于旧建筑的节能和装饰改造；既适用于北方寒冷地区的建筑，也适用于南方炎热地区的建筑。如图 1-11 和图 1-12 所示，分别展示了预制混凝土构件的工业生产和保温装饰一体化板的装配化施工。

图 1-11　预制混凝土构件的工业生产

图 1-12　保温装饰一体化板件的装配化施工

1.4　装配式建筑与建筑工业化的关系
Relationship between Prefabricated Building and Construction Industrialization

建筑工业化是建筑在建造全过程中采用以标准化设计、工厂化生产、装配化施工、一体化装修和信息化管理为主要特征的工业生产方式。装配式建筑是以标准化设计、工厂化生产的建筑构件，用现场装配式建成的住宅和公共建筑。装配式建筑的特点是大量的预制部品部件和配件通过工业化的方式生产出来的，它主要包括：

（1）结构构件（如外墙板、内墙板、叠合楼板、阳台、空调板、楼梯板、预制梁、预制柱等）；

（2）建筑、装饰、机电部品（如内隔墙、集成式厨房、集成式卫生间、整体式收纳柜、集成式机电设备等）；

（3）装配式配件（如预埋件、吊点、架空龙骨等）。

因此，从建筑工业化和装配式建筑的定义来看，装配式建筑是建筑工业化的重要构成部分，发展装配式建筑尤其是全装配式建筑是实现建筑工业化的主要途径和趋势。

1.5 装配式建筑与绿色建筑的关系
Relationship between Prefabricated Building and Green Building

我国《绿色建筑评价标准》GB/T 50378 对绿色建筑的定义为：在全寿命期内，最大限度地节约资源（节能、节地、节水、节材）、保护环境、减少污染，为人们提供健康、适用和高效的使用空间，与自然和谐共生的建筑。绿色建筑设计、绿色建材生产、绿色建造施工、绿色生活消费的内在统一，是绿色建筑的必然要求。绿色建筑评价指标体系由节地与室外环境、节能与能源利用、节水与水资源利用、节材与材料资源利用、室内环境质量、施工管理、运营管理 7 类指标组成。我国现行《绿色建筑评价标准》将绿色建筑分为一星级、二星级、三星级 3 个等级。

绿色建筑设计理念强调节约能源、节约资源、回归自然，而装配式建筑具有节能、节水、节材等显著特点，能够大幅度减少建筑垃圾、保护环境。因此，装配式建筑非常吻合可持续发展的绿色建筑全寿命周期基本理念，它是实现绿色建筑发展的主要途径之一。

1.6 建筑工业化与建筑产业现代化的关系
Relationship between Construction Industrialization and Modernization of Construction Industry

建筑产业现代化，是以绿色发展为理念，技术进步为基础，信息技术和工业化深度融合为手段，运用先进适用的建造技术和科学的管理方法，对建筑全产业链更新、改造和升级，实现传统建造方式向现代工业化生产方式转变，从而全面提升建筑工程的质量、效率和效益。

与建筑工业化相比，建筑产业现代化的范围更为广泛，建筑产业现代化主要包括设备和工具的现代化、产业结构的现代化、劳动力的现代化、管理方式的现代化等，而建筑工业化仅是建筑产业现代化的一个手段。建筑产业现代化与建筑工业化的目标是一致的，即建造绿色环保、可持续的建筑，但二者侧重点有所区别，建筑工业化更多地侧重于建筑生产方式上由传统方式向工业化建造方式的转变，而建筑产业现代化的概念则强调大生产在建筑建造过程中的作用，其内涵涵盖了建筑工业化的范畴，是建筑工业化与其他要素结合的结果。

1.7 装配式混凝土建筑的可持续性
Sustainability of Precast Concrete Building

1.7.1 资源消耗方面
Resource Consumption

装配式建造的标准化、规模化生产方式能够实现过程可控、资源可控的精益化生产。在建筑工业化全过程中，即在建筑产品的生产、使用、维修和改造诸环节，能有效实现水资源再利用、废弃物的再利用与再生利用，节约使用能源、建筑材料、土地等资源等。国泰君安-住宅产业化（钢结构 & 预制 PC）专题报告《提升住宅产业化率　引领绿色建筑浪潮》中，根据万科提供的数据，相较于传统施工方式，工业化建造能够降低 50％左右的施工材料消耗，尤其是木材节约可达到 90％，水资源节约 40％～50％，用电量节约 30％以上。实践证明了装配式能大幅节省能源消耗，且这一趋势随着装配率的上升而增加。在我国香港地区，装配式建筑普及率 65％以上，装配率高达 45％，在他们的实践中，装配式建造方式带来的水资源节约达 40％，材料节约 52％以上，材料回收利用率 85％以上。在表 1-1 中可以看到我国内地部分装配式项目的用水、木材消耗及节约情况，表 1-2 为其他地区装配式建造项目在资源节约方面的潜力。

我国内地装配式建造项目在资源节约方面的潜力　　　　表 1-1

装配率	施工用水（万 t）			施工木材消耗（万 t）		
	传统建造	装配式建造	节约率	传统建造	装配式建造	节约率
5％	868.5	842.45	3.0％	2.89	2.78	3.8％
10％	1114.5	1047.6	6.0％	3.72	3.42	8.1％
40％	1504.5	1143.4	24.0％	5.8	5.41	6.7％

数据来源：《万科住宅产业化介绍》，国泰君安行业专题报告。

其他地区装配式建造项目在资源节约方面的潜力　　　　表 1-2

材料项	减少百分比（％）	地点	来源
水资源节约	−41	中国香港	Jaillon and Poon（2009）
材料节约	−5	美国	McGraw Hill（2011）
回收节约	−52	中国香港	Jaillon and Poon（2009）
	−5 及以上	美国	McGraw Hill（2011）
	−85	中国香港	Jaillon and Poon（2009）

1.7.2 节能减排方面
Energy Conservation

国内外已有研究提出了采用装配式建造方式，可减少施工垃圾和二次装修垃圾排放 80％～90％，能耗降低 20％～30％，碳排放可降低 7％～15％，其生态环境效益和社会效益明显。表 1-3 显示了我国内地部分装配式项目的建筑垃圾、施工能耗情况，随着装配率的提高，节能减排潜力大体呈上升趋势。

装配率	施工能耗（万吨标煤）			施工建筑垃圾（万吨）		
	传统建造	装配式建造	节约率	传统建造	装配式建造	节约率
5%	11.58	11.46	1.0%	28.95	27.79	4.0%
10%	14.56	14.86	−2.1%	37.15	34.18	8.0%
40%	20.06	18.46	8.0%	50.15	34.1	32.0%

数据来源：《万科住宅产业化介绍》，国泰君安行业专题报告。

1.7.3 工程现场环境和质量方面
Environment and Quality of Engineering Site

推进建筑工业化首先有利于提升建筑产品的质量和品质，建筑产品均在工厂里面通过精细化的加工完成。在已有的研究和实践中，有数据证明在工厂生产能够保证现场90%干作业环境，在项目现场的装配活动70%以上的工序属于干法作业；并且，因为施工过程在流水线上的可控性，传统住宅里面的建筑公差也得到了较好的控制，质量精准控制高达95%以上。

1.7.4 工期缩短方面
Shorten the Construction Period

装配式建造方式典型特点就是工厂构件生产环节与现场施工搭接进行，对整个装配式项目的总工期节约有着明显优势。在我国装配式项目施工中，相对于传统建造，装配式建造方式在主体施工阶段工期相当，基本不会延长，主要是外墙装修、内墙装修的工期得到大幅度提升，每层所需施工天数可从原来的每层12天缩减到每层7~8天，总工期可缩短约15%。同时，相对于传统建造，装配式建造方式取消了外架，仅需轻便的防护架，节约了工程费用，同时提升了工程形象。McGraw Hill 报告中采用基于案例的方式指出，相较于传统建筑，工业化项目工期节约16.7%，建造每层所需天数节约超过50%。从万科穿插施工的实践项目来看，采用工业化方式整个项目工期节约达到19%，平均节约工期3~4个月。表1-4以万科完工项目为例，给出了采用装配式建造在工期节约上的潜力。

装配式建造在工期缩短方面的潜力表　　　　　　表 1-4

项目名称	传统建造（天）	装配式建造（天）	节约率
万科龙华保障性住房项目	807	717	11%
万科一号实验楼	360	120	67%
万科府前一号	360	290	19%

数据来源：万科建筑研究中心。

1.7.5 人工节约方面
Labor Saving

建筑工业化对于节约人工成本具有长期意义。建筑工业化、产品生产精细化也有利于提高建筑行业的劳动生产率，在实现或者逐步实现建筑工业化的前提下，现如今的现场施工人员将通过技术培训成为在工厂里操作机器生产建筑产品的技术人员，技术能力的提升能够进一步提高产品的生产率，解决建筑行业用工荒问题。目前，国外研究资料显示装配式建造能够在劳动力方面节约 30%～40%；McGraw Hill 报告中采用基于案例的方式指出，相较于传统建筑，工业化项目人工方面总节约达 46.9%。

本 章 小 结
Summary

1. 装配式混凝土结构是由预制混凝土构件通过可靠的连接方式装配而成的混凝土结构，装配整体式混凝土结构体系主要包括：装配整体式混凝土框架结构、装配整体式剪力墙结构等。

2. 从国外装配式混凝土建筑的发展历程来看，规模化、工厂化生产建筑最早起源于英国，其原动力是两次世界大战带来的巨大的住宅需求，以及随之而来的建筑工人的欠缺。美国在干式连接及套筒连接的技术上有着较为成熟的研究与应用；德国当前的装配式建筑主要采用装配式叠合板体系；日本最具代表性的是 W-PC、R-PC、WR-PC、SR-PC 四种装配式混凝土结构体系；新西兰的装配式混凝土结构体系主要是由 Park 教授、Pauley 教授以及 Priestly 教授领导下的团队提出的；澳大利亚在装配式混凝土建造技术上追求最大限度地提高场外预制内容，最大限度地减少现场建筑活动和现场返工的可能性，大力推动模块化结构。

3. 20 世纪五六十年代，我国开始研究装配式混凝土建筑，80 年代进入装配式混凝土建筑应用的全盛时期，但在之后进入衰退期，主要是由于装配式混凝土技术发展速度与建筑设计特点不匹配、装配式混凝土建筑质量和使用功能不佳及抗震问题突出。

4. 建筑工业化是指建筑在建造全过程中采用工业生产方式，其主要特征体现在设计标准化、生产工厂化、施工机械化、装修一体化和管理信息化，其主要优点为高效率、高质量、节能减排、高效益等。而建筑产业现代化的范围更为广泛，建筑产业现代化主要包括设备和工具的现代化、产业结构的现代化、劳动力的现代化、管理方式的现代化等，而建筑工业化仅是建筑产业现代化的一个手段。

5. 装配式建筑吻合可持续发展的绿色建筑全寿命周期基本理念，是实现绿色建筑发展的主要途径之一。

6. 装配式混凝土建筑的可持续性体现在节约资源、节能减排、保护环境、提高质量、缩短工期、节省人工等方面。新的生产方式的优势通过规模化、标准化、工厂化的生产模式，实现其可持续发展。

思 考 题

1-1 简述装配式混凝土结构的定义和主要类型。

1-2 简述装配式混凝土结构的优势。

1-3 简述我国装配式混凝土结构的发展与应用概况。

1-4 什么是建筑工业化？

1-5 什么是装配式建筑，装配式建筑的分类有哪些？

1-6 简述建筑工业化与建筑产业现代化的关系。

1-7 装配式混凝土建筑的绿色性有哪些体现？和传统现浇建筑相比，装配式混凝土建筑在资源消耗方面有哪些进步？为什么？

拓 展 题

1-1 现阶段我国装配式混凝土结构发展与应用主要遇到哪些问题？
1-2 从绿色可持续性的角度解释为什么要推广装配式混凝土建筑？

第 2 章　装配式混凝土结构常用材料

Usual Materials for Precast Concrete Structures

本章学习目标

1. 熟练掌握装配式混凝土结构对混凝土材料强度的基本要求；掌握自密实混凝土、高强混凝土、超高性能混凝土和工程水泥基复合材料的基本性能，并了解其配制原理。

2. 掌握装配式混凝土结构对纵向受力钢筋性能的要求；熟悉钢筋锚固板、钢筋网片、钢筋桁架及常见吊装预埋件的形式。

3. 熟练掌握套筒灌浆连接及浆锚搭接连接的原理及材料性能要求。

4. 了解常见保温材料、防水材料、连接件的种类及优缺点。

装配式混凝土结构采用工厂内预制构件、现场拼接的建造方式。原则上，现浇混凝土结构中常用的建筑材料同样适用于装配式混凝土。但是，由于建造工艺发生变化，装配式混凝土结构在建筑材料的选择上也存在其特殊性。本章对装配式混凝土结构中常用建筑材料，包括混凝土、钢筋、灌浆套筒、拉结件和保温材料等，进行简要介绍，在材料选择及性能要求上重点突出其与现浇混凝土结构的差异。

2.1　预制构件混凝土
Concrete of Prefabricated Components

装配式混凝土结构主要通过现场干湿作业结合（或只有干作业）的方式，尽可能减少现场湿作业的工作量。因此，装配式混凝土结构既包括预制构件混凝土，还包括现场后浇混凝土。

对于装配式混凝土结构，预制混凝土构件在养护成型后，需要经过存储、运输、吊装、连接等工序后才能应用于建筑本身。装配式建筑生产、施工全流程详见右侧"预制构件全流程演示动画"。考虑到在此过程中，混凝土构件可能承受难以预计的荷载组合，因此需保证预制构件混凝土质量，对其采用的混凝土的最低强度等级的要求高于现浇混凝土。根据《装配式混凝土结构技术规程》JGJ 1—2014，预制构件混凝土强度等级不宜低于 C30。预应力混凝土预制构件的混凝土强度等级不宜低于 C40，且不应低于 C30。承受重复荷载的钢筋混凝土构件，混凝土强度等级不应低于C30。

预制构件生产
到施工的全
流程演示

对于装配整体式混凝土结构，预制混凝土构件在现场经过可靠连接后，需在连接部位浇筑混凝土形成整体。对于后浇混凝土，混凝土强度等级不应低于 C25，且不应低于预制构件的混凝土强度等级。

2.2 高性能混凝土
High Performance Concrete

混凝土是一种拌合物，改变拌合物种类、用量等，可以得到不同类型的混凝土。近年来，在国内外科研人员的努力下，出现了多种高性能混凝土。高性能混凝土是指采用常规材料和工艺生产，具有混凝土结构所要求的各项力学性能，且具有高耐久性、高工作性和高体积稳定性的混凝土。考虑到装配式混凝土结构的施工工艺，本章重点介绍4种在装配式混凝土结构中应用潜力广泛的高性能混凝土。

2.2.1 自密实混凝土
Self-Compacting Concrete

自密实混凝土（Self-Compacting Concrete，SCC），又称自流平混凝土（Self-Leveling Concrete）或免振捣混凝土（Vibration Free Concrete），是指具有高流动性、均匀性和稳定性，浇筑时无需外力振捣，能够在自重作用下流动并充满模板空间的混凝土。自密实混凝土属于高性能混凝土的范畴，它的成型原理是通过外加剂（包括减水剂、超塑化剂、稳定剂等），胶结材料和粗细骨料的选择与搭配和配合比的精心设计，使混凝土拌合物屈服剪应力减小到适宜范围内，同时又具有足够的塑性黏度，使骨料悬浮于水泥浆中，不出现离析和泌水的现象。对于预制构件而言，自密实混凝土具有的优势有：不需要振捣、工厂生产噪声低、构件清水混凝土表面较为美观、可以用于密集设置钢筋的构件等。

对于装配整体式混凝土结构，由于预制构件间的连接区段往往较小，施工时作业面小，混凝土浇筑和振捣质量难以保证，因此结合部位和接缝处的现浇混凝土宜采用自密实混凝土。

2.2.2 高强混凝土
High Strength Concrete

高强混凝土（High Strength Concrete，HSC），在我国一般指 C60～C90 强度等级的混凝土，是用水泥、砂、石原材料外加减水剂或同时外加粉煤灰、F 矿粉、矿渣、硅粉等混合料，经常规工艺生产而获得的。制备高强混凝土时一般都从降低水胶比、增大胶凝材料用量和使用高效减水剂方面来考虑。在配制高强混凝土时，水泥在胶凝材料中所占的比例是影响高强混凝土强度的最主要因素，在一定范围内，水泥掺量增大，混凝土强度也相应增长；且制备高强混凝土时，硅灰、矿渣粉、粉煤灰等矿物掺合料以及高性能减水剂都是必不可少的，且减水剂的选用要根据胶凝材料来确定，二者对于高强混凝土的工作性能影响较大；此外，由于材料界面结构和装配式构件浇筑部位钢筋密集，需要选择粒径较小的碎石来作为制备高强混凝土的骨料。

高强混凝土作为一种新的建筑材料，有着抗压强度高、抗变形能力强、孔隙率低、密度大等优点，在高层建筑结构、大跨度桥梁结构以及某些特种结构，如海上平台、漂浮结构等中都得到了广泛的应用。现有试验表明，预制混凝土结构高强混凝土后浇整体式梁柱组合件的抗震性能和主要抗震性能指标与现浇高强混凝土梁柱组合件基本接近，表明高强预制混凝土结构后浇整体式框架与现浇高强混凝土框架结构具有相同或相近的抗震能力。

2.2.3 超高性能混凝土
Ultra-High Performance Concrete

超高性能混凝土，简称 UHPC（Ultra-High Performance Concrete），也称作活性粉末混凝土（RPC，Reactive Powder Concrete）。UHPC 是一种高强度、高韧性、低孔隙率的超高强水泥基材料。它的基本配制原理是：通过提高组分的细度与活性，不使用粗骨料，使材料内部的缺陷（孔隙与微裂缝）减到最少，以获得超高强度与高耐久性。UHPC 材料具有非常高的强度和优良的韧性，其抗压强度可达 150MPa 以上，受拉状态下存在类似钢筋屈服的应变硬化行为。UHPC 还具有极佳的耐久性，与普通混凝土相比，其抗氯离子侵入、抗碳化、抗硫酸盐侵蚀等指标，有倍数或数量级的提高。在制作方面，UHPC 所用材料与普通混凝土有所不同，其组成材料主要包括：水泥、级配良好的细砂、磨细石英砂粉、硅灰等矿物掺合料、高效减水剂等。当对韧性有较高要求时，还需要掺入微细钢纤维。因此，UHPC 需要严谨的制作过程，更适合进行工厂预制，以保证材料性能的稳定。

UHPC 最先应用于桥梁工程。在装配式桥梁的 UHPC-NC 湿接缝中，因为 UHPC 与钢筋有着优异的黏结性能，对于 HRB400 的钢筋仅需满足 $9d$ 锚固长度即可，无需环形钢筋和焊接，湿接缝的宽度大大减小，如图 2-1 所示。此外，UHPC 与普通混凝土（NC）的界面黏结强度高，不易出现开裂、渗水等病害。由于 UHPC 应用于桥梁接缝的众多优点，并且施工简便，故越来越多的研究将其应用于装配式混凝土结构的构件连接处。

装配式建筑现有的钢筋锚固形式存在着锚固连接处钢筋搭接锚固复杂、浪费钢筋、施工难度大、耗时长以及质量难以保证等问题，而利用 UHPC 同普通混凝土良好的界面性能以及对钢筋良好的握裹力，将其作为后浇带材料，应用于预制构件连接节点中，可以很好地解决这些问题，同时大幅降低装配式设计施工难度、保证节点连接质量。现有的许多研究表明，当搭接长度为 $10d$ 时，应用 UHPC 的节点可具有同现浇节点相当的承载能力和抗震性能。此外，后浇带应用超高性能混凝土材料，可以代替传统的钢筋套筒灌浆连接，大大简化预制构件连接处的施工，同时保证预制构件连接处优良的力学性能。

(a)   *(b)*

图 2-1　UHPC 在装配式桥梁湿接缝中的应用

2.2.4 工程水泥基复合材料
Engineered Cementitious Composite

工程水泥基复合材料（Engineered Cementitious Composite，ECC）是由密歇根大学

Victor Li 基于断裂力学理论研发的、以高延性为突出特征的水泥基复合材料。ECC 是一种具有超强韧性的乱向分布短纤维增强水泥基复合材料。不同于普通的纤维增强混凝土，ECC 是一种经细观力学设计的先进材料，具有应变硬化特性，在纤维体积掺量小于 2% 的情况下，其极限拉应变通常在 0.03～0.07 的范围内，如图 2-2 所示。ECC 具有多缝稳态开裂的特点，在安全性、耐久性、适用性等方面有着优异的性能，可以很好地解决传统混凝土由于易脆性、弱拉伸性而导致的种种缺陷，在水泥基制品开发、桥梁道路施工、结构加固补强等领域有着广阔的应用前景。

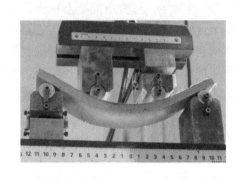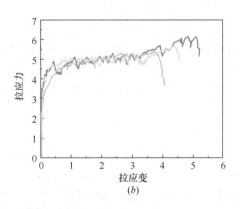

(a) 　　　　　　　　　　　　　　　　　*(b)*

图 2-2　ECC 受弯及受拉力学性能

(a) ECC 薄板受弯试验；*(b)* 受拉应力-应变曲线

目前，ECC 主要作为节点连接材料在装配式结构中得到应用。相比于普通混凝土材料，ECC 材料具有更加优良的抗拉、抗弯性能。因此，在节点连接中使用 ECC 材料，能够大大减小节点处裂缝开展的影响，显著提升节点抗震性能。ECC 的超高韧性以及其应变硬化的特性可以承受相邻梁板温度伸缩引起的变形，而其饱和多缝开裂时对最大裂缝宽度的控制能力又能很好地解决渗漏侵蚀的问题。目前相关研究中，已存在对装配式结构中的竖向拼缝节点、水平拼缝节点、装配式剪力墙-叠合连梁节点等关键节点力学性能的相关研究，为该类 ECC 后浇节点的设计方法及工程应用提供了指导。

2.3　钢　材
Steel

2.3.1　纵向受力钢筋
Longitudinal Steel Reinforcement

装配式混凝土结构所使用的钢筋宜采用高强钢筋。梁柱的纵向受力筋宜采用 HRB400、HRB500 钢筋，钢筋强度标准值应不小于 95% 的保证率。钢筋力学性能指标和耐久性要求均应符合现行国家标准《混凝土结构设计规范》GB 50010—2010（2015 年版）的规定。

普通钢筋采用套筒灌浆连接和浆锚搭接时，钢筋应采用热轧带肋钢筋。热轧带肋钢筋的肋可以使钢筋与灌浆料产生足够的摩擦，进而有效传递钢筋间应力。

2.3.2 钢筋锚固板
Reinforcement Anchorage Plate

锚固板全称为钢筋机械锚固板，指设置于钢筋端部的承压板，主要用于梁或柱端部钢筋的锚固，如图2-3所示。钢筋锚固板的锚固性能安全可靠，施工工艺简单，施工速度快，有效减少了钢筋锚固长度，解决了节点核心区钢筋过密的问题。根据钢筋与混凝土间黏结力发挥程度的不同，锚固板分为全锚固板与部分锚固板。全锚固板是指依靠端部承压面的混凝土承压作用而发挥钢筋抗拉强度的锚固板；部分锚固板是指部分依靠端部承压面的混凝土承压作用，部分依靠钢筋埋入长度范围内钢筋与混凝土的黏结而发挥钢筋抗拉强度的锚固板。

图 2-3　梁端钢筋锚固板

锚固板应按照不同分类确定其尺寸，对于全锚固板承压面积不应小于钢筋公称面积的9倍；对于部分锚固板，其承压面积不应小于钢筋公称面积的4.5倍，厚度不应小于被锚固钢筋直径，锚固钢筋直径不宜大于40mm。图2-4为钢筋锚固板组装件示意图。

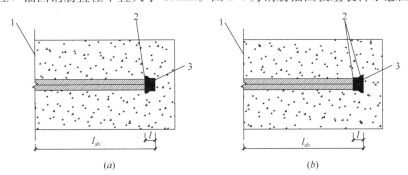

图 2-4　钢筋锚固板示意图
（a）锚固板正放；（b）锚固板反放
1—锚固区钢筋应力最大处截面；2—锚固板承压面；3—锚固板端面

在使用部分锚固板时，为了保证钢筋的锚固承载力，防止出现劈裂破坏，钢筋锚固长度范围内的混凝土保护层厚度不宜小于其直径的1.5倍，且在锚固长度范围内应配置不少于3道箍筋，箍筋直径不小于纵向钢筋直径的0.25倍，间距不大于纵向钢筋直径的5倍，且不应大于100mm，第一根箍筋与锚固板承压面的距离应小于纵向钢筋直径。当锚固长度范围内钢筋的混凝土保护层厚度大于5倍钢筋直径时，可不设横向箍筋。此外，钢筋净间距不宜小于纵向钢筋直径的1.5倍。

2.3.3 钢筋网片
Mesh Reinforcement

钢筋网片是指两种相同或不同直径的钢筋以一定间距垂直排列，交叉点均用电阻点焊

图 2-5　焊接钢筋网片

焊接在一起的钢筋焊接网，如图 2-5 所示。钢筋网片易于工厂生产及规模化生产，是施工效率高、经济效益高、符合建筑工业化发展趋势的新兴产业。

在预制混凝土构件中，尤其是墙板、楼板等板类构件中，推荐使用钢筋网片，可大幅提高现场施工效率。在结构设计时，应合理确定预制构件的尺寸与规格，便于钢筋焊接网的正确施工。

钢筋焊接网的制作及使用应满足现行行业标准《钢筋焊接网混凝土结构技术规程》JGJ 114—2014 的各项规定和要求。

2.3.4 钢筋桁架
Reinforcement Truss

钢筋桁架常用于钢筋桁架叠合楼板，主要作用是为了增加叠合楼板的整体刚度和水平界面抗剪性能。钢筋桁架的制作及使用应满足《装配式混凝土结构技术规程》JGJ 1—2014 中的各项规定和要求。图 2-6 为三角桁架，其下弦和上弦钢筋可以作为楼板的下部和上部受力钢筋使用。

2.3.5 吊装预埋件
Embedment for Lifting

预埋螺栓是将螺栓预埋在预制混凝土构件中，留出的螺栓丝扣用来固定构件，可起到连接固定的作用，常见做法是预制挂板通过在构件内预埋螺栓与预制叠合板或者阳台板进行连接。与之对应的预埋方式还有预埋螺母，构件表面无凸出物，便于运输与安装。

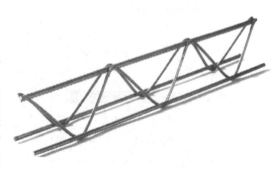

图 2-6　三角钢筋桁架

预制混凝土构件的预埋件常用圆头吊钉、套筒吊钉、平板吊钉，如图 2-7 所示。圆头吊钉适用于所有预制混凝土构件的起吊，无需加固钢筋并且拆装方便；套筒吊钉使用后预制构件表面平整，但缺点是若在螺纹接驳器的丝杆拧入套筒过程中，丝杆未拧到位或者受到损伤均会降低起吊能力，故不适用于大型构件；平板吊钉适合墙板类薄型构件，起吊方式简单，安全可靠，并且平板吊钉种类多，可根据不同使用环境及产品手册进行选用。

为了方便施工、避免金属锈蚀、保证吊装的可靠性，预制构件的吊装方式应优先采用内埋式螺母、内埋式吊杆或预留吊装孔。吊装用内埋式螺母、吊杆、吊钉等应根据相应的产品标准和技术规程选用，其材料应符合国家现行相关规定。若采用钢筋吊环，应采用未

(a)　　　　　　　　　　　　　(b)

图 2-7　预制混凝土构件常用吊钉
(a) 圆头吊钉；(b) 套筒吊钉

经冷加工的 HPB300 钢筋。

更多关于预埋件的知识可扫描右侧二维码查看。

预埋件

2.4　钢　筋　连　接　材　料
Rebar Splicing Materials

按照内部构造的不同，灌浆连接可以分为套筒灌浆连接和浆锚搭接两种方式，其中灌浆套筒连接是目前应用最广泛、最成熟可靠的装配式混凝土结构钢筋连接方式。这两种连接方式主要是在内部构造和材料要求方面不同，在施工方法和要求、质量检验方面均保持一致。

2.4.1　套筒灌浆连接材料
Splicing by Grout-filled Coupling Sleeve Materials

套筒灌浆连接是指在预制混凝土构件内预埋的金属套筒中插入单根带肋钢筋并灌注无收缩、高强度水泥基灌浆料，通过灌浆料硬化形成整体并实现传力的钢筋对接连接。灌浆套筒连接技术适用于低层、多层及高层装配式结构的竖向构件纵向钢筋的连接。钢筋套筒灌浆连接材料包括灌浆套筒和灌浆料两种。有关套筒灌浆连接施工的内容详见9.4.1小节。

（1）灌浆套筒

钢筋连接用灌浆套筒可通过铸造工艺、锻造工艺或机械加工工艺制造，分为全灌浆套筒和半灌浆套筒。全灌浆套筒两端不连续钢筋均需插入套筒内并通过灌浆实现钢筋连接，如图2-8(a)所示。全灌浆套筒适用于竖向构件（预制墙、预制柱）和水平构件（预制梁）的钢筋连接。半灌浆套筒一端采用灌浆方式连接，而另一端通过螺纹与预埋钢筋进行连接，如图2-8(b)所示。半灌浆套筒适用于预制框架柱、剪力墙等竖向结构的连接。

灌浆套筒的构造包括筒壁、剪力槽、灌浆口、出浆口、钢筋定位销，制作灌浆套筒采用的材料可以采用碳素结构钢、合金结构钢或球墨铸铁等。传统的灌浆套筒内侧筒壁的凹凸构造复杂，采用机械加工工艺制作的难度较大。因此，在许多国家和地区，如日本、中国台湾多年来一直采用球墨铸铁用铸造方法制造灌浆套筒。近年来，我国在已有的钢筋机械连接技术的基础上，开发出了用碳素结构钢或合金钢材料，并采用机械加工方法制作灌浆套筒，经过多年工程实践的考验，证实了其良好、可靠的连接性能。灌浆套筒的材料性

(a)   (b)

图 2-8　灌浆套筒

（a）全灌浆套筒；（b）半灌浆套筒

能见表 2-1、表 2-2。

　　《钢筋套筒灌浆连接技术规程》JGJ 355—2015 规定套筒灌浆连接接头的抗拉强度不应小于连接钢筋抗拉强度标准值，且破坏时应断于接头外的钢筋。钢筋套筒灌浆连接接头的屈服强度不应小于连接钢筋屈服强度标准值，也就是说套筒灌浆连接节点的承载力应等同于连接钢筋或更高，即使发生破坏，也是套筒连接之外的钢筋先于套筒区域破坏。

球墨铸铁灌浆套筒的材料性能表　　　　　　　　表 2-1

项目	抗拉强度 （MPa）	断后伸长率 （%）	球化率 （%）	硬度 （HBW）
性能指标	≥550	≥5	≥85	180～250

各类钢灌浆套筒的材料性能　　　　　　　　表 2-2

项目	屈服强度 （MPa）	抗拉强度 （MPa）	断后伸长率 （%）
性能指标	≥355	≥600	≥16

　　（2）灌浆料

　　灌浆料是以水泥为基本原料，配以适当的细集料、混凝土外加剂和其他材料组成的干混料。加水搅拌后，灌浆料应具有高强、早强、无收缩、微膨胀和流动性好等特性，以使其能与套筒、被连接钢筋更有效地结合在一起共同工作，同时满足装配式结构快速施工的要求。钢筋套筒灌浆连接用灌浆料应符合行业标准《钢筋连接用套筒灌浆料》JG/T 408—2013 的规定，见表 2-3。

灌浆套筒灌浆料性能指标　　　　　　　　表 2-3

项目		工作性能要求
抗压强度（N/mm²）	1d	≥35
	3d	≥60
	28d	≥85

项目		工作性能要求
竖向膨胀率（%）	3h	≥0.02
	24h与3h差值	0.02~0.50
流动度（mm）	初始	≥300
	30min	≥260
泌水率（%）		0
氯离子含量（%）		≤0.03

（3）灌浆堵缝料

灌浆堵缝料用于封堵预制构件与下部构件间的接缝，以保证通过灌浆孔灌浆时，灌浆料能填满上下构件间的接缝而不溢出，实现上下构件混凝土间的连接。堵缝料通常采用堵缝速凝砂浆，这是一种高强度水泥基砂浆，强度大于50MPa，具有成型后不塌落、凝结速度快和干缩变形小的优点。

2.4.2 浆锚搭接连接材料

Indirect Anchorage Materials

浆锚搭接连接是指在预制混凝土构件中采用特殊工艺预留孔道，待混凝土达到一定强度后，插入需搭接的钢筋，并灌注水泥基灌浆料而实现的钢筋搭接连接方式。浆锚搭接连接是基于黏结锚固原理进行连接的间接锚固方法，分为约束浆锚搭接连接和金属波纹管浆锚搭接连接两种。

（1）约束浆锚搭接连接

约束浆锚搭接连接在接头范围内预埋螺旋箍筋，并与预制构件钢筋同时预埋在模板内，如图2-9(a)所示。通过抽芯成孔后，插入钢筋并压力灌浆直至排气孔溢出。不连续钢筋通过灌浆料、混凝土与预埋钢筋形成搭接接头。

（2）金属波纹管浆锚搭接连接

金属波纹管浆锚搭接连接采用金属波纹管成孔，波纹管预埋构件内，并与预埋钢筋绑扎固定，如图2-9(b)所示。不连续钢筋插入波纹管后，灌注无收缩、高强度水泥基灌浆料形成搭接接头。金属波纹管浆锚搭接连接材料包含浆锚孔波纹管和浆锚搭接灌浆料两种。

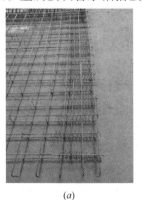

(a) (b)

图 2-9 浆锚搭接连接

(a) 约束浆锚搭接连接；(b) 金属波纹管浆锚搭接连接

1）浆锚孔波纹管

浆锚孔波纹管是浆锚搭接连接使用的材料，预埋于预制构件中，形成浆锚孔内壁。金属波纹管宜采用软钢带制作，波纹高度不应小于 2.5mm，壁厚不宜小于 0.3mm。

2）浆锚搭接灌浆料

浆锚搭接使用的灌浆料特性与套筒灌浆料类似，也为水泥基材料，但抗压强度相比较低。因为浆锚孔壁的抗压强度低于套筒，若浆锚搭接灌浆料使用套筒灌浆料相同的强度会造成性能过剩。《装配式混凝土结构技术规程》JGJ 1—2014 给出了浆锚搭接连接接头灌浆料的性能要求，见表 2-4。

浆锚搭接灌浆料性能指标 表 2-4

项目		工作性能要求
抗压强度（N/mm²）	1d	≥35
	3d	≥55
	28d	≥80
竖向膨胀率（%）	3h	≥0.02
	24h 与 3h 差值	0.02～0.50
流动度（mm）	初始	≥200
	30min	≥150
泌水率（%）		0
氯离子含量（%）		≤0.06

2.4.3 其他连接材料
Other Connection Materials

装配式混凝土结构中，除了广泛应用的灌浆套筒连接和浆锚搭接两种方式以外，在某些情况下，现浇混凝土结构常见的钢筋连接方式包括焊接、机械连接和搭接等也可能会得到应用。其中，涉及的连接材料如挤压套筒、螺纹套筒等需符合现行国家规范的要求。

2.5 保 温 材 料
Thermal Insulation Materials

对于装配式混凝土结构，采用工厂化生产的预制保温墙体，可保证墙体施工质量，并大幅减少建筑垃圾、粉尘和废水排放，降低施工噪声，同时杜绝工地现场堆积保温材料的火灾隐患。因此，装配式混凝土结构适应了建筑节能的发展趋势。装配式建筑降低能耗的重点在于建筑物的保温隔热，选择合适的保温材料是保温隔热的重要保证。

目前市场上有多种保温材料，根据材料性质，可大致划分为无机材料、有机材料和复合材料。相比而言，无机保温材料的导热系数偏大，保温节能效果与有机保温材料相比略有差距。但是，有机材料的防火性能常常不能满足我国相关规范对其燃烧性能的要求，其适用的场合受到一定限制。

无机类保温材料是一种在建筑物内外墙粉刷的保温材料，包括岩棉板、泡沫玻璃保温板、发泡水泥板、无机保温砂浆等。该类保温材料具有使用寿命长、节能、施工难度小、防火防冻、性能稳定、耐老化、价格低廉、可循环再生利用等优点；同时具有密度大、保温效果差、具有吸水性、厚度不易控制、施工影响大等缺点。

有机类保温材料主要为高分子保温材料，包括模塑聚苯板、挤塑聚苯板、酚醛泡沫板、聚氨酯泡沫板等。该类保温材料重量轻、致密性高、加工方便，而且保温隔热效果不错；但是容易老化、变形、稳定和安全性差、易燃、不环保、施工难度较大、成本较高、资源有限且难以循环再利用。

复合保温材料包括石墨聚苯板、真金板、真空绝热板等。

对于夹心外墙板，其在我国的应用历史还比较短，因此我国《装配式混凝土结构技术规程》JGJ 1—2014 参考美国 PCI 手册，对夹心保温材料的性能提出了要求。根据美国的使用经验，挤塑聚苯乙烯板（XPS）的抗压强度高、吸水率低，在外墙板中应用最为广泛。

2.6 防 水 材 料
Waterproofing Materials

装配式混凝土建筑因其建造独特，预制墙板之间形成横向与竖向的拼接缝，其拼缝为建筑防水的薄弱部位，因此拼缝的处理是装配式混凝土建筑的防水的重要环节，且防水材料的性能及施工对装配式混凝土建筑的防水将产生重要的影响。有关更多装配式混凝土结构施工中的防水处理知识，可扫描右侧二维码查看。

密封胶是装配式混凝土建筑重要的防水材料之一，以非成型状态嵌入装配式建筑预制构件间接缝中，通过与接缝表面黏接使其密封并能够承受接缝位移以达到气密、水密的目的，如图 2-10 所示。密封胶按其基础胶料的化学成分分类，可以分为聚硫、聚氨酯、有机硅、氯丁橡胶、丁基橡胶、硅烷改性聚醚（MS 密封胶）等。其中硅酮、聚氨酯、硅烷改性聚醚密封胶目前在我国应用较为广泛。

装配式混凝土
结构施工中的
防水处理

硅酮密封胶具有优良的弹性与耐候性，但与混凝土的黏接效果差、涂饰

图 2-10 外墙防水密封胶

性差，且易造成基材污染；聚氨酯密封胶具有较高的拉伸强度和优良的弹性，但是耐候性、耐碱、耐水性差，不能长期耐热而且单组分胶贮存稳定性受外界影响较大，高温热环境下使用可能产生气泡和裂纹，长期使用后因自身老化存在开裂漏水风险，大多用于非阳光照射的胶缝里如建筑内部接缝密封；MS 密封胶具有优异的黏接性、耐候性、贮存稳定性、抗污染性、涂覆性以及低温下良好的弹性等优点，因其结合了硅酮胶和聚氨酯胶的优点，并同时改进了它们缺点，使其在预制混凝土外墙板、石材间及室内家装填缝与黏接应用最为广泛。

密封胶作为接缝处的第一道防水措施，须具有持久的弹性密封防水效果，提高整体围护结构的水密性和气密性，保障整体结构的耐久性和设计使用寿命，因此需满足以下规定：

（1）密封胶应与混凝土具有相容性且有优异的黏结性

混凝土属于碱性材料，其表面疏松多孔，导致有效黏结面积减小；预制构件隔离剂残存在构件表面，不利于密封胶的黏结；以及混凝土的反碱现象，会对密封胶的黏结界面造成破坏。因此密封胶与混凝土应有足够强的黏结力。

（2）密封胶应具有良好的力学性能

装配式建筑用密封胶的力学性能应包括位移能力、弹性恢复率、拉伸模量、断裂伸长率等指标。为满足拼缝因预制构件的热胀冷缩、湿度变化、风力、地震、地基沉降等因素引起变位，密封胶必须具有一定的弹性、自由伸缩变形能力以及优异的恢复率。

（3）密封胶应具耐候、耐久性能

密封胶主要应用于外墙板拼缝处，因其长久地处在日晒雨淋、紫外线直射的室外环境中，为防止其老化失去正常功能，需具有良好的耐候性。目前密封胶的耐久性与建筑设计使用年限无法做到相当，其使用年限一般不大于 20 年，当其失去密封防水效果时应进行更换。

（4）密封胶应具有环保性

混凝土属于多孔性材料，容易被污染。普通硅酮胶因为增塑剂迁移渗透到材料孔隙中，会造成永久性渗透污染；同时，硅酮胶表面带有电荷，容易吸附空气中的灰尘，经雨水冲刷后会在胶缝下侧形成垂流污染，故选择密封胶时应注重其环保性。

此外，密封胶的理化性能应符合表 2-5 的要求。

密封胶的理化性能 表 2-5

序号	项目		技术指标						
			50LM	35LM	25LM	25HM	20LM	20HM	12.5E
1	流动性	下垂度 a（mm）	≤3						
		流平性 b	光滑平整						
2	表干时间（h）		≤24						
3	挤出性 c（mL/min）		≥150						
4	适用期 d（min）		≥30						
5	弹性恢复率（%）		≥80		≥70		≥60		
6	拉伸模量（MPa）	23℃	≤0.4 和≤0.6		>0.4 或>0.6		≤0.4 或≤0.6	>0.4 或>0.6	—
		−20℃							

序号	项目	技术指标						
		50LM	35LM	25LM	25HM	20LM	20HM	12.5E
7	定伸黏结性	无破坏						
8	浸水后定伸黏结性	无破坏						
9	浸油后定伸黏结性 e	无破坏						—
10	冷拉-热压后黏接性	无破坏						
11	质量损失（%）	≤8						

注：1. 下垂度 a 仅适用于非下垂型产品；允许采用供需双方商定的其他指标值。

　　2. 流平性 b 仅适用于自流平型产品；允许采用供需双方商定的其他指标值。

　　3. 挤出性 c 仅适用于单组分产品。

　　4. 适用期 d 仅适用于多组分产品；允许采用供需双方商定的其他指标值。

　　5. 浸油后定伸黏结性 e 为可选项目，仅适用于长期接触油类的产品。

对于装配式混凝土建筑防水性能的优劣，密封胶起到重要的作用。密封胶应根据接缝设计、功能要求、位移变形、施工便捷等要求进行选择，且施工规范、到位，同时对施工各个环节进行严格的质量控制，才能有效地发挥密封胶应有的性能，使装配式建筑的防水质量得到有效的保障。

2.7 连 接 件
Connection Elements

连接件是指穿过保温材料，连接预制保温墙体内、外层混凝土墙板，使内外叶混凝土墙板共同工作的连接器。连接件起到连接预制夹心保温墙体 3 个构造层的作用，不仅承受外叶墙和保温板的自重，还承受风荷载、地震作用等其他荷载。除保证预制夹心保温墙体的整体性能外，连接件还需满足耐久性、导热性、变形性等方面的要求。

按照使用材料的不同，常用的连接件包括：金属合金连接件、普通钢筋连接件和纤维增强复合材料（FRP）连接件，如图 2-11 所示。

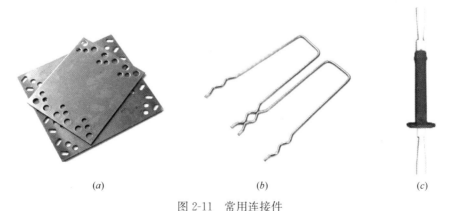

(a)　　　　　　　　*(b)*　　　　　　　　*(c)*

图 2-11　常用连接件

(a) 不锈钢锚固板连接件；*(b)* 不锈钢发卡销连接件；*(c)* 玻纤连接件

金属合金连接件耐腐蚀性能好，导热系数低，但造价高，现阶段很难普遍推广；钢筋连接件具有造价低、施工方便、可以制造成各种形状等优点，但由于热桥效应的存在，大大影响了墙体的保温效果，节能环保性能差，在保温要求较高的地区和领域，逐渐被其他类型的连接件取代。

与金属连接件相比，FRP连接件具有较大优势，主要优点包括：导热系数低、耐久性好、造价低、强度高、质量轻等。FRP连接件可有效避免墙体在连接件部位的热桥效应，提高墙体的保温效果与安全性，作为一种高效、节能、环保型连接件在建筑工程领域具有广阔的工程应用前景。目前，应用较为广泛的是玻璃纤维复合材料（GFRP）连接件。玻璃纤维复合材料不仅强度较高、导热系数低、耐久性好，而且弹性模量可满足拉结件截面刚度要求，可在酸、碱、氯盐和潮湿的环境中使用，是预制夹心保温墙体连接件的理想材料。FRP连接件宜用单向粗纱与多向纤维布复合，采用拉挤成型工艺制作，拉结件的纤维体积含量不宜低于60%。

按照形状不同，FRP连接件主要分为棒式、片式和格构式三种。通常棒式连接件抗弯及受剪刚度较小，适用于剪力连接程度相对较低的墙体。通常片式连接件截面尺寸较大，抗弯及受剪刚度大，适用于剪力连接程度相对较高的墙体。

本 章 小 结
Summary

1. 装配式混凝土结构既包括预制构件混凝土，还包括现场后浇混凝土。对于预制构件，混凝土强度等级不宜低于C30。对于后浇混凝土，混凝土强度等级不应低于C25，且不应低于预制构件的混凝土强度等级。

2. 装配式混凝土结构中有广泛应用潜力的高性能混凝土包括自密实混凝土、高强度混凝土、超高性能混凝土和工程水泥基复合材料。自密实混凝土具有高流动性、均匀性和稳定性，浇筑时无需外力振捣，能够在自重作用下流动并充满模板空间；高强度混凝土具有高强度、高耐久性，应用于节点部分可实现等同现浇；超高性能混凝土具有超高强度、超高韧性以及超高耐久性，作为后浇带材料应用于预制构件连接节点中，可大幅简化施工并保证节点连接性能。工程水泥基复合材料具有应变硬化、多缝稳态开裂特性。在节点连接中使用工程水泥基复合材料，能够大大减小节点处裂缝开展的影响，显著提升节点抗震性能。

3. 装配式混凝土结构所使用的钢筋宜采用高强钢筋，并且当采用套筒灌浆连接和浆锚搭接时，应采用热轧带肋钢筋；钢筋锚固板的锚固性能安全可靠，施工工艺简单，施工速度快，可有效减少钢筋锚固长度，解决节点核心区钢筋过密的问题；在预制混凝土构件中，推荐使用钢筋网片，可大幅提高现场施工效率。

4. 灌浆连接可以分为灌浆套筒连接和浆锚搭接两种方式，其中灌浆套筒连接是目前应用最广泛、最成熟可靠的装配式混凝土结构钢筋连接方式。套筒灌浆连接节点的承载力应等同于或高于连接钢筋。

5. 挤塑聚苯乙烯板（XPS）的抗压强度高、吸水率低，在夹心外墙板中应用最为广泛。密封胶应与混凝土具有优异的黏结性能，而且自身应具有良好的力学性能和耐久性能。硅酮、聚氨酯、硅烷改性聚醚密封胶目前在我国应用较为广泛。

6. 连接件包括金属合金连接件、普通钢筋连接件和纤维增强复合材料连接件。纤维增强复合材料连接件是目前应用最广泛的连接件，具有强度较高、导热系数低、耐久性好等优点，是预制夹心保温墙体连接件的理想材料。

思 考 题

2-1 对于装配式混凝土结构，应如何进行混凝土原材料的选择？与现浇混凝土相比，混凝土原材料选择上是否有特殊要求？

2-2 什么是锚固板？主要作用是什么？

2-3 什么是超高性能混凝土？请简述其配制原理及优点。

2-4 连接件的主要用途是什么？按材料划分，常见连接件主要有哪几种？

拓 展 题

2-1 超高性能混凝土（UHPC）和工程水泥基复合材料（ECC）在力学性能上有何差异？

2-2 什么是纤维增强复合材料（FRP)？当前在土木工程中的应用如何？

第3章 装配式混凝土结构体系和结构设计基本规定

Basic Rules for the Structural System and Structural Design of Precast Concrete Structures

本章学习目标

    1. 熟练掌握装配式混凝土结构体系的分类以及各结构体系的基本规定，能够根据设计要求选择合理的结构体系，掌握各结构体系的优缺点及适用性。

    2. 熟练掌握装配式混凝土结构总体布置要求，能够在装配式混凝土结构设计过程中选择合理的水平布置和竖向布置。

    3. 熟悉装配式混凝土结构一般的抗震措施，以及装配式混凝土结构功能可恢复性的核心机制和结构体系。

3.1 概 述
Introduction

    我国装配式混凝土结构体系在近十年来重新迎来发展契机，同时形成了如《装配式混凝土结构技术规程》JGJ 1—2014 和《装配式混凝土建筑技术标准》GB/T 51231—2016 等相关技术规程。

    本章主要介绍装配整体式混凝土结构体系的分类，包括各结构体系的概念、特点、构成以及相关技术规程中对装配式混凝土不同结构体系的基本规定，同时对装配式混凝土结构的总体布置、抗震措施和可恢复性理念进行了简要介绍。

3.2 装配整体式混凝土结构体系
Monolithic Precast Concrete Structure System

    结构体系是指结构抵抗外部作用的构件组成方式。按材料可分为混凝土结构、钢结构、木（竹）结构等体系类型。适用于装配式建筑的结构体系，除了满足结构安全性、适用性、耐久性等一般必需建筑功能要求外，还必须满足适合工厂化生产、机械化施工、方便运输、节能环保、经济绿色等建筑工业化的功能要求。综合考虑各结构体系的特点和装配式建筑的特征，我国装配式建筑结构体系的选择主要集中在装配式混凝土结构体系上。装配式混凝土结构是由预制混凝土构件通过可靠的连接方式装配而成的结构体系，包括装配整体式混凝土结构、全装配式混凝土结构等。装配整体式混凝土结构是由预制混凝土构件通过现场后浇混凝土、水泥基灌浆料连接形成整体的装配式混凝土结构；全装配混凝土结构是预制构件之间通过干式连接的结构，连接形式简单、易施工，但结构整体性较差，一般用于较低层建筑。目前国内的工程实例基本为装配整体式混凝土结构。装配整体式混凝土结构主要包含：

（1）装配整体式混凝土框架结构；

（2）装配整体式剪力墙结构；

（3）装配整体式框架-现浇剪力墙结构；

（4）装配整体式部分框支剪力墙结构。

3.2.1 装配整体式混凝土框架结构

Monolithic Precast Concrete Frame Structure

装配整体式混凝土框架结构是指全部或部分框架梁、柱采用预制构件构建成的装配整体式混凝土结构，简称装配整体式框架结构。如图 3-1 所示。装配整体式框架结构一般由预制柱或现浇柱、预制梁、预制楼板、预制楼梯和非承重墙组成，辅以等效现浇节点或装配式节点组合成整体。结构传力明确，装配工作效率高，可有效节约工期，从各个方面来看，装配整体式框架结构是最适合建筑装配化的一种结构形式，由于技术原因，我国现行规范中框架结构最大适用高度较低，主要应用于厂房、办公楼、教学楼、商场等结构。常见的预制装配式框架结构体系有：现浇节点结构体系、现浇柱叠合梁结构体系（预制叠合柱框架结构）、预制预应力框架结构体系等。可扫描右侧二维码了解更多装配整体式混凝土框架结构体系的内容。

装配整体式
混凝土框架
结构体系

根据梁柱节点连接方式的不同，装配式混凝土框架可以划分为等同现浇结构与不等同现浇结构。其中，等同现浇结构是节点刚性连接，不等同现浇结构是节点柔性连接。在结构性能和设计方法方面，等同现浇结构和现浇结构基本一样，区别在于前者的节点连接更加复杂，后者则快速简单。但是相

图 3-1 装配整体式混凝土框架结构

比之下，不等同现浇结构的耗能机制、整体性能和设计方法具有不确定性。

按预制构件的拆分及拼装方式，节点刚性连接的装配式混凝土框架结构可以分为三种：

（1）梁柱以"一"字形构件为主，主要在梁柱节点位置进行构件的拼接，如图 3-2 所示。这种方式的优点是构件生产及施工方便，结构整体性较好；缺点是接缝位于受力关键部位，连接要求高，节点区钢筋交错，构件截面较大。

图 3-2 "一"字形构件的框架梁柱节点

（2）基于二维的预制构件，采用平面"T"形和"十"字形或"一"字形构件，通过一定方法连接，如图 3-3 所示。这种方式的优点是节点性能较好，接头位于受力较小部分；缺点是生产、运输、堆放以及安装施工不方便。

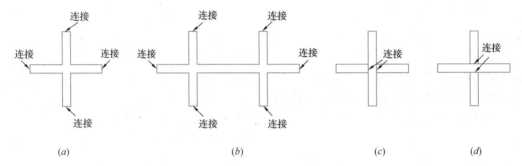

图 3-3 基于二维构件的框架节点
（a）十字形试件；（b）双十字形试件；（c）柱面连接；（d）梁面连接

（3）基于三维构件，采用三维"双 T"形和"双十"字形构件通过一定方法进行连接，如图 3-4 所示。这种方式能减少施工现场布筋、浇筑混凝土等工作，接头数量较少；缺点是构件是三维构件，质量大，不便于生产、运输、堆放以及安装施工。目前，该种框架体系应用较少。

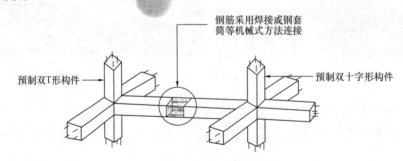

图 3-4 基于三维构件的框架节点

实际应用最多的是基于一维构件、节点刚性连接的装配整体式框架结构体系，其具有和现浇结构等同的性能，结构的适用高度、抗震等级与设计方法与现浇结构基本相同，可以结合预制外挂墙板应用，尽量减少现场的湿作业。从结构分析、结构性能、构件生产及施工安装等方面考虑，预制装配式框架结构是最简单、应用最广的结构体系，其瓶颈是我国现行规范中关于框架结构的最大适用高度偏低。

3.2.2 装配整体式剪力墙结构

Monolithic Precast Concrete Shear Wall Structure

装配整体式剪力墙结构是指剪力墙、梁、楼板部分或全部采用预制混凝土构件，再进行连接形成整体的结构体系，如图 3-5 所示。其预制部件主要包括：剪力墙、叠合楼板、叠合梁、楼梯、阳台等构件。预制构件在施工现场拼装后，上下楼板间主要竖向受力钢筋采用灌浆套筒或浆锚连接，楼面梁板采用叠合现浇，墙板间竖向连接缝采用现浇。装配整体式剪力墙结构主要用于多层及高层民居住宅等建筑，由于其饱满的建设需求量，近年来成为当前高校和科研机构研究的热点，并在全国各地政府保障房和商品房开发中逐步得到应用和推广。可扫描右侧二维码了解更多装配整体式剪力墙结构体系的内容。

装配整体式
剪力墙结构
体系

图 3-5　装配整体式剪力墙结构

装配式剪力墙结构体系主要包括：

（1）部分或者全部剪力墙预制的装配整体式剪力墙结构体系

该体系中，部分或者全部剪力墙采用预制构件，预制剪力墙之间的接缝采用湿连接，水平接缝处钢筋可采用套筒灌浆连接、浆锚搭接连接和底部预留后浇区内钢筋搭接连接的形式，该结构体系主要用于高层建筑。装配整体式剪力墙结构拼装形式如图 3-6 所示。

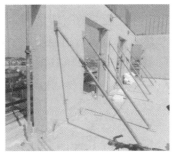

图 3-6　装配整体式剪力墙结构拼装形式

预制装配式剪力墙结构可以分为全预制装配式剪力墙结构和部分预制剪力墙结构。全预制装配式剪力墙结构指全部剪力墙均采用预制构件，该结构体系的预制化率高，但拼缝较多、施工难度较大。部分预制剪力墙结构主要指内墙现浇、外墙预制的结构。由于内墙现浇，结构性能和现浇结构类似，适用高度较大、适用性好；采用预制外墙可以与保温、饰面、防水、门窗、阳台等一体化生产，充分发挥预制结构的优势。

按照水平拼缝的钢筋连接形式，装配整体式剪力墙结构可分为以下 3 个主要技术体系：竖向钢筋采用套筒灌浆连接；竖向钢筋采用浆锚搭接连接；竖向钢筋采用底部预留后浇区搭接连接。三种方式有其各自的优缺点及适用范围，目前在国内均有实际的工程应用。

（2）叠合板式混凝土剪力墙结构体系

叠合板式混凝土剪力墙结构体系是由叠合式墙板和叠合式楼板，辅以必要的混凝土剪力墙、边缘构件、梁、板等现浇构件，共同形成的装配整体式剪力墙结构，如图 3-7 所示。叠合式墙板大部分采用双面叠合剪力墙，双面叠合剪力墙是一种由内外叶预制墙板和中间后浇混凝土层组成的竖向墙体构件；其中，内外叶预制墙板钢筋根据剪力墙受力要求及中间后浇层混凝土对预制墙板侧压力的影响配置，并通过桁架筋有效连接，现场安装完毕后浇筑中间空心层形成整体剪力墙结构，共同承受竖向与水平荷载作用。叠合板式剪力墙的受力性能及设计方法与现浇结构差异较大，其适用高度较小。按照已经发布实施的标准，这一体系宜用于抗震设防烈度为 7 度及以下地震区和非地震区、房屋高度不超过60m、层数在 18 层以内的多高层住宅。如需在更高的建筑中采用此种结构体系，需进行专门的研究及论证。

图 3-7　叠合板式剪力墙结构

（3）多层预制装配式剪力墙结构体系

基于我国城镇化及新农村建设需求，参照日本和我国 20 世纪的经验，研究开发了一种新型的多层预制装配式剪力墙结构体系。该结构体系可主要用于 6 层以下的低层建筑，与高层装配整体式剪力墙结构相比，多层装配式剪力墙的暗柱设置及水平接缝的连接均有所简化，并降低了剪力墙及暗柱配筋率、配箍率要求，允许采用预制楼盖和部分干式连接的做法。这种技术体系施工简单、速度快、效率高，适用于村镇地区大量的多层住宅建设，但尚需要进一步的研究、总结和完善。

3.2.3　装配整体式框架-现浇剪力墙结构

Monolithic Precast Concrete Frame-Cast-in-Situ Shear Wall Structure

为了充分发挥框架结构平面布置灵活和剪力墙抗侧刚度大的特点，可采用框架和剪力墙共同工作的结构体系，称之为框架-剪力墙结构。将框架部分的某些构件在工厂预制，如梁、柱等，然后在现场进行装配，将框架结构叠合部分与剪力墙在现场浇筑完成，从而形成共同承担水平荷载和竖向荷载的整体结构，这种结构形式称为装配整体式框架-现浇剪力墙结构，如图3-8所示。这种结构形式中的框架部分采用与装配整体式框架结构相同的预制装配技术，使预制装配技术能在高层建筑中得以应用。由于对各种结构形式的整体受力研究不够充分，目前装配整体式框架-现浇剪力墙结构中剪力墙基本都采用现浇而非预制形式。

图 3-8　装配整体式框架-现浇剪力墙结构

3.2.4　装配整体式部分框支剪力墙结构

Monolithic Precast Concrete Partial Frame Shear Wall Structure

　　剪力墙结构的平面布置具有局限性，为了功能需要，有时需要将结构下部的几层墙体做成框架，形成框支剪力墙，框支层空间加大，扩大了使用功能。将底部一层或者多层做成部分框支剪力墙的结构形式称之为部分框支剪力墙结构。转换层以上的全部或者部分剪力墙采用预制墙板，称之为装配整体式部分框支剪力墙结构，如图3-9所示。该种结构可用于底部带有商业使用功能的公寓、旅店等。

图 3-9　装配整体式部分框支剪力墙结构

3.2.5　结构设计的基本规定

Basic Rules of Design for Structures

1. 设计原则

装配整体式混凝土结构，是由预制混凝土构件通过现场后浇混凝土、水泥基灌浆料形成整体的装配式混凝土结构。在预制构件之间及预制构件与现浇及后浇混凝土的接缝处，当受力钢筋采用安全可靠的连接方式，且接缝处新旧混凝土之间采用粗糙面、键槽等连接构造措施时，结构的整体性能与现浇结构基本等同。《装配式混凝土结构技术规程》JGJ 1—2014 中规定，这类装配整体式混凝土结构可采用和现浇结构相同的方法进行结构设计、结构整体计算分析和构件设计。当同一层内既有预制又有现浇抗侧力构件时，地震设计状况下宜对现浇抗侧力构件在地震作用下的弯矩和剪力进行适当放大。

2. 最大适用高度

装配整体式混凝土结构具有可靠的节点连接方式和合理的构造措施，保证了装配式结构具有较好的结构整体抗震性能，整体性越好其最大适用高度就越接近现浇混凝土结构。

装配整体式剪力墙结构中，墙体直接的接缝数量多且构造复杂，接缝的构造措施及施工质量对结构整体的抗震性能影响大，使装配整体式剪力墙结构抗震性能不会完全等同于现浇结构。目前对装配整体式剪力墙结构的研究和工程实践还不足够，因此规程对装配整体式剪力墙结构采取从严要求的态度，与现浇结构相比适当降低其最大适用高度。当装配式结构中预制剪力墙数量较多时，即预制剪力墙承担的底部剪力较大时，对其最大适用高度限制更加严格。

按照《装配式混凝土结构技术规程》JGJ 1—2014 第 6.1.1 条及《装配式混凝土建筑技术标准》GB/T 51231—2016 第 5.1.2 条的规定，房屋最大适用高度应满足表 3-1 中的要求，并符合下列规定：

（1）当结构中竖向构件全部为现浇且楼盖采用叠合梁板时，房屋的最大适用高度可按现行行业标准《高层建筑混凝土结构技术规程》JGJ 3—2010 中的规定采用。

（2）装配整体式剪力墙结构和装配整体式部分框支剪力墙结构，在规定的水平力作用下，当预制剪力墙构件底部承担的总剪力大于该层总剪力的 30% 时，其最大适用高度应适当降低；当预制剪力墙构件底部承担的总剪力大于该层总剪力的 80% 时，最大适用高度应取表中括号内的数值。

（3）装配整体式剪力墙结构、装配整体式部分框支剪力墙结构当剪力墙边缘构件竖向钢筋采用浆锚搭接连接时，房屋最大适用高度应比表中数值降低 10m。

（4）抗震设计时，高层装配整体式剪力墙结构不应全部采用短肢剪力墙；抗震设防烈度为 8 度时，不宜采用具有较多短肢剪力墙的剪力墙结构。当采用具有较多短肢剪力墙的剪力墙结构时，应符合下列规定：

① 在规定的水平地震作用下，短肢剪力墙承担的底部倾覆力矩不宜大于结构底部总地震倾覆力矩的 50%；

② 房屋适用高度应比表 3-1 规定的装配整体式剪力墙结构的最大适用高度适当降低，抗震设防烈度为 7 度和 8 度时宜分别降低 20m。

注：a) 短肢剪力墙是指截面厚度不大于 300mm、各肢截面高度与厚度之比的最大值大于 4 但不大

于8的剪力墙；b) 具有较多短肢剪力墙的剪力墙结构是指：在规定的水平地震作用下，短肢剪力墙承担的底部倾覆力矩不小于结构底部地震倾覆力矩的30%的剪力墙结构。

超过表3-1内高度的房屋，应进行专门研究和论证，采取有效的加强措施。

装配整体式结构房屋的最大适用高度（m） 表3-1

结构类型	抗震设防烈度			
	6度	7度	8度（0.2g）	8度（0.3g）
装配整体式框架结构	60	50	40	30
装配整体式框架-现浇剪力墙结构	130	120	100	80
装配整体式剪力墙结构	130（120）	110（100）	90（80）	65（55）
装配整体式部分框支剪力墙结构	110（100）	90（80）	70（60）	35（25）

注：1. 房屋高度指室外地面到主要屋面的高度（不考虑局部突出屋顶部分）；
　　2. 当结构中仅水平构件采用叠合梁、板，而竖向构件全部为现浇时，其最大适用高度同现浇结构；
　　3. 装配整体式剪力墙结构，在规定的水平力作用下，当预制剪力墙构件底部承担的总剪力大于该层总剪力50%，其最大适用高度应适当降低；当大于80%时，最大适用高度取表中括号内数值。

3. 最大适用高宽比

按照《装配式混凝土结构技术规程》JGJ 1—2014 第6.1.2条及《装配式混凝土建筑技术标准》GB/T 51231—2016 第5.1.3条的规定，装配整体式建筑结构适用的最大高宽比限值见表3-2，基本与《高层建筑混凝土结构技术规程》JGJ 3—2010中现浇钢筋混凝土结构的高宽比限值一致。装配式剪力墙结构应控制高宽比，以提高结构的抗倾覆能力。减小结构底部在侧向力作用下出现拉力的情况，避免墙板水平接缝在受剪的同时又受拉。

高层装配整体式结构适用的最大高宽比 表3-2

结构类型	抗震设防烈度	
	6度、7度	8度
装配整体式框架结构	4	3
装配整体式框架-现浇剪力墙结构	6	5
装配整体式剪力墙结构	6	5
装配整体式框架-现浇核心筒结构	7	6

高层建筑的高宽比是对结构刚度、整体稳定、承载能力以及经济性的宏观评价指标。当建筑平面比较复杂时，需要根据具体的建筑平面布置、体型及采取的技术措施，综合判定后确定建筑宽度。对于装配式剪力墙结构，高宽比较大时，结构在设防烈度地震作用下，结构底部可能会出现较大的拉应力区，对预制墙板竖向连接的承载力要求会显著增加，对结构抗震性能的影响较大。因此，对于装配式剪力墙结构建筑的高宽比应更严格地控制，以提高结构的抗倾覆能力，避免墙板水平接缝在受剪的同时又受拉，保证装配式混凝土剪力墙结构房屋具有较高的安全性和经济性，才能充分发挥装配式剪力墙结构体系的优点和性能。北京市地方规程《装配式剪力墙结构设计规程》DB 11/1003—2013 第5.1.2条规定，抗震设防烈度为7度和8度、高宽比分别大于5.0和4.0的建筑，应补充

结构在设防烈度地震作用下的抗震计算分析。

4. 结构抗震等级

装配整体式混凝土结构相对于现浇式混凝土结构，整体性较弱，对于装配式混凝土相关技术规程中抗震方面的要求应严格遵守执行，同时现行设计标准中与钢筋混凝土结构相关的强制性条文同样适用于装配式混凝土结构建筑工程。

装配整体式结构构件的抗震设计，应根据设防类别、烈度、结构类型和房屋高度采用不同的抗震等级，并应符合相应的计算和构造措施要求。

丙类装配整体式结构的抗震等级参照现行国家标准《建筑抗震设计规范》GB 50011—2010（2016 年版）和现行行业标准《高层建筑混凝土结构技术规程》JGJ 3—2010 中的规定制定并适当调整。装配整体式框架结构及装配整体式框架-现浇剪力墙结构的抗震等级与现浇结构相同，由于装配整体式剪力墙结构及部分框支剪力墙结构在国内外工程实践的数量还不够多，也未经历实际地震的考验，因此对其抗震等级的划分高度从严要求，比现浇结构适当降低（高度界限由 80m 降低为 70m）。丙类装配整体式结构的抗震等级应按表 3-3 确定。

乙类装配整体式结构的抗震设计要求参照现行国家标准《建筑抗震设计规范》GB 50011—2010（2016 年版）和现行行业标准《高层建筑混凝土结构技术规程》JGJ 3—2010 中的规定提出要求。乙类装配整体式结构应按本地区抗震设防烈度提高一度的要求加强其抗震措施，当本地区抗震设防烈度为 8 度且抗震等级为一级时，应采取比一级更高的抗震措施，当建筑场地为 I 类时，仍可按本地区抗震设防烈度的要求采取抗震构造措施。

丙类建筑装配整体式混凝土结构的抗震等级　　　　　　　　　　表 3-3

结构类型		抗震设防烈度						
		6 度		7 度			8 度		
装配整体式框架结构	高度（m）	≤24	>24	≤24	>24		≤24	>24	
	框架	四	三	三	二		二	一	
	大跨度框架	三		二			一		
装配整体式框架-现浇剪力墙结构	高度（m）	≤60	>60	≤24	>24 且 ≤60	>60	≤24	>24 且 ≤60	>60
	框架	四	三	四	三	二	三	二	一
	剪力墙	三	三	三	二	二	二	二	一
装配整体式剪力墙结构	高度（m）	≤70	>70	≤24	>24 且 ≤70	>70	≤24	>24 且 ≤70	>70
	剪力墙	四	三	四	三	二	三	二	一
装配整体式部分框支剪力墙结构	高度（m）	≤70	>70	≤24	>24 且 ≤70	>70	≤24	>24 且 ≤70	
	现浇框支框架	二	二	二	二	一	一	一	
	底部加强部位剪力墙	三	二	三	二	一	二	一	
	其他区域剪力墙	四	三	四	三	二	三	二	

注：大跨度框架指跨度不小于 18m 的框架。

3.3 结 构 总 体 布 置
General Arrangement of the Structures

在装配式建筑中，除了根据结构高度选择合理的结构体系外，还要恰当地设计和选择结构的平面形状、剖面和整体造型。通常这些都是在初步设计阶段由建筑师确定的，但是结构布置必须在综合考虑使用要求、建筑美观、结构合理及便于施工等各种因素后才能确定。由于装配式建筑保证结构安全及经济合理等要求比一般建筑更为突出，因此结构布置、选型是否合理，应该更加受到重视。结构平面布置与《高层建筑混凝土结构技术规程》JGJ 3—2010 中的规定相同，结构竖向布置应满足《建筑抗震设计规范》GB 50011—2010（2016 年版）的有关规定。

结构形式选定后，要进行结构布置。结构布置包括以下主要内容：

（1）结构平面布置。即确定梁、柱、墙、基础等在平面上的位置。

（2）结构竖向布置。即确定结构竖向形式、楼层高度、电梯机房、屋顶水箱、电梯井和楼梯间的位置和高度，是否设地下室、转换层、加强层、技术夹层以及它们的位置和高度。

结构布置除应满足使用要求外，应尽可能地做到简单、规则、均匀、对称，使结构具有足够的承载力、刚度和变形能力，避免因局部破坏而导致整个结构破坏，避免局部突变和扭转效应而形成薄弱部位，使结构具有多道抗震防线。不应采用严重不规则的结构布置。

3.3.1 平面布置
Plane Arrangement

每一独立结构单元的结构布置宜满足以下要求：

（1）平面形状宜简单、规则、对称，质量、刚度分布宜均匀；不应采用严重平面不规则的平面布置；

（2）承重结构应双向布置，偏心小，构件类型少；

（3）平面长度不宜过长，平面突出部分的长度不宜过大，宽度不宜过小，宜满足表3-4（图 3-10）的要求，凹角处宜采用加强措施。

平面尺寸及突出部位尺寸的比值限　　　　　　　　　　表 3-4

设防烈度	L/B	l/B_{max}	l/b
6 度和 7 度	≤6.0	≤0.35	≤2.0
8 度和 9 度	≤5.0	≤0.30	≤1.5

注：L 为建筑整体长度，B 为建筑整体宽度，l 为外伸部分的长度，b 为外伸部分的宽度，B_{max} 为建筑最大宽度。

平面过于狭长的建筑物在地震时由于两端地震波输入有相位差，容易产生不规则震动，造成较大的震害。

平面有较长的外伸时，外伸段容易产生局部振动而引发凹角处破坏。角部重叠和细腰的平面容易产生应力集中，使楼板开裂、破坏，不宜采用。

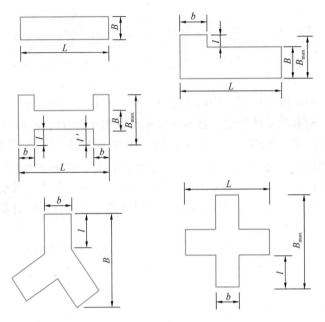

图 3-10   建筑平面

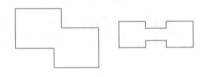

图 3-11   对抗震不利的建筑平面

（4）平面不宜采用角部重叠或细腰形平面布置。

角部重叠和细腰形的平面（图 3-11），在中央形成狭窄部位，地震中容易产生震害，尤其在凹角部位，因应力集中容易使楼板开裂、破坏。这些部位应采用加大楼板厚度，增加板内配筋，设置集中配筋的过梁，配置 45°斜向钢筋等方法予以加强。

3.3.2 竖向布置

Vertical Arrangement

竖向结构布置要满足以下要求：

（1）竖向体型宜规则、均匀，避免有过大的外挑和内收。结构的刚度宜下大上小，逐渐均匀变化。

（2）抗震设计时，高层装配式建筑相邻楼层的侧向刚度变化应符合下列规定：

① 对装配式框架结构，楼层与其相邻上层的侧向刚度比 γ_1 按式（3-1）计算，且本层与相邻上层的比值不宜小于 0.7，与相邻上部三层刚度平均值的比值不宜小于 0.8。

$$\gamma_1 = \frac{D_i}{D_{i+1}} = \frac{V_i/\Delta_i}{V_{i+1}/\Delta_{i+1}} = \frac{V_i\Delta_{i+1}}{V_{i+1}\Delta_i} \tag{3-1}$$

式中 γ_1 ——楼层侧向刚度比；

V_i、V_{i+1} ——第 i 层和第 $i+1$ 层的地震剪力标准值（kN）；

Δ_i、Δ_{i+1} ——第 i 层和第 $i+1$ 层在地震作用标准值作用下的层间位移（m）。

② 对装配式框架-剪力墙、装配式剪力墙结构，楼层与其相邻上层的侧向刚度比 γ_2 可按式（3-2）计算，且本层与相邻上层的比值不宜小于 0.9；当本层层高大于相邻上层层高的 1.5 倍时，该比值不宜小于 1.1；对结构底部嵌固层，该比值不宜小于 1.5。

$$\gamma_2 = \frac{D_i h_i}{D_{i+1} h_{i+1}} = \frac{V_i \Delta_{i+1}}{V_{i+1} \Delta_i} \frac{h_i}{h_{i+1}} \qquad (3\text{-}2)$$

式中　γ_2——考虑层高修正的楼层侧向刚度比。

（3）A 级高度高层装配式建筑的楼层层间抗侧力结构的受剪承载力不宜小于其相邻上一层受剪承载力的 80%，不应小于其上一层受剪承载力的 65%；B 级高度高层装配式建筑不应小于 75%。

（4）抗震设计时，结构竖向抗侧力结构宜上下连续贯通。竖向抗侧力结构上下未贯通（图 3-12）时，底层结构易发生破坏。

（5）抗震设计时，当结构上部楼层收进部位到室外地面的高度 H_1 与房屋高度 H 之比大于 0.2 时，上部楼层收进后的水平尺寸 B_1 不宜小于下部楼层水平尺寸的 75%；当上部结构楼层相对于下部楼层外挑时，下部楼层的水平尺寸 B 不宜小于上部楼层水平尺寸 B_1 的 0.9 倍，且水平外挑尺寸 a 不宜大于 4m。如图 3-13 所示。

（6）楼层质量沿高度宜均匀分布，楼层质量不宜大于相邻下部楼层质量的 1.5 倍。

（7）不宜采用同一楼层刚度和承载力变化同时不满足第（2）点和第（3）点规定的高层装配式建筑结构。

（8）侧向刚度变化、承载力变化、竖向抗侧力构件连续性不符合第（2）点、第（3）点和第（4）点要求的楼层，其对应于地震作用标准值的剪力应乘以 1.25 的增大系数。

图 3-12　框支剪力墙
（竖向抗侧力结构
上下未贯通）

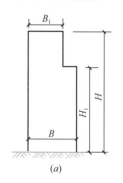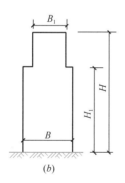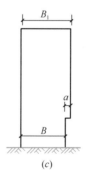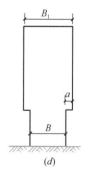

图 3-13　结构竖向收进和外挑示意图

（9）结构顶层取消部分墙、柱形成空旷房间时，宜进行弹性或弹塑性时程分析补充计算并采取有效的构造措施。

《建筑抗震设计规范》GB 50011—2010（2016 年版）规定符合表 3-5 及图 3-14～图 3-16 规定的结构，属竖向不规则结构。

竖向不规则的类型　　　　　　　　　　　　　　表 3-5

不规则的类型	定义
侧向刚度不规则	该层的侧向刚度小于相邻上一层的 70%，或小于其上相邻三个楼层侧向刚度平均值的 80%，除顶层外，局部收进的水平向尺寸大于相邻下一层的 25%

不规则的类型	定义
竖向抗侧力构件不连续传递	竖向抗侧力构件（柱、抗震墙、抗震支撑）的内力由水平转换构件（梁、桁架等）向下传递
承载力突变	抗侧力结构的层间受剪承载力小于相邻上一楼层的80%

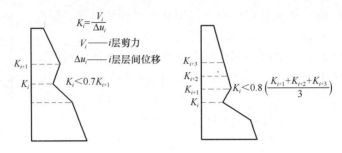

图 3-14 沿竖向的侧向刚度不规则（有柔软层）

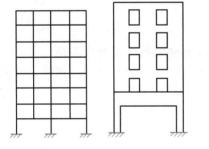
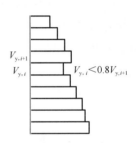

图 3-15 竖向抗侧力构件
不连续示例

图 3-16 竖向抗侧力结构楼层受剪
承载力突变（有薄弱层）

本 章 小 结
Summary

1. 结构体系是指结构抵抗外部作用的构件组成方式。装配整体式混凝土结构体系主要包含：装配整体式混凝土框架结构、装配整体式剪力墙结构；装配整体式框架-现浇剪力墙结构；装配整体式部分框支剪力墙结构。

2. 装配整体式混凝土框架结构是指全部或部分框架梁、柱采用预制构件构建成的装配整体式混凝土结构。该结构传力明确，装配工作效率高，可有效节约工期，从各个方面来看装配式框架结构是最适合建筑装配化的一种结构形式。

3. 装配整体式剪力墙结构是指剪力墙、梁、楼板部分或全部采用预制混凝土构件，再进行连接形成整体的结构体系。装配整体式剪力墙结构主要用于多层及高层民居住宅等建筑。

4. 装配整体式框架-现浇剪力墙结构是指将框架结构叠合部分与剪力墙在现场浇筑完成，从而形成共同承担水平荷载和竖向荷载的整体结构。这种结构形式中的框架部分采用与装配整体式框架结构相同的预制装配技术，使预制装配技术能在高层建筑中得以应用。

5. 转换层以上的全部或者部分剪力墙采用预制墙板的结构，称之为装配整体式部分框支剪力墙结构。该种结构可用于底部带有商业使用功能的公寓、旅店等。

6. 在装配式建筑中，除了根据结构高度选择合理的结构体系外，还要恰当地设计和选择结构的平面形状、剖面和整体造型。结构平面布置应满足《高层建筑混凝土结构技术规程》JGJ 3—2010 中的有关规定，结构竖向布置应满足《建筑抗震设计规范》GB 50011—2010（2016 年版）的有关规定。

7. 预制装配式混凝土结构在实际设计和施工中要求遵循"等同现浇"的准则，但实际施工过程中不能保证完全等同，因此需要提高装配式混凝土结构的抗震性能，以满足抗震设防要求。

思 考 题

3-1 装配整体式混凝土建筑的结构形式有哪些？

3-2 目前装配式混凝土框架结构主要包含了哪几种结构体系？

3-3 目前装配式混凝土剪力墙结构主要包含了哪几种结构体系？

3-4 什么是双面叠合剪力墙？双面叠合剪力墙有哪些优点？

3-5 试比较装配式混凝土框架结构、装配式混凝土剪力墙结构及装配式混凝土框架剪力墙结构各自的优缺点及适用范围？

3-6 装配整体式框架结构和剪力墙结构，在不同的设防烈度下最大适用高度分别为多少米？

3-7 装配整体式混凝土建筑不同结构形式的抗震等级如何确定？

3-8 装配式混凝土结构平面布置有哪些基本要求？

3-9 装配式混凝土结构竖向布置有哪些基本要求？

3-10 装配式混凝土结构中抗震措施有哪些？

拓 展 题

3-1 从结构体系出发，试比较装配式混凝土结构与现浇式混凝土结构的优点与不足？

3-2 为什么国内装配式混凝土建筑工程实例基本为装配整体式混凝土结构？

3-3 讨论装配式混凝土结构体系未来的发展方向。

3-4 如何提高装配式混凝土结构的抗震性能？

3-5 装配式混凝土结构体系是否适用于不规则建筑？

第4章 装配式钢筋混凝土叠合楼盖设计

Design of Precast Reinforced Concrete Composite Floor System

本章学习目标

1. 熟悉装配式钢筋混凝土叠合楼盖的类型、特点和应用。
2. 理解装配式钢筋混凝土叠合楼盖的基本设计要求及结构设计方法。
3. 掌握单向板、双向板、桁架钢筋混凝土叠合板、叠合梁结构设计，接缝、叠合面抗剪设计，以及理解叠合楼盖各类节点设计和构造要求。

4.1 概 述
Introduction

钢筋混凝土梁板结构由钢筋混凝土受弯构件（梁和板）组成，是工业与民用建筑中常用的水平结构体系，广泛用于楼盖和屋盖、筏式基础、地下室底板和顶盖、挡土墙，以及楼梯、阳台和雨篷等部位。此外，除在建筑结构中得到广泛应用外，梁板结构还用于城市高架道路的路面、桥梁的桥面、特种结构的水池、储液池的顶盖、池壁和底板等部位。

楼（屋）盖是最典型的梁板结构，是建筑结构的重要组成部分，占建筑物总造价相当大的比重。楼（屋）盖的结构形式选择和布置的合理性以及结构计算和构造的正确性，对建筑物的安全使用和经济性有重要的意义。

按施工方法的不同，楼（屋）盖可分为现浇整体式楼盖、预制装配式楼盖和装配整体式楼盖。现代装配式楼盖中，一部分构件采用预制，另一部分采用现浇，并可利用预制部分作为现浇部分的模板支承，或直接作为现浇部分的模板，这样能大量节省模板，减少现场工作量，结构的整体性也可与现浇式楼盖媲美。

4.2 装配式钢筋混凝土叠合楼盖
Precast Reinforced Concrete Composite Floor System

装配式钢筋混凝土楼盖主要采用叠合楼盖。叠合楼盖是在预制底板上现浇一层混凝土而形成的一种装配整体式结构。装配整体式混凝土结构是实现新型建筑工业化的主要方式和手段。装配整体式结构的楼盖宜采用由叠合梁和叠合楼板通过大于 60mm 的现浇钢筋混凝土组成的性能等同现浇的叠合楼盖。目前的楼盖体系多采用由叠合梁（或部分现浇梁）和叠合楼板（或部分现浇楼板）组成的叠合楼盖。

4.2.1 叠合板
Composite Slabs

叠合板是在预制钢筋混凝土板上架立受力负筋后，再在预制板上部浇筑一定高度混凝土所形成的整体楼板。叠合板通常分为普通叠合楼板和预应力叠合楼板两大类。其中，普通叠合楼板是装配整体式建筑中应用最多的楼盖类型，也是本章介绍的重点。

普通叠合楼板的预制底板包括：无桁架筋预制底板（常规的预制底板混凝土叠合）和有桁架筋预制底板（桁架钢筋混凝土叠合板）。对于楼板较厚及整体性要求较高的楼盖或屋盖结构，宜采用桁架钢筋叠合楼板。预制底板既是楼板结构的组成部分之一，又是现浇钢筋混凝土叠合层的永久性模板，现浇叠合层内可敷设水平设备管线。预制底板安装后，绑扎叠合层钢筋，浇筑混凝土，形成整体受弯楼盖。叠合板的预制底板厚度不宜小于 60mm，后浇混凝土叠合层厚度不应小于 60mm。预制底板跨度一般为 4～6m，最大跨度可达 9m；宽度一般不超过运输限宽和工厂生产线台车宽度的限制，一般可做到 3.2m，应尽可能统一或减少板的规格。

为了增加预制板的整体刚度和水平界面抗剪性能，可在预制板内设置桁架钢筋，形成钢筋桁架混凝土叠合板（图 4-1a）；该板组成了一个在施工阶段无需模板、能够承受后浇混凝土及施工荷载的结构体系，大量减少模板使用量及脚手架搭设；且其钢筋间距均匀，混凝土保护层厚度准确；腹杆钢筋的存在，使其具有更好的整体工作性能，施工阶段刚度的提高十分明显。由于钢筋桁架混凝土叠合板整体刚度大、抗震性能好、施工便捷、质量可控、产能高，降低了施工现场机械、材料及人工等消耗，减少了建筑垃圾，而成为目前国内最为流行的预制底板。

与普通叠合楼板不同的是，预应力叠合楼板是预制底板为先张法预应力板，常见断面形状为预制带肋底板（图 4-1b），即在混凝土叠合板的预制底板上设有板肋，在板肋上预留孔洞，在预留孔洞中布置横向穿孔钢筋和管线，根据需要设计成单向板或双向板。由于板肋的存在，增大了新、老混凝土接触面，板肋预留孔洞内后浇叠合层混凝土与横向穿孔钢筋形成的抗剪销栓，能保证叠合层混凝土与预制带肋底板形成整体协调受力，并共同承载，加强了叠合面的抗剪性能。

(a)　　　　　　　　　　　　　　　　　　　　*(b)*

图 4-1　叠合板
(a) 钢筋桁架混凝土叠合板；*(b)* 预制带肋叠合板

4.2.2 叠合梁

Composite Beams

叠合梁（图 4-2）是在预制钢筋混凝土梁上架立受力负筋后，再在预制梁上部浇筑一定高度的混凝土所形成的整体梁；具有阳角棱角分明，节省模板支撑、模板用量；有利于采用预应力、加快施工进度、缩短工期等优点，但必须具备吊装条件。

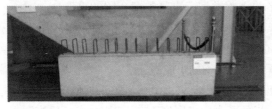

图 4-2　叠合梁

叠合梁有两种形式：①在预制梁上安装楼板之后，再在梁顶面二次浇筑混凝土叠合层，形成整体梁（图 4-3*a*），截面形式有十字形、T 形等；②在预制梁顶面二次现浇混凝土楼板，形成整体梁（图 4-3*b*）。

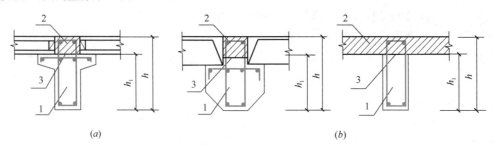

(*a*)　　　　　　　　　　　　　　(*b*)

图 4-3　叠合梁的截面形式

（*a*）有预制板的叠合梁；（*b*）现浇板叠合梁

1—预制构件；2—后浇混凝土叠合层；3—叠合面

4.2.3 受力特点

Mechanical Characteristic

叠合板、叠合梁按受力性能可分为"一阶段受力叠合构件"和"二阶段受力叠合构件"两类。前者是指施工阶段在预制板、预制梁下设有可靠支撑，能保证施工阶段作用的荷载不使预制梁受力而全部传给支撑，待叠合层后浇混凝土达到一定强度后，再拆除支撑，而由整个截面来承受全部荷载；后者则是指施工阶段在简支的预制板、预制梁下不设支撑，施工阶段作用的全部荷载完全由预制板、预制梁承担。

二阶段受力叠合构件，在计算时分为下列两个阶段。

（1）第一阶段

该阶段是指后浇的叠合层混凝土未达到强度设计值之前的阶段。在此阶段，荷载由预制构件承担，预制构件按简支构件计算；荷载包括预制构件自重、预制楼板自重、叠合层自重以及本阶段的施工活荷载。

（2）第二阶段

该阶段是指叠合层混凝土达到规定的强度设计值之后的阶段。叠合构件按整体结构计算；荷载考虑施工阶段和使用阶段两种情况，并取二者较大值。施工阶段考虑叠合构件自重，预制楼板自重，面层、吊顶等自重以及本阶段的施工活荷载；使用阶段考虑叠合构件自重，预制楼板自重，面层、吊顶等自重以及使用阶段的可变荷载。

需注意的是，"二阶段受力叠合构件"在叠合层混凝土达到设计强度前的第一阶段和达到设计强度后的第二阶段所应考虑的荷载有所不同。在第二阶段，因为叠合层混凝土达到设计强度后仍可能存在施工活荷载，且其产生的荷载效应可能大于使用阶段可变荷载产生的荷载效应，故应按这两种荷载效应中的较大值进行设计。

4.3 装配式钢筋混凝土叠合楼盖设计
Design of Precast Reinforced Concrete Composite Floor System

4.3.1 基本设计要求
Basic Design Requirements

叠合梁板是否采用刚性楼板假定与现浇结构相同。在结构内力与位移计算时，对现浇楼盖或叠合楼盖，均可假定楼盖在其自身平面内为无限刚性。当楼盖开有较大孔或其局部会产生明显的平面内变形时，在结构分析中应考虑其影响。对现浇楼盖和装配整体式楼盖，宜考虑楼板作为翼缘对梁刚度和承载力的影响。梁受压区有效翼缘计算宽度 b_f' 可按《混凝土结构设计规范》GB 50010—2010（2015年版）采用表5.2.4所列情况中的最小值取用；也可采用梁刚度增大系数法近似考虑。梁刚度增大系数应根据梁有效翼缘尺寸与梁截面尺寸的相对比例确定。对无后浇层的装配整体式楼盖，对梁刚度增大作用较小，设计中可以忽略。对于装配整体式框架梁端弯矩调幅系数可取0.7～0.8，主要是考虑装配式节点接缝的影响，节点刚度不如现浇结构强。叠合板的负弯矩可进行调幅，设置在现浇层内的负弯矩钢筋应按叠合受弯构件的计算确定，其构造要求与现浇板的负弯矩钢筋相同。可扫描右侧二维码观看叠合楼盖设计详情。

叠合楼盖
设计

叠合楼盖基本设计流程如下：

（1）布置预制叠合板，进行叠合楼板接缝设计。单向板按房间短方向排板；常用预制板宽度尺寸3000mm；单向板缝宽仅10mm，标注为MF（密缝简写）；拼缝处尽量避开跨中；标准板排完后，剩余部分使用非标准板；周边搭接长度10mm；桁架钢筋与板缝平齐；绘制叠合板平面布置图，对叠合板进行电线盒、开洞等补充布置。

（2）对预制构件短暂工况进行施工阶段（特别是脱模、吊装阶段）的验算，保证构件在脱模、运输、堆放、吊装过程中的承载力、刚度和抗裂度要求。对后浇叠合层混凝土施工阶段验算时，叠合楼盖的施工活荷载取值应考虑实际施工情况且不宜小于 1.5kN/m^2。

（3）对叠合板进行使用阶段设计的计算、节点连接验算；进行预制叠合板内力、配筋计算；按照实配钢筋，进行预制构件连接的计算；保证构件、接头在使用阶段的承载力、刚度和抗裂要求。

4.3.2 叠合板结构设计
Design of Composite Slabs

1. 叠合板选型

《装配式混凝土结构技术规程》JGJ 1—2014 规定：跨度大于 3m 的叠合板，宜采用钢筋混凝土桁架筋叠合板；跨度大于 6m 的叠合板，宜采用预应力钢筋混凝土叠合板；厚度大于 180mm 的叠合板，宜采用混凝土空心板。桁架钢筋混凝土叠合板适用规范为《装配式混凝土结构技术规程》JGJ 1—2014。钢筋桁架楼承板适用规范为《钢筋桁架楼承板》JG/T 368—2014。PK 预应力混凝土叠合板是采用预制的带肋预应力薄板和现浇混凝土叠合层以及后加非预应力穿孔钢筋及折线形抗裂钢筋组成的单跨板或连续板，是目前厚度最薄的混凝土叠合板，其适用规范为《预制带肋底板混凝土叠合楼板技术规程》JGJ/T 258—2011。

2. 普通钢筋混凝土叠合板设计

叠合楼板的刚性假定与实际情况相符，因此叠合板可按现行国家标准《混凝土结构设计规范》GB 50010—2010（2015 年版）现浇板进行计算。根据楼板边界支座条件、板块尺寸、预制板尺寸及拼缝构造，叠合板可按同厚度的单向板或者双向板设计，即楼板拆分设计与受力分析。

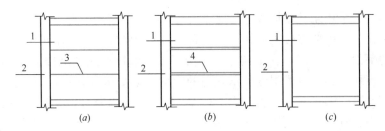

图 4-4　叠合板的预制板布置形式
(a) 分离式接缝；(b) 整体式接缝；(c) 无接缝
1—预制板；2—梁或墙；3—板侧分离式接缝；4—板侧整体式接缝

（1）单向板设计

当预制板之间采用分离式接缝时，属于单向叠合板（图 4-4a），宜按单向板设计。即对单向叠合板，按两端支撑板计算叠合板钢筋和其上现浇部分的支座配筋，另外方向的支座仍按实际情况的双向板或单向板计算配筋。

进行单向板布置时，应符合下列规定：

① 单向板预制底板在板跨方向的两端伸出搭接钢筋，伸出长度到支座中心位置。

② 预制板配筋按单向板房间的计算结果布置。

③ 叠合层配筋和板搭接方向的支座负筋按照单向板房间的计算结果布置，但是对垂直于板搭接方向的支座负筋仍采用实际情况的双向板或单向板房间的计算结果布置。

（2）双向板设计

对长宽比不大于 3 的四边支承叠合板，当其预制板之间采用整体式拼缝（图 4-4b）或无接缝（图 4-4c）的预制叠合板时，属于双向叠合板，即叠合后的楼板可近似按双向板计算。双向板布置时，应符合下列规定：

① 预制混凝土板拼缝位置宜避开叠合板受力较大部位。整个楼板厚度取叠合板与现浇层厚度的总和，但拼缝处板带的厚度只取现浇层厚度，拼缝处板带的宽度可取 100mm。

② 预制板和叠合层配筋和各方向的支座负筋按照双向板房间的计算结果布置。按照

双向板布置时，叠合板之间的缝宽应满足钢筋连接的要求（不小于200mm）。

③ 双向板底板不仅在板跨方向的两端伸出搭接钢筋，在垂直于板跨方向的两边也需伸出搭接钢筋。

根据《混凝土叠合楼盖装配整体式建筑技术规程》DBJ 43/T 301—2013规定：对于采用整体式拼缝的叠合板，需对钢筋的弯矩进行调整，具体方法为：当长边与短边长度之比 $l_x/l_y > 2$ 或 $l_x/l_y < 0.5$ 时，弯矩不调整；当 $l_x = l_y$ 时，y 向弯矩 M_y 乘 $1.1 \sim 1.2$，x 向弯矩 M_x 乘 0.95 的调整系数；当 $l_x/l_y = 0.5 \sim 2$ 时，按插值法调整。双向叠合板的配筋计算同普通双向现浇楼板，但是当板缝宽度不够时，叠合板侧向配筋为满足板之间钢筋搭接长度的需要，选择较小直径的钢筋。

装配式叠合楼盖设计中，由于叠合板厚度比现浇楼板厚度略厚，为了减少装配数量与施工难度，往往会减少次梁的设置。当叠合板跨度较大时，楼板内力和挠度应考虑预制板拼缝的影响而进行调整。对于双向叠合板，不改变其受力模式。若采用单向叠合板，预制底板的受力模式为单向传力；而叠合现浇层受力模式是四边传递，楼板的面筋在非主要受力方向，应进行包络设计。而预制底板和现浇顶板之间有相互作用，因此对周边梁柱的计算宜取包络值。

3. 桁架钢筋混凝土叠合板设计

桁架钢筋混凝土叠合板根据具体工程情况可设计为单向板，也可设计为双向板。在确定设计为单向板还是双向板时，不必遵守楼板长边与短边长度的比例关系原则，即当 $l_x/l_y \leqslant 2.0$ 时，也可按单向板设计，但沿长边方向应布置足够数量的构造钢筋。

楼板应进行使用及施工两阶段计算。使用阶段计算包括楼板的正截面承载力计算、楼板下部钢筋应力控制验算、支座裂缝控制验算以及挠度计算。施工阶段计算包括上下弦杆强度验算、受压弦杆和腹杆稳定性验算以及桁架挠度验算。

以桁架钢筋混凝土楼板单向板为例，具体设计过程如下：

（1）使用阶段

施工阶段设临时支撑时，与普通现浇钢筋混凝土楼板一样，进行使用阶段内力计算以及承载力极限状态计算、正常使用极限状态验算。

当施工阶段不设临时支撑时，设计过程如下：

1）内力计算

此阶段楼板形成，根据支座实际情况，按简支或连续梁模型计算。当为连续板时，板支座及跨中弯矩按以下公式计算。支座弯矩调幅不应大于15%。

支座弯矩：

$$M_{支} = \alpha_{1F}g_1l_0^2 + \alpha_{2F}g_2l_0^2 + \alpha_{3F}P_2l_0^2 \tag{4-1}$$

跨中弯矩：

$$M_{中} = \alpha_{1M}g_1l_0^2 + \alpha_{2M}g_2l_0^2 + \alpha_{3M}P_2l_0^2 \tag{4-2}$$

式中　$M_{支}$、$M_{中}$——支座、跨中弯矩；

　　　　α_{1F}、α_{1M}——楼板自重作用下，根据施工阶段桁架连续性确定的支座或跨中弯矩系数；

　　　　α_{2F}、α_{2M}——除楼板自重以外的永久荷载作用下，根据使用阶段楼板连续性确定的支座或跨中弯矩系数；

α_{3F}、α_{3M}——楼面活荷载作用下，根据使用阶段楼板连续性、考虑活荷载不利布置确定的支座或跨中弯矩系数。等跨连续板在均布荷载作用下弯矩系数见《建筑结构静力计算实用手册》。

g_1、g_2——分别为楼板自重、除楼板自重以外的永久荷载；

P_2——楼面活荷载；

l_0——板的计算跨度。

2）承载力极限状态计算及正常使用极限状态验算

① 楼板正截面承载力应按《混凝土结构设计规范》GB 50010—2010（2015 年版）及《冷轧带肋钢筋混凝土结构技术规范》JGJ 95—2011 有关规定计算。

② 楼板下部钢筋的拉应力应符合下列规定：

$$\sigma_{sq} \leqslant 0.9 f_y \tag{4-3}$$

$$\sigma_{sq} = \sigma_{s1q} + \sigma_{s2q} \tag{4-4}$$

$$\sigma_{s1q} = \frac{N_{1q}}{A_s} \tag{4-5}$$

$$\sigma_{s2q} = \frac{M_{2q}}{0.87 A_s h_0} \tag{4-6}$$

式中　N_{1q}、σ_{s1q}——分别为楼板自重准永久组合值作用下钢筋桁架下弦的拉力、拉应力；

M_{2q}、σ_{s2q}——分别为使用阶段除楼板自重以外的永久荷载及楼面荷载准永久组合下计算截面产生的弯矩值、在弯矩 M_{2q} 作用下楼板下部钢筋的拉应力；

σ_{sq}——楼板下部的拉应力；

A_s——计算宽度范围内杆件截面面积；

f_y——钢筋抗拉强度设计值；

h_0——截面有效高度。

③ 楼板支座的最大裂缝宽度验算

以普通钢筋混凝土受弯构件裂缝宽度计算公式为基础，结合二阶段受力叠合构件的特点，经局部调整，按荷载准永久组合或标准组合并考虑长期作用影响的最大裂缝宽度 w_{max} 不应超过《混凝土结构设计规范》GB 50010—2010（2015 年版）规定的最大裂缝宽度限值，可按下式计算：

钢筋混凝土构件：

$$w_{max} = 2 \frac{\psi(\sigma_{s1k} + \sigma_{s2q})}{E_s} \left(1.9c + 0.08 \frac{d_{eq}}{\rho_{te1}} \right) \tag{4-7}$$

$$\psi = 1.1 - \frac{0.65 f_{tk1}}{\rho_{te1} \sigma_{s1k} + \rho_{te} \sigma_{s2q}} \tag{4-8}$$

预应力混凝土构件：

$$w_{max} = 1.6 \frac{\psi(\sigma_{s1k} + \sigma_{s2k})}{E_s} \left(1.9c + 0.08 \frac{d_{eq}}{\rho_{te1}} \right) \tag{4-9}$$

$$\psi = 1.1 - \frac{0.65 f_{tk1}}{\rho_{te1} \sigma_{s1k} + \rho_{te} \sigma_{s2k}} \tag{4-10}$$

式中 f_{tk1}——预制构件的混凝土抗拉强度标准值；

d_{eq}——受拉区纵向钢筋的等效直径，按《混凝土结构设计规范》GB 50010—2010（2015 年版）规定计算；

ρ_{te1}、ρ_{te}——按预制构件、叠合构件的有效受拉混凝土截面面积计算的纵向受拉钢筋配筋率，按《混凝土结构设计规范》GB 50010—2010（2015 年版）规定计算。

④ 楼板跨中挠度验算

应用"最小刚度原则"，按《混凝土结构设计规范》GB 50010—2010（2015 年版）进行正常使用极限状态下的挠度验算，不应超过规范规定的挠度限值，楼面活荷载作用下楼板的挠度不应超过计算跨度的 1/350，楼板自重、除楼板自重以外的永久荷载以及楼面活荷载作用下楼板的挠度不应超过计算跨度的 1/250。

（a）叠合构件的长期刚度

叠合受弯构件按荷载准永久组合或标准组合并考虑长期作用影响的刚度，可按下式计算：

钢筋混凝土构件：

$$B = \frac{M_q}{\left(\frac{B_{s2}}{B_{s1}} - 1\right)M_{1Gk} + \theta M_q} B_{s2} \qquad (4\text{-}11)$$

预应力混凝土构件：

$$B = \frac{M_k}{\left(\frac{B_{s2}}{B_{s1}} - 1\right)M_{1Gk} + (\theta - 1)M_q + M_k} B_{s2} \qquad (4\text{-}12)$$

$$M_k = M_{1Gk} + M_{2k} \qquad (4\text{-}13)$$

$$M_q = M_{1Gk} + M_{2Gk} + \psi_q M_{2Qk} \qquad (4\text{-}14)$$

式中 M_k、M_q——叠合构件按荷载标准组合、准永久组合计算的弯矩值；

θ——考虑荷载长期作用对挠度增大的影响系数，按《混凝土结构设计规范》GB 50010—2010（2015 年版）采用；

ψ_q——第二阶段可变荷载的准永久值系数；

B_{s1}——预制构件的短期刚度，按《混凝土结构设计规范》GB 50010—2010（2015 年版）采用；

B_{s2}——叠合构件第二阶段的短期刚度，按式（4-15）或式（4-16）取用。

（b）叠合构件第二阶段的短期刚度 B_{s2}

预制构件第二阶段的短期刚度，以及荷载准永久组合或标准组合下叠合构件在负弯矩区段第二阶段的短期刚度，均可按《混凝土结构设计规范》GB 50010—2010（2015 年版）普通钢筋混凝土梁的方法计算。在荷载准永久组合或标准组合下，叠合式受弯构件在正弯矩区段内的第二阶段的短期刚度可按下式计算：

钢筋混凝土叠合构件：

$$B_{s2} = \frac{E_s A_s h_0^2}{0.7 + 0.6\dfrac{h_1}{h} + \dfrac{45\alpha_E\rho}{1 + 3.5\gamma_f'}}$$ (4-15)

式中 α_E——钢筋弹性模量与叠合层混凝土弹性模量的比值，$\alpha_E = E_s/E_{c2}$。

预应力混凝土叠合构件：

$$B_{s2} = 0.7 E_{c1} I_0$$ (4-16)

式中 E_{c1}——预制构件的混凝土弹性模量；

$\quad I_0$——叠合构件换算截面的惯性矩，其中，叠合层的混凝土截面面积应按弹性模量比换算成预制构件混凝土的截面面积。

注意：a) 钢筋混凝土二阶段受力叠合受弯构件第二阶段短期刚度，是在一般钢筋混凝土受弯构件短期刚度计算公式的基础上，考虑二阶段受力对叠合截面的受压区混凝土应力形成的滞后效应，经简化后得出的。

b) 对要求不出现裂缝的预应力混凝土二阶段受力叠合受弯构件，第二阶段短期刚度式（4-15）中的系数 0.7 是根据试验结果确定的。

c) 叠合受弯构件负弯矩区段内第二阶段的短期刚度 B_{s2} 可按《混凝土结构设计规范》GB 50010—2010（2015 年版）计算，其中，弹性模量的比值取 $\alpha_E = E_s/E_{c1}$。

d) 预应力混凝土叠合构件在使用阶段的预应力反拱值可用结构力学方法，按预制构件的刚度进行计算，其中，预应力钢筋的应力应扣除全部预应力损失，并考虑预应力长期影响，可将计算所得的预应力反拱值乘以增大系数 1.75。

（2）施工阶段

设有临时支撑时，无需进行施工阶段验算。施工阶段不设临时支撑时，钢筋桁架楼承板中桁架杆件的内力以及钢筋桁架楼承板的挠度，采用桁架模型计算。承载能力极限状态按荷载效应基本组合，重要性系数 γ_0 取 0.9。挠度验算采用荷载的准永久效应组合。此阶段荷载包括钢筋桁架楼承板自重、湿混凝土重量以及施工荷载。施工荷载采用均布荷载为 1.5kN/m² 和跨中集中荷载沿板宽 2.5kN/m 中较不利者，不考虑二者同时作用。

1) 上、下弦杆强度按下式计算：

$$\sigma = \frac{N}{A_s} \leq 0.9 f_y$$ (4-17)

2) 受压弦杆及腹杆稳定性按下式计算：

$$\frac{N}{\varphi A_s} \leq f_y'$$ (4-18)

式中 f_y'、f_y——钢筋抗压强度设计值、钢筋抗拉强度设计值；

$\quad N$——杆件轴心拉力或压力；

$\quad \sigma$——上、下弦杆的应力；

$\quad \varphi$——轴心受压构件的稳定系数，按《钢结构设计标准》GB 50017—2017 采用。其中受压弦杆计算长度取 0.9 倍受压弦杆节点间距，腹杆计算长度取 0.7 倍腹杆节点间距。

3) 桁架挠度与跨度之比值不大于 1/180，也不大于 200mm。

4. 叠合面抗剪承载力验算

叠合面的抗剪能力是保证预制底板与现浇混凝土层共同工作的关键。对叠合面不配抗剪钢筋的叠合板，叠合面的表面做成凹凸不小于 4mm 的粗糙面时，其叠合面的受剪承载力按《混凝土结构设计规范》GB 50010—2010（2015 年版）附录 H.0.4 进行验算：

$$\frac{V}{bh_0} \leqslant 0.4(\text{N/mm}^2) \tag{4-19}$$

式中　b、h_0——叠合面的宽度和有效高度（mm）；

　　　　V——水平接合面剪力设计值（N）。

当叠合板跨度超过 5m，或相邻悬挑板的上部钢筋伸入叠合板中的锚固范围内等情况时，因叠合面水平剪力较大，为了增加预制板的整体刚度和水平界面抗剪性能，可在预制板内设置桁架钢筋（图 4-5），来保证水平界面的抗剪能力。此时，钢筋桁架的下弦及上弦可作为楼板的下部和上部受力钢筋使用。在施工阶段，验算预制板的承载力及变形时，可考虑桁架钢筋的作用，减小预制板下的临时支撑。必要时，应根据水平叠合面抗剪计算的结果来设置抗剪钢筋。

5. 叠合板的预制底板吊装验算

（1）预制板的吊点设置要求：一般采用 4 点起吊，为使吊点处板面的负弯矩与吊点之间的正弯矩大致相等，确定吊点位置一般为 $0.207a$（a 为板长）或 $0.207b$（b 为板宽），如图 4-6 所示。

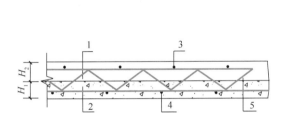

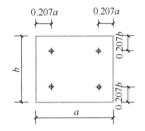

图 4-5　桁架钢筋混凝土叠合板　　　　　图 4-6　预制板的吊点设置

1—叠合板现浇层；2—预制底板；3—现浇层钢筋；

4—底板钢筋；5—桁架钢筋

（2）计算截面的确定：板类构件按照等代梁按长、宽两个截面计算，等代梁宽一般取 1/2 板宽或板长，且不超过 15h（h 为板厚）。

（3）验算强度及裂缝：验算强度采用基本组合；验算裂缝采用准永久组合。

（4）控制受拉区混凝土拉应力：$M/W < f_{tk}$。

（5）叠合楼板的预制底板堆放要求：平运，采用两点支放方式，支点位于 $0.20a$ 的位置，叠放层数 6 层，不超过 2m，最底层支垫通长设置。

6. 叠合板构造设计

为了保证叠合板界面两侧共同承载、协调受力，对混凝土叠合板后浇叠合层混凝土的厚度、混凝土强度等级、叠合面粗糙程度、界面构造钢筋等提出构造要求。

（1）板边角构造

单、双向叠合板板底倒角设置有差异：双向板板底不倒角，单向板板底倒角（但与梁接触边不倒角），如图 4-7 所示。一般单向板接缝处下部边角做成 45°倒角，便于板底接缝处的平整度处理。

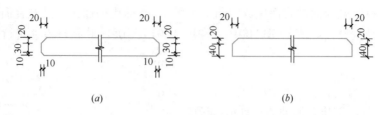

图 4-7　叠合板板边倒角

（a）单向板断面图；（b）双向板断面图

（2）粗糙面处理

叠合板中，预制板与后浇混凝土结合的界面称为结合面（Joint Surface），需按规范《混凝土结构工程施工质量验收规范》GB 50204—2015 进行粗糙面处理，其质量应符合设计要求，即预制板表面应做成凹凸差不小于 4mm 的粗糙面，且粗糙面的面积不宜小于结合面的 80％（图 4-8）。必要时，还需要在粗糙面上配置抗剪或抗拉钢筋等，以确保结构连接构造的整体性设计要求。

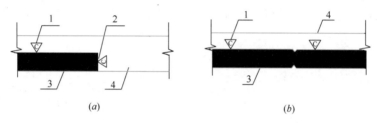

图 4-8　叠合板粗糙面

（a）采用后浇段连接；（b）采用密拼接缝

1—顶面设粗糙面、凹凸深度≥4mm；2—侧面设粗糙面、凹凸深度≥4mm；

3—预制板；4—后浇混凝土

（3）构造钢筋

1）桁架钢筋（Grid Bar）混凝土叠合板构造

《装配式混凝土技术规程》JGJ 1—2014 规定，桁架钢筋混凝土叠合板（图 4-9）满足下列要求：①桁架钢筋应沿主要受力方向布置；距板边不应大于 300mm，间距不宜大于 600mm；②桁架钢筋弦杆混凝土保护层厚度不应小于 15mm；钢筋直径不宜小于 8mm，

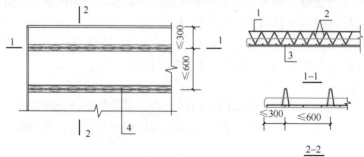

图 4-9　桁架钢筋预制底板构造

1—上弦杆，直径≥8mm；2—下弦杆，直径≥6mm；

3—腹杆，直径≥4mm；4—桁架钢筋

腹杆钢筋直径不应小于 4mm；③预埋在预制板内的抗剪桁架钢筋，直径不应小于 6mm，中心间距不应大于 800mm，伸入到现浇层的上部钢筋高度不应小于 40mm。

叠合层中，顺桁架方向的钢筋应在下侧，垂直桁架方向的钢筋在上侧，如图 4-10 所示。底板沿跨度方向钢筋位于底板沿宽度方向钢筋上层，桁架下弦钢筋与底板沿跨度方向钢筋在同层。

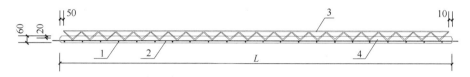

图 4-10　预制底板钢筋层次
1—底板沿宽度方向配筋；2—底板沿跨度方向配筋；3—桁架钢筋；4—底板

2）抗剪构造钢筋

《装配式混凝土技术规程》JGJ 1—2014 规定，当未设置桁架钢筋时，在下列情况下，叠合板的预制板与后浇混凝土叠合层之间应设置抗剪构造钢筋：

① 单向叠合板跨度大于 4.0m 时，距支座 1/4 跨范围内；

② 双向叠合板短向跨度大于 4.0m 时，距四边支座 1/4 短跨范围内；

③ 悬挑叠合板；

④ 悬挑板的上部纵向受力钢筋在相邻叠合板的后浇混凝土锚固范围内。对于承受较大荷载的叠合板，宜在预制底板上设置伸入叠合层的构造钢筋，通常设置桁架钢筋或马凳钢筋等抗剪钢筋。

叠合板的预制板与后浇混凝土叠合层之间设置的抗剪构造钢筋应符合下列规定：

① 抗剪构造钢筋宜采用马凳筋形状，间距不宜大于 400mm，直径 d 不应小于 6mm；

② 马凳钢筋宜伸到叠合板上、下部纵向钢筋处，预埋在预制板内的总长度不应小于 15d，水平段长度不应小于 50mm。

3）叠合板端支座钢筋构造

预制板内的纵向受力钢筋即为叠合楼板的下部纵向受力钢筋，在板端宜按照现浇楼板的要求伸入支座，即叠合板端支座处，预制板内的纵向受力钢筋宜从板端伸出并锚入支承梁或墙的后浇混凝土层中，锚固长度不应小于 5d（d 为纵向受力钢筋直径）及 100mm 的较大值，且宜伸过支座中心线，如图 4-11 所示。

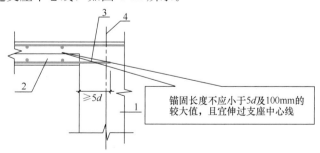

锚固长度不应小于5d及100mm的较大值，且宜伸过支座中心线

图 4-11　叠合板端支座钢筋构造
1—支承梁或墙；2—预制板；3—纵向受力钢筋；4—支座中心线

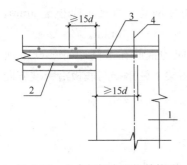

图 4-12　叠合板侧支座钢筋构造
1—支承梁或墙；2—预制板；
3—附加钢筋；4—支座中心线

4）叠合板侧支座钢筋构造

为了预制板加工及施工方便，单向板板侧支座处的构造钢筋可不伸出，但宜通过在支座处贴预制板顶面、在现浇混凝土中设置附加钢筋的方式，来保证楼面的整体性及连续性；附加钢筋面积不宜小于预制板内同向钢筋面积，在现浇混凝土层内锚固长度不小于 $0.8l_a$，在支座内锚固长度不应小于 $5d$ 及 100mm 的较大值，且宜伸过支座中心线，如图 4-12 所示。

4.3.3　叠合板连接节点设计
Design of Composite Slabs Connection Joints

1. 预制叠合板之间的连接节点

（1）分离式接缝

单向叠合板板侧的分离式接缝宜配置附加钢筋，并应符合下列规定：

① 接缝处紧邻预制板顶面宜设置垂直于板缝的附加钢筋，附加钢筋伸入两侧后浇混凝土叠合层的锚固长度不应小于 15d（d 为附加钢筋直径）；

② 附加钢筋截面面积不宜小于预制板中该方向钢筋面积，钢筋直径不宜小于 6mm，间距不宜大于 250mm，如图 4-13 所示。

双向预制叠合板板侧的拼缝应配置附加接缝钢筋（图 4-14），并应符合下列规定：

① 在接缝处的预制板顶面设置垂直于板缝的接缝钢筋，接缝钢筋与预制板钢筋的搭接长度在板跨中部位不应小于 $1.2l_a$；

② 钢筋配筋应按计算确定，且不宜小于该方向预制板中受力钢筋的 50%，配筋率不宜小于 0.3%；钢筋直径不宜小于 8mm，间距不宜大于 200mm。

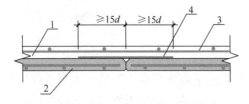

图 4-13　单向板的密缝拼接钢筋构造
1—现浇层；2—预制板；3—现浇层内钢筋；
4—接缝钢筋

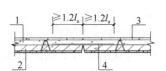

图 4-14　双向板板侧分离式
拼缝构造
1—现浇层；2—预制板；3—现浇
层内钢筋；4—接缝钢筋

上述拼缝形式较简单，利于构件生产及施工。理论分析与试验结果表明，这种做法是可行的。叠合楼板的整体受力性能介于按板缝划分的单向板和整体双向板之间，与楼板的尺寸、后浇层与预制板的厚度比例、接缝钢筋数量等因素有关。开裂特征类似于单向板，承载力高于单向板，挠度小于单向板，但大于双向板。当现浇层厚度较大，设置钢筋桁架并设置足够数量的接缝钢筋时，拼缝可承受足够大的弯矩及剪力，应计算接缝处的弯矩设计值，按照现浇层的厚度计算接缝处需要的钢筋数量。

（2）整体式接缝连接

双向叠合板板侧的整体式接缝宜设置在叠合板的次要受力方向上且宜避开最大弯矩截

面。接缝可采用后浇带形式（图 4-15），并应符合下列规定：后浇带宽度不宜小于 200mm；后浇带两侧板底纵向受力钢筋可在后浇带中焊接、搭接连接（图 4-15a、b）、弯折锚固（图 4-15c）。

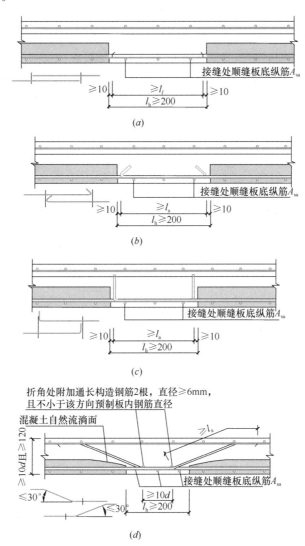

图 4-15 双向叠合板整体式接缝构造
（a）搭接连接——板底纵筋直接搭接；（b）搭接连接——板底纵筋末端带 135°弯钩连接；
（c）板底纵筋末端带 90°弯钩搭接；（d）板底纵筋弯折锚固

当后浇带两侧板底纵向受力钢筋在后浇带中弯折锚固时（图 4-15d），应符合下列规定：

① 叠合板厚度不应小于 10d，且不应小于 120mm（d 为弯折钢筋直径的较大值）；

② 接缝处预制板侧伸出的纵向受力钢筋应在后浇混凝土叠合层内锚固，且锚固长度不应小于 l_a；两侧钢筋在接缝处重叠的长度不应小于 10d，钢筋弯折角度不应大于 30°，弯折处沿接缝方向应配置不少于 2 根通长构造钢筋，且直径不应小于该方向预制板内钢筋直径。

2. 叠合板与支座连接节点设计

当桁架钢筋混凝土叠合板的后浇混凝土叠合层厚度不小于 100mm，且不小于预制厚度的 1.5 倍时，支承端预制板内纵向受力钢筋（图 4-16）可采用间接搭接方式锚入支承梁或墙的后浇混凝土中，并应符合下列规定：附加钢筋的面积应通过计算确定，且不应少于受力方向跨中板底钢筋面积的 1/3；附加钢筋直径不宜小于 8mm，间距不宜大于 250mm；当附加钢筋为构造钢筋时，伸入楼板的长度不应小于与板底钢筋的受压搭接长度，伸入支座的长度不应小于 15d（d 为附加钢筋直径）且宜伸过支座中心线；当附加钢筋承受拉力时，伸入楼板的长度不应小于与板底钢筋的受拉搭接长度，伸入支座的长度不应小于受拉钢筋锚固长度；垂直于附加钢筋的方向布置横向分布钢筋，在搭接范围内不宜少于 3 根，且钢筋直径不宜小于 6mm，间距不宜大于 250mm。

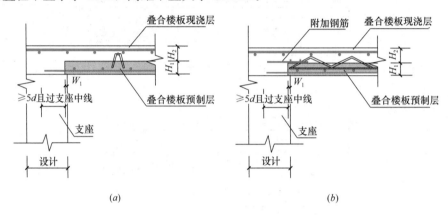

图 4-16　楼板与支座连接节点示意图
（a）叠合板无外伸底筋；（b）叠合板外伸底筋

4.3.4　叠合梁设计
Design of Composite Beams

1. 叠合梁预制部分的选型

叠合梁预制部分可采用矩形（图 4-17a）或凹口截面形式（图 4-17b）。装配整体式框架结构中，叠合框架梁的后浇混凝土叠合层厚度不宜小于 150mm，次梁的后浇混凝土叠合层厚度不宜小于 120mm；当采用凹口截面预制梁时，凹口深度不宜小于 50mm，凹口

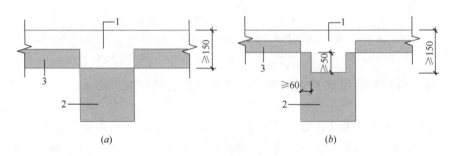

图 4-17　叠合梁截面
（a）矩形截面；（b）凹口截面
1—现浇层；2—预制梁；3—叠合板或现浇板

边厚度不宜小于 60mm。叠合梁的叠合层混凝土强度等级不宜低于 C30。预制梁的顶面应做成凹凸差不小于 6mm 的粗糙面。

2. 叠合梁接缝正截面承载力验算

影响叠合梁接缝处正截面承载力的因素主要有接缝的混凝土强度等级，以及穿过正截面且有可靠锚固的钢筋数量。因在装配整体式结构中，连接区的现浇混凝土强度一般不低于预制构件的混凝土强度，连接区的钢筋总承载力也不少于构件内钢筋承载力并且构造符合规范要求，故接缝的正截面受拉及受弯承载力一般不低于构件。

叠合梁现浇段钢筋连接方式有绑扎连接和灌浆套筒连接等，需根据连接区的位置（梁端或梁中）及抗震等级，按《混凝土结构设计规范》GB 50010—2010（2015 年版）的规定选取。当采用绑扎搭接形式时，不会对截面有效高度产生影响；当采用机械连接时，虽然机械连接套筒直径较大，但考虑机械套筒筒长度很短（一般只有几厘米），其对钢筋影响较小，可以忽略；但采用灌浆套筒连接时，由于套筒直径较大，为保证混凝土保护层厚度，从套筒外箍筋起算，截面有效高度 h_0 会有所减少（图 4-18），此时 h_0 按下式取值：

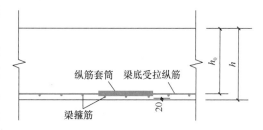

图 4-18 截面有效高度

$$h_0 = h - c - d_g - D/2 \tag{4-20}$$

式中　D、d_g——钢筋套筒直径和箍筋直径（mm）；

　　　c——混凝土保护层厚度（mm），一般当混凝土强度等级不小于 C25，取 20mm；混凝土强度等级 C20，取 25mm。

装配整体式混凝土结构中，接缝的正截面承载力应符合《混凝土结构设计规范》GB 50010—2010（2015 年版）规定，矩形截面受弯构件正截面受弯承载力计算公式如下：

$$M \leqslant \alpha_1 f_c bx \left(h_0 - \frac{x}{2}\right) + f'_y A'_s (h_0 - a'_s) - (\sigma'_{p0} - f'_{py}) A'_p (h_0 - a'_p) \tag{4-21}$$

$$\alpha_1 f_c bx = f_y A_s - f'_y A'_s + f_{py} A_p - (\sigma'_{p0} - f'_{py}) A'_p \tag{4-22}$$

公式适用条件：　　　　　　$2a' \leqslant x \leqslant \xi_b h_0$ \tag{4-23}

式中　　　　　M——弯矩设计值；

　　　　　　　x——混凝土受压区高度；

　　　α_1、f_c——系数和混凝土轴心抗压强度设计值，按《混凝土结构设计规范》GB 50010—2010（2015 年版）规定采用；

A_s、A'_s、A_p、A'_p——受拉区、受压区纵向普通钢筋、纵向预应力筋的截面面积；

　　　　　　　b——矩形截面宽度或倒 T 形截面腹板宽度；

　　　　　　h_0——截面有效高度（图 4-18）；

　　　　　σ'_{p0}——受压区纵向预应力筋合力点处混凝土法向应力等于零时的预应力筋应力；

　a'_s、a'_p——受压区纵向普通钢筋合力点、预应力筋合力点至截面受压边缘的距离；

a'——受压区全部纵向钢筋合力点至截面受压边缘的距离，当受压区未配置纵向预应力筋或受压区纵向预应力筋应力 $\sigma'_{p0} - f'_{py}$ 为拉应力时，a' 用 a'_s 代替。

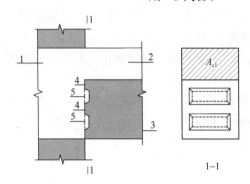

图 4-19　叠合梁端受剪承载力计算参数

1—后浇节点区；2—后浇混凝土叠合层；3—预制梁；
4—预制键槽根部截面；5—后浇键槽根部截面

3. 叠合梁接缝抗剪承载力验算

钢筋混凝土叠合梁端结合面（图 4-19）主要包括框架梁与节点区的结合面、梁自身连接的结合面以及次梁与主梁的结合面等几种类型。结合面受剪承载力的组成主要包括：新旧混凝土结合面的黏结力、键槽的抗剪能力、后浇混凝土叠合层的抗剪能力、梁纵向钢筋的销栓抗剪作用。偏于安全，不考虑混凝土的自然黏结作用。

叠合梁端竖向接缝的受剪承载力设计值按下式计算：

（1）持久设计状况

$$\gamma_0 \, V_{jd} \leqslant V_u \tag{4-24}$$

其中，

$$V_u = 0.07 f_c A_{cl} + 0.10 f_c A_k + 1.65 A_{sd} \sqrt{f_c f_y} \tag{4-25}$$

（2）地震设计状况

$$V_{jdE} \leqslant V_{uE} / \gamma_{RE} \tag{4-26}$$

其中，

$$V_{uE} = 0.04 f_c A_{cl} + 0.06 f_c A_k + 1.65 A_{sd} \sqrt{f_c f_y} \tag{4-27}$$

式中　V_{jd}、V_{jdE}——持久设计状况和地震设计状况下接缝剪力设计值；

V_u、V_{uE}——持久设计状况和地震设计状况下梁端、柱端或剪力墙底部接缝受剪承载力设计值；

γ_0——结构重要性系数，安全等级为一、二级时，分别不应小于 1.1 和 1.0；

γ_{RE}——接缝受剪承载力抗震调整系数，取 0.85；

A_{cl}——叠合梁端截面后浇混凝土叠合层截面面积；

f_c——预制构件混凝土轴心抗压强度设计值；

f_y——垂直穿过结合面钢筋抗拉强度设计值；

A_k——各键槽的根部截面面积（图 4-19）之和，按后浇键槽根部截面和预制键槽根部截面分别计算，并取二者的较小值；

A_{sd}——垂直穿过结合面所有钢筋的面积，包括叠合层内的纵向钢筋。

注意：a) 本承载力计算方法不考虑混凝土的自然黏结作用是偏安全的。取混凝土抗剪键槽的受剪承载力、后浇层混凝土的受剪承载力、穿过结合面的钢筋的销栓抗剪作用之和，作为结合面的受剪承载力。地震往复作用下，对后浇层混凝土部分的受剪承载力进行折减，参照混凝土斜截面受剪承载力设计方法，折减系数取 0.6。

b）研究表明，混凝土抗剪键槽的受剪承载力一般为（$0.15 \sim 0.2$）$f_c A_k$，但由于混凝土抗剪键槽的受剪承载力和钢筋的销栓抗剪作用一般不会同时达到最大值，因此在式（4-25）中，对混凝土抗剪键槽的受剪承载力进行折减，取 $0.1 f_c A_k$。抗剪键槽的受剪承载力取各抗剪键槽根部受剪承载力之和；梁端抗剪键槽数量一般较少，沿高度方向一般不会超过 3 个，不考虑群键作用。抗剪键槽破坏时，可能沿现浇键槽或预制键槽的根部破坏，因此计算抗剪键槽受剪承载力时，应按现浇键槽和预制键槽根部剪切面分别计算，并取二者的较小值。设计中，应尽量使现浇键槽和预制键槽根部剪切面面积相等。

c）钢筋销栓作用的受剪承载力计算公式主要参照日本装配式框架设计规程的规定，以及中国建筑科学研究院试验研究结果，同时考虑混凝土强度及钢筋强度的影响。

d）在梁、柱端部箍筋加密区及剪力墙底部加强部位，尚应符合下式要求：

$$\eta_j V_{mua} \leqslant V_{uE} \tag{4-28}$$

式中 V_{uE}——地震设计状况下梁端、柱端、剪力墙底部接缝受剪承载力设计值；

V_{mua}——被连接构件端部按实配钢筋面积计算的斜截面受剪承载力设计值；

η_j——接缝受剪承载力增大系数，抗震等级为一、二级时，取 1.2；抗震等级为三、四级时，取 1.1。

4. 叠合梁叠合面抗剪承载力验算

叠合梁的叠合面除应符合构造要求外，叠合面受剪承载力尚应满足《混凝土结构设计规范》GB 50010—2010（2015 年版）公式：

$$V \leqslant 1.2 f_t b h_0 + 0.85 f_{yv} \frac{A_{sv}}{s} h_0 \tag{4-29}$$

式中 V——水平叠合面剪力设计值；

b、h_0——叠合面宽度、叠合构件有效高度；

f_t——混凝土抗拉强度设计值，取叠合层和预制构件中的较低值；

f_{yv}——穿过叠合面的箍筋抗拉强度设计值；

A_{sv}、s——叠合面内箍筋的全部截面面积、箍筋间距。

注意：a）叠合面受剪承载力计算公式是以剪摩擦传力模型为基础，根据叠合构件试验结果和剪摩擦试件试验结果给出的。

b）叠合受弯构件箍筋应按斜截面受剪承载力计算和叠合面受剪承载力计算得出的较大值配置。

c）受剪承载力计算时，取预制梁和叠合层中较低的混凝土强度等级进行计算。

d）不配筋叠合面的受剪承载力离散性较大，故《混凝土结构设计规范》GB 50010—2010（2015 年版）用于这类叠合面的受剪承载力计算公式暂与混凝土强度等级无关，这与国外规范处理方法类似。

5. 叠合梁构造要求

（1）叠合梁的箍筋配置

叠合梁可采用整体封闭箍筋（图 4-20a）或组合封闭箍筋（图 4-20b）的形式。

抗震等级为一、二级的叠合框架梁的梁端箍筋加密区宜采用整体封闭箍筋。预制梁的箍筋应全部伸入叠合层，且各肢伸入叠合层的直线段长度不宜小于 10d（d 为箍筋直径）。

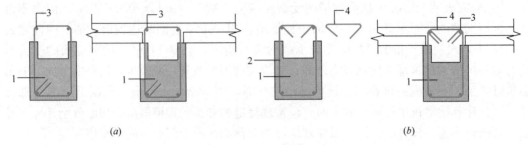

图 4-20　叠合梁箍筋形式

(a) 整体封闭箍筋；(b) 组合封闭箍筋

1—预制梁；2—开口预制箍筋；3—上部钢筋；4—箍筋帽

采用组合封闭箍筋的形式时，开口箍筋上方应做成 135°弯钩；非抗震设计时，弯钩端头平直段长度不应小于 5d（d 为箍筋直径）；抗震设计时，平直段长度不应小于 10d。现场应采用箍筋帽封闭开口箍，箍筋帽末端应做成 135°弯钩；非抗震设计时，弯钩端头平直段长度不应小于 5d；抗震设计时，平直段长度不应小于 10d。

框架梁箍筋加密区长度内的箍筋肢距：对于一级抗震等级，不宜大于 200mm 和 20 倍箍筋直径的较大值，且不应大于 300mm；对于二、三级抗震等级，不宜大于 250mm 和 20 倍箍筋直径的较大值，且不应大于 350mm；对于四级抗震等级，不宜大于 300mm，且不应大于 400mm。

(2) 叠合梁的腰筋配置

框架梁预制部分的腰筋不承受扭矩时，可不伸入梁柱节点核心区。叠合梁预制部分的腰筋用于控制梁的收缩裂缝，有时用于受扭。但是当主要用于控制收缩裂缝时，由于预制构件的收缩在安装时已经基本完成，因此腰筋不用锚入节点，可简化安装。

当腰筋用于承受扭矩时，应按照受拉钢筋的要求锚入后浇节点区叠合梁的下部纵筋，当承载力计算不需要时，可按照现行国家标准《混凝土结构设计规范》GB 50010—2010（2015 年版）中的相关规定进行截断，减少伸入节点区内的钢筋数量，方便安装。

4.3.5　叠合梁连接节点设计

Design of Composite Beams Connection Joints

1. 叠合梁的对接连接节点

叠合梁的对接连接节点（图 4-21）宜在受力较小截面，并符合下列规定：（1）梁端应设置键槽或粗糙面；（2）连接处应设置后浇段，长度应满足钢筋连接的作业空间需求；（3）梁下部纵向钢筋在后浇段内宜采用机械连接、套筒灌浆连接或焊接连接，也可采用绑

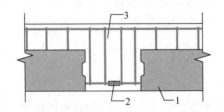

图 4-21　叠合梁的梁-梁拼接节点构造示意

1—预制梁；2—钢筋连接；3—后浇段

扎搭接连接；上部纵向钢筋应在后浇段内连接。（4）后浇段内的箍筋应加密，间距不应大于5d，且不应大于100mm。

2. 主次梁后浇段连接节点

主梁与次梁的连接可采用刚接或铰接的方式。当采用刚接时，应符合下列要求：

（1）连接节点处主梁上应设置现浇段；

（2）在边节点处（图4-22a），次梁纵向钢筋锚入主梁现浇段内；

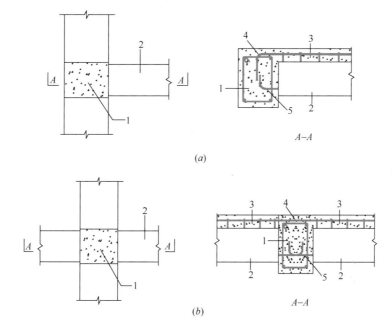

(a)

(b)

图4-22　节点构造示意

（a）次梁端部节点；（b）连续次梁中间节点

1—主梁现浇段（后浇段）；2—次梁；3—现浇层混凝土（后浇混凝土层）；

4—次梁上部钢筋连续；5—次梁下部钢筋锚固

（3）在中间节点处（图4-22b），两侧次梁的下部钢筋在现浇段内锚固或连接；

（4）次梁上部纵筋在现浇层内连续。钢筋锚固长度应符合《混凝土结构设计规范》GB 50010—2010（2015年版）有关规定。

可扫描右侧二维码观看叠合梁的施工视频。

叠合梁的
施工及吊装

本　章　小　结

Summary

1. 装配式钢筋混凝土楼盖主要采用叠合楼盖。叠合楼盖是在预制底板上现浇一层混凝土而形成的一种装配整体式结构，目前多由叠合梁（或部分现浇梁）和叠合楼板（或部分现浇楼板）组成。叠合板分为普通叠合楼板和预应力叠合楼板两大类。普通叠合楼板的预制底板包括：无桁架筋预制底板（常规的预制底板混凝土叠合板）和有桁架筋预制底板

（桁架钢筋混凝土叠合板）。与普通叠合楼板的不同在于，预应力叠合楼板是预制底板为先张法预应力板，常见断面形状为预制带肋底板。

2. 叠合板、叠合梁统称为叠合式受弯构件，按受力性能可分为"一阶段受力叠合构件"和"二阶段受力叠合构件"两类。二阶段受力叠合构件在计算时分为后浇的叠合层混凝土未达到强度设计值之前的阶段及叠合层混凝土达到规定的强度设计值之后的阶段。需对其进行承载力计算、裂缝宽度验算、挠度验算等，来保证其结构性能具有与现浇混凝土结构等同的整体性、延性、承载力和耐久性能。

3. 装配式钢筋混凝土叠合楼盖结构中的接缝主要指预制构件之间的接缝及预制构件与现浇及后浇混凝土之间的结合面，包括梁端接缝、叠合面的水平接缝。在各种设计状况下，装配式结构预制构件的连接安全牢固是主要考虑的问题。预制构件之间的钢筋连接及连接处的混凝土应满足传递结构整体分析所确定的内力，需进行叠合构件接缝处承载力验算，如叠合梁接缝正截面承载力验算、梁端接缝受剪承载力验算、叠合面水平接缝的受剪承载力计算等。

思 考 题

4-1 简述叠合楼盖的基本设计流程。

4-2 叠合板、叠合梁的常用形式有哪些？

4-3 叠合板、叠合梁的优缺点有哪些？

4-4 叠合楼盖设计中，为什么叠合板厚度比现浇楼板厚度略厚？

4-5 叠合板如何区分双向板和单向板？

4-6 简述叠合单向板、双向板及其接缝的受力特点。

4-7 如何进行叠合单向板、双向板设计及其接缝设计？

4-8 简述叠合板支座节点连接基本构造要求。

4-9 简述叠合受弯构件箍筋的配置原则。

4-10 如何进行钢筋混凝土叠合受弯构件叠合面设计？

4-11 简述叠合梁对接连接节点基本构造要求。

习 题

习题 4-1 详图

4-1 某办公楼采用装配整体式剪力墙结构。其标准层剪力墙平面布置见图 4-23。永久荷载标准值 4.0kN/m²，可变荷载标准值 2.0kN/m²。试设计桁架钢筋混凝土楼板（清晰图纸可扫描右边二维码查看）。

提示：施工过程不设临时支撑。

拓 展 题

4-1 针对我国目前常用叠合楼盖的缺陷或不足，通过搜集、查阅国内外相关资料，试对其提出问题并进行改进。

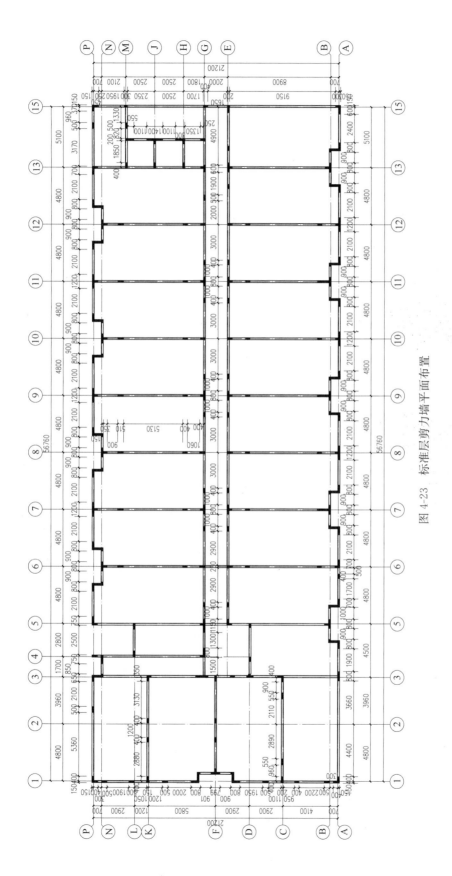

图 4-23　标准层剪力墙平面布置

第 5 章　装配整体式混凝土框架结构设计

Design of Monolithic Precast Concrete Frame Structure

本章学习目标

1. 熟练掌握装配整体式混凝土框架结构梁、柱截面的估算方法及构造要求。
2. 熟练掌握装配整体式混凝土框架结构节点连接设计的方法。
3. 掌握装配整体式混凝土框架结构在工程中的设计方法。
4. 了解装配整体式混凝土框架结构预制柱和预制构件拼装的构造要求。

5.1　概　述

Introduction

　　装配式混凝土结构是指先在工厂生产混凝土预制构件，再将预制构件运输到施工现场进行装配的一种结构体系。而装配式混凝土框架结构是装配式混凝土结构中一种重要的结构形式，其部分或全部的框架梁、柱、板采用预制构件。装配式混凝土框架结构体系可以同时承受水平荷载和竖向荷载，具有结构轻巧、布置灵活、可提供大空间、施工便捷、对环境影响小等优点，因此当前在多、高层民用建筑及工业建筑中应用较多，例如需要开敞大空间的厂房、商场、办公楼、教学楼、停车场等。

　　装配整体式混凝土框架结构作为装配式混凝土框架结构体系中重要的一类，又可称为装配整体式框架结构，是指全部或部分的框架梁、柱采用预制混凝土构件，经由可靠的方式拼装，与后浇混凝土、水泥基灌浆料等胶结材料形成整体的结构。构件拼装的方法大致可分为钢筋锚固后浇混凝土连接、现场后浇叠合层混凝土连接等，其中钢筋连接方法包括焊接、机械连接、套筒灌浆连接等。装配整体式混凝土框架结构通过节点连接部位的强连接和湿连接设计，可获得与现浇混凝土框架相同的刚度、强度、恢复力特性、耐久性能、抗火性能以及与现浇混凝土框架没有明显区别的地震反应性能。因此，在进行结构设计的过程中，装配整体式混凝土框架结构设计应遵循等同现浇的设计原则，采用与现浇混凝土框架结构相同的弹性分析模型完成整体计算分析，同时按照现行规范及一些成熟的装配式技术要求进行具体计算模型和计算参数的调整。

　　总体而言，装配整体式混凝土框架结构主要是以预制柱、叠合梁、叠合楼板、现浇节点构成，梁柱以一维构件为主，方便制作及安装，柱纵筋连接多采用灌浆套筒连接，同时符合构件构造要求与节点构造要求。该结构形式的传力路径明确、装配效率高、现浇湿作业少，是最适合进行装配化的结构形式。本章将基于等同现浇的设计原则，综合考虑《混凝土结构设计规范》GB 50010—2010（2015 年版）、《建筑抗震设计规范》GB 50011—2010（2016 年版）、《高层建筑混凝土结构技术规程》JGJ 3—2010、《装配式混凝土结构技术规程》JGJ 1—2014 和《装配式混凝土建筑技术标准》GB 51231—2016 等相关规范的具体要求，对装配整体式混凝土框架结构设计进行详细的介绍。

5.2 截面尺寸估算
Estimation of Section Dimensions

预制梁、柱的截面尺寸应根据承载力、刚度及延性等要求确定。装配整体式混凝土框架结构中各构件截面尺寸的估算方法与现浇混凝土结构类似，主要包括以下几步：（1）先由经验和规范的构造规定初步选定截面尺寸；（2）验算结构承载力和变形等，检查所选尺寸是否合适；（3）若验算结果符合相关规定，以估算的截面尺寸作为框架的最终截面尺寸，若不符合则重新估算和计算。本节内容将具体介绍根据构造要求及工程经验等因素确定截面尺寸的估算方法。

5.2.1 截面尺寸的初步估算
Preliminary Estimation of Section Dimensions

1. 预制梁

框架梁的截面尺寸应根据承受竖向荷载的大小、梁的跨度、框架的间距、是否考虑抗震设防要求以及选用的混凝土材料强度等诸多因素综合考虑确定。

混凝土叠合梁作为典型的受弯构件，与现浇梁在结构受力上相同，但考虑到标准化、简单化原则，为了减少叠合板的规格，叠合梁截面尺寸宜采用少规格、多重复率设计。

根据工程经验，框架梁梁高估算：

$$h = \left(\frac{1}{12} \sim \frac{1}{8} \right) L \tag{5-1}$$

式中 h——梁的截面高度；

L——梁的计算跨度。

一般可取 $L/12$，同时，梁高的取值还要考虑荷载大小和跨度，在跨度较小且荷载不是很大的情况下，框架梁高度可以取 $L/15$，高度小于经验范围时，要注意复核其挠度是否满足规范要求。

次梁梁高估算：

$$h = \left(\frac{1}{20} \sim \frac{1}{12} \right) L \tag{5-2}$$

一般可取 1/15，当跨度较小、受荷较小时，可取 1/18。

悬挑梁梁高估算：

$$h = \left(\frac{1}{6} \sim \frac{1}{5} \right) L \text{（当荷载比较大时）} \tag{5-3}$$

$$h = \left(\frac{1}{8} \sim \frac{1}{7} \right) L \text{（当荷载不大时）} \tag{5-4}$$

梁的截面宽度估算：

$$b = \left(\frac{1}{4} \sim \frac{1}{2} \right) h \tag{5-5}$$

式中 b——梁的截面高度。

装配整体式楼面是将预制的楼面板搁置在框架梁上后，再在预制板上做一层刚性的钢筋混凝土面层，其整体性比现浇楼面弱。楼面板与梁的连接使梁的惯性矩增加，因此在计算框架梁的截面惯性矩时要考虑该影响。为简化起见，可按表 5-1 中的简便公式计算。

梁惯性矩取值 表 5-1

楼板类型	边框架梁	中框架梁
装配整体式楼板	$I = 1.2I_0$	$I = 1.5I_0$
装配式楼板	$I = I_0$	$I = I_0$

注：I_0 为梁按矩形截面计算的惯性矩，$I_0 = \frac{1}{12}bh^3$。

2. 预制柱

预制柱的截面尺寸可直接凭经验确定，也可先根据其轴力按轴心受压构件估算，再乘以适当的放大系数以考虑弯矩的影响。尺寸的具体估算公式如下：

$$A_c \geqslant N_c/(a \times f_c) \tag{5-6}$$

式中 a——轴压比；

f_c——混凝土轴心抗压强度设计值；

N_c——估算柱轴力设计值。

柱轴力设计值：

$$N_c = 1.25C\beta N \tag{5-7}$$

式中 N——竖向荷载作用下柱轴力标准值（已包含活载）；

β——水平力作用对柱轴力的放大系数，七度抗震，$\beta = 1.05$；八度抗震，$\beta = 1.10$；

C——中柱 $C=1$、边柱 $C=1.1$、角柱 $C=1.2$。

竖向荷载作用下柱轴力标准值：

$$N = nAq \tag{5-8}$$

式中 n——柱承受楼层数；

A——柱子从属面积；

q——竖向荷载标准值（已包含活载），框架结构：$10 \sim 12 \mathrm{kN/m^2}$（轻质砖），$12 \sim 14 \mathrm{kN/m^2}$（机制砖）；框剪结构：$12 \sim 14 \mathrm{kN/m^2}$（轻质砖），$14 \sim 16 \mathrm{kN/m^2}$（机制砖）；简体、剪力墙结构：$15 \sim 18 \mathrm{kN/m^2}$。

5.2.2 关键截面承载力计算
Strength of Key Section

装配整体式混凝土框架结构在采取了可靠的节点连接方式及合理的构造措施后，其性能等同于现浇混凝土框架结构，可按照与传统的钢筋混凝土框架结构设计相同的方法进行结构计算与分析。与此同时，当同一层内同时存在预制和现浇的抗侧力构件时，在地震作用下宜将现浇抗侧力构件的弯矩和剪力适当放大；在结构内力与位移计算时，对于现浇和叠合楼盖，均可假定楼盖在其自身平面内为无限刚度；楼面梁的刚度可计入翼缘的作用，并予以增大；梁刚度增大系数可根据翼缘的情况近似取 1.3～2.2（现浇楼盖），也可取合理的增大系数（叠合楼盖）。此外，依据《装配式混凝土建筑技术标准》GB/T 51231—2016 的相关规定，进一步考虑外挂墙板对主体结构的影响。

在装配整体式混凝土框架结构中，除了考虑构件本身的承载能力之外，也必须重点考虑各类接缝的承载性能，接缝的受剪承载力应满足以下要求：

（1）持久设计状况

$$\gamma_0 V_{jd} \leqslant V_u \qquad (5-9)$$

式中　γ_0——结构重要性系数，安全等级为一级时不应小于 1.1，安全等级为二级时不应小于 1.0；

　　　V_{jd}——持久设计状况下接缝剪力设计值；

　　　V_u——持久设计状况下梁、柱端、剪力墙底部接缝受剪承载力设计值。

（2）地震设计状况

$$V_{jdE} \leqslant \frac{V_{uE}}{\gamma_{RE}} \qquad (5-10)$$

式中　γ_{RE}——接缝受剪承载力抗震调整系数，取 0.85；

　　　V_{jdE}——地震设计状况下接缝剪力设计值；

　　　V_{uE}——地震设计状况下梁端、柱端、剪力墙底部接缝受剪承载力设计值。

在梁、柱端部箍筋加密区及剪力墙底部加强部位，尚应符合以下规定：

$$\eta_j V_{mua} \leqslant V_{uE} \qquad (5-11)$$

式中　η_j——接缝受剪承载力增大系数，取 1.2；

　　　V_{mua}——被连接构件端部按实配钢筋面积计算的斜截面受剪承载力设计值。

1. 叠合梁端竖向接缝的受剪承载力计算

相关计算同 4.3.4 节中的叠合梁接缝抗剪承载力验算。

2. 预制柱底水平接缝的受剪承载力计算

在考虑地震设计状况下，预制柱底水平接缝的受剪承载力设计值应按下列公式计算：

当预制柱受压时：

$$V_{uE} = 0.8N + 1.65 A_{sd} \sqrt{f_c f_y} \qquad (5-14)$$

当预制柱受拉时：

$$V_{uE} = 1.65 A_{sd} \sqrt{f_c f_y \left[1 - \left(\frac{N}{A_{sd} f_y}\right)^2\right]} \qquad (5-15)$$

式中　N——与剪力设计值 V 相应的垂直于结合面的轴向力设计值，取绝对值进行计算；

　　　A_{sd}——垂直穿过结合面所有钢筋的面积；

　　　V_{uE}——地震设计状况下接缝受剪承载力设计值。

3. 梁柱节点核心区验算

对一、二、三级抗震等级的装配整体式框架，应进行梁柱节点核心区抗震受剪承载力验算；对四级抗震等级可不进行验算。梁柱节点核心区抗震受剪承载力验算和构造应符合现行国家标准《混凝土结构设计规范》GB 50010—2010（2015 年版）和《建筑抗震设计规范》GB 50011—2010（2016 年版）中的有关规定。

5.2.3 截面尺寸的构造要求
The Detailing Requirements of Section Dimensions

1. 最小截面尺寸

预制梁构件一般选用矩形截面（图5-1a），其截面宽度不宜小于200mm；截面高宽比一般为2～3，但不宜大于4；净跨与截面高度之比不宜小于4。

装配整体式混凝土框架结构中常用叠合梁，其框架梁的后浇混凝土叠合层厚度不宜小于150mm，次梁的后浇混凝土层厚度不宜小于120mm；当叠合梁的高度大于450mm时，后浇混凝土层的厚度不应小于150mm和1/3梁高的较大值，即当采用凹口截面预制梁时（图5-1b），凹口深度不宜小于50mm，凹口边厚度不宜小于60mm。预制梁顶面为粗糙面，凹凸差不宜小于6mm。

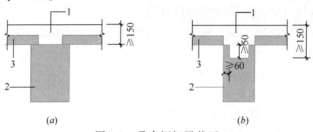

图5-1 叠合框架梁截面
（a）矩形截面预制梁；（b）凹口截面预制梁
1—后浇混凝土叠合层；2—预制梁；3—预制板

预制柱构件一般为正方形或矩形，其截面边长不宜小于400mm，圆形截面柱直径不宜小于450mm，且不宜小于同方向梁宽的1.5倍，柱截面宽度大于同方向梁宽的1.5倍是为了有利于避免节点区梁钢筋和柱中纵向钢筋的位置冲突，便于安装施工。此外，剪跨比宜大于2，截面长边与短边的边长比不宜大于3。

2. 限制轴压比

限制框架柱的轴压比可以保证柱的塑性变形能力和框架的抗倒塌能力。在抗震设计时，为了保证装配整体式混凝土框架结构柱的延性要求，其具体构件的轴压比不宜超过表5-2的规定，其中建造于Ⅳ类场地的较高的高层建筑，轴压比限值应适当减小。

轴压比限值   表5-2

结构类型	抗震等级			
	一	二	三	四
装配整体式框架结构	0.65	0.75	0.85	0.90
装配整体式框架-现浇核心筒结构	0.75	0.85	0.90	0.95

注：1. 轴压比指柱组合的轴压力设计值与柱的全截面面积和混凝土轴心抗压强度设计值乘积之比值；对规范规定不需要进行地震作用计算的结构，可取无地震组合的轴力设计值计算。
    2. 表中限值适用于剪跨比大于2，混凝土强度等级不高于C60的柱，剪跨比不大于2的柱，轴压比限值应降低0.05；剪跨比小于1.5的柱，轴压比限值应专门研究并采取特殊构造措施。
    3. 沿柱全高采用井字复合箍且箍筋肢距不大于200mm、间距不大于100mm、直径不小于12mm，或沿柱全高采用复合螺旋箍、螺旋间距不大于100mm、箍筋肢距不大于200mm、直径不小于12mm，或沿柱全高采用连续复合矩形螺旋箍、螺旋间距不大于80mm、箍筋肢距不大于200mm、直径不小于10mm，轴压比限值均可增加0.10。上述三种箍筋的最小配箍特征值应按增大的轴压比由《混凝土结构设计规范》GB 50011—2010（2015年版）的表6.3.9确定。
    4. 在柱的截面中附加芯柱，其中另加的纵向钢筋的总面积不少于柱截面面积的0.8%，轴压比限值可增加0.05；此项措施与第3条的措施共同采用时，轴压比限值可增加0.15，但箍筋的体积配箍率仍可按轴压比增加0.10的要求确定。
    5. 轴压比不应大于1.05。

5.3 计算简图的确定
Determination of Computational Figures

框架各构件在计算简图中均使用单线条代表。各单线条代表各构件形心轴所在位置线。因此，梁的跨度等于该跨左、右两边柱截面形心轴线之间的距离。计算简图详见图 5-2。

5.3.1 计算单元
Calculation Unit

当框架间距相同、荷载相等、截面尺寸一样时，可取出一榀框架进行计算。

5.3.2 计算跨度与楼层高度
Span and Storey Height

各跨梁的计算跨度为每跨柱形心线至形心线的距离。底层的层高为基础顶面至第 2 层楼面的距离，中间层的层高为该层楼面至上层楼面的距离，顶层的层高为顶层楼面至屋面的距离。值得注意的是，当上下柱截面发生改变时，取截面较小的截面形心轴线作为计算简图上的柱单元，待框架内力计算完成后，计算杆件内力要考虑荷载偏心的影响。

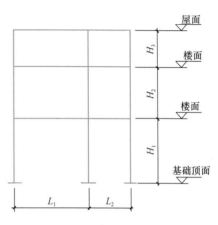

图 5-2 装配式混凝土框架结构计算简图

当框架梁的坡度 $i \leqslant \frac{1}{8}$ 时，可近似按水平梁计算。

当各跨跨度相差不大于 10% 时，可近似按等跨框架计算。

当梁在端部加腋，且端部截面高度与跨中截面高度之比小于 1.6 时，可不考虑加腋的影响，按等截面梁计算。

5.4 节点连接与设计
Joint Connection and Design

装配整体式混凝土框架结构连接节点构造复杂且种类多样，节点性能的好坏关系到建筑整体性能的好坏。工厂中预制的混凝土构件本身具有较高的可靠性，破坏往往发生在节点连接处，因此要重视节点连接的设计。装配整体式混凝土框架结构节点连接主要包括梁-梁连接、柱-柱连接和梁-柱连接等。其中，梁-梁连接已在第 4 章详细介绍，接下来着重介绍柱-柱连接和梁-柱连接两类。可扫描右侧二维码了解更多装配式混凝土结构连接技术。

装配式混凝土
结构连接技术

5.4.1 柱与柱连接
Column-to-Column Connection

柱-柱连接中纵向受力钢筋的连接宜根据接头受力、施工工艺等要求选用机械连接、套筒灌浆连接、浆锚搭接连接、焊接连接、绑扎搭接连接等连接方式，并应符合国家现行有关标准的规定。

1. 套筒灌浆连接

钢筋套筒灌浆连接是指在预制混凝土构件预埋的金属套筒中插入钢筋，并灌注水泥基灌浆料的连接方式，是《装配式混凝土结构技术规程》JGJ 1—2014 所推荐的主要接头技术，也是形成各种装配整体式混凝土结构的重要基础。

（1）连接形式

按照钢筋与套筒连接方式不同，分为半灌浆套筒和全灌浆套筒两种形式。全灌浆套筒两端均采用灌浆方式与钢筋连接；半灌浆式钢筋连接套筒一端采用灌浆方式与钢筋连接，而另一端采用非灌浆方式与钢筋连接（通常采用螺纹连接）。

（2）连接原理

钢筋套筒灌浆连接原理是透过铸造的中空型套筒，钢筋从套筒两端开口插入内腔为凹凸表面的灌浆套筒内部，通过向钢筋与套筒之间的间隙灌注专用高强度微膨胀结构性灌浆料，灌浆料凝固后将钢筋锚固在套筒内的一种钢筋连接技术。

灌浆套筒接头依靠材料之间的黏结以及机械咬合作用来实现钢筋之间力的传递。钢筋的黏结作用由三种因素构成（图 5-3a），分别是：

1）钢筋与灌浆料之间的化学黏结 f_1；

2）钢筋与灌浆料表面摩擦力 f_2；

3）钢筋表面变形肋与灌浆料之间的机械咬合力 f_3。

套筒外的混凝土和套筒为灌浆料提供有效的侧向约束力 F_{n1} 和 F_{n2}（图 5-3b）。

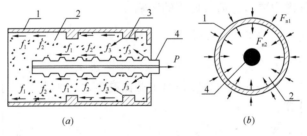

图 5-3　筒连接作用力

（a）轴向作用力；（b）径向作用力

1—套筒；2—灌浆料；3—剪力件；4—钢筋

由图 5-4 可见，套筒灌浆连接主要是借助灌浆料的微膨胀特性，并受到套筒的围束作用，以此增强与钢筋、套筒内侧间正向作用力，钢筋由该正向力与粗糙表面产生的摩擦力来传递钢筋应力。全、半灌浆套筒连接原理如图 5-4 所示。

为防止灌浆料的收缩使灌浆料与套筒之间的黏结作用减弱，灌浆料应该具有一定的微膨胀性，以补偿灌浆料的收缩变形。具有微膨胀性的水泥灌浆料在凝结硬化过程中所产生的膨胀变形会受到套筒的约束，水泥浆对套筒产生径向向外的作用力，套筒对水泥浆产生径向向内的反作用力，对水泥浆产生预压作用。当钢筋受到拉力时，机械咬合力形成的"锥楔"作用会产生径向和轴向的分力。径向分力会使灌浆料硬化过程中产生的预压应力减小，随着钢筋中拉力的增大，灌浆料中的预压应力逐渐转变为拉应力，当应力值超过灌浆料的抗拉强度时，钢筋与灌浆料界面出现劈裂裂缝。

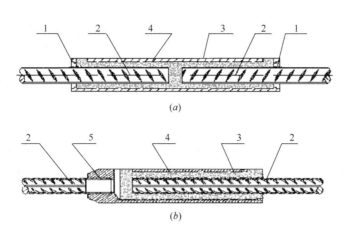

图 5-4 套筒灌浆连接原理

(a) 全灌浆套筒连接；(b) 半灌浆套筒连接

1—密封圈；2—钢筋；3—灌浆套筒；4—水泥基灌浆料；

5—连接螺纹

（3）破坏形式

通常，套筒灌浆连接失效破坏模式有以下几种：

1）钢筋拔出破坏。这是由于钢筋与灌浆料之间黏结力不足而引起的破坏形式，应增大钢筋锚固长度予以防止。

2）套筒被拉断。这是由于套筒强度不足而引起的破坏形式，可更换套筒制作材料或者减小连接钢筋强度等级和直径降级使用。

3）灌浆料拔出破坏。这是由于灌浆料与套筒之间的黏结强度不足而引起的破坏形式，可通过增加套筒内壁上的剪力件数量来增强黏结效应。

4）灌浆料劈裂破坏。这是由于灌浆料强度不足而引起的破坏形式，可采取更换抗剪强度大的灌浆料或增大套筒直径的措施来防止。

（4）连接要求

钢筋套筒灌浆连接接头由带肋钢筋、灌浆套筒和专用灌浆料组成。其关键技术之一在于灌浆料的质量，灌浆料应符合行业标准《钢筋连接用套筒灌浆料》JG/T 408—2011 的规定。灌浆连接接头采用的套筒应符合行业标准《钢筋连接用灌浆套筒》JG/T 398—2011、《钢筋套筒灌浆连接应用技术规程》JGJ 355—2011 的有关规定。

在装配整体式混凝土结构中，采用钢筋套筒灌浆连接的混凝土预制构件应符合下列规定：

1）套筒灌浆连接性能应满足《钢筋机械连接技术规程》JGJ 107—2010 中Ⅰ级接头的要求。

2）接头连接钢筋的强度等级不应高于灌浆套筒规定的连接钢筋强度等级。

3）连接钢筋的直径规格不应大于灌浆套筒规定的连接钢筋直径规格，且不宜小于灌浆套筒规定的连接钢筋规格一级以上。

4）预制构件采用钢筋套筒灌浆连接时，应在构件生产前进行钢筋套筒灌浆连接接头的抗拉强度试验，每种规格的连接接头试件数量不少于 3 个。

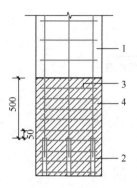

图 5-5 柱底箍筋加
密区域构造

1—预制柱；2—连接
接头（或钢筋连接区
域）；3—加密区箍
筋；4—箍筋加密区
（阴影区域）

5）为防止采用套筒灌浆连接的混凝土构件发生不利破坏，规定要求连接接头抗拉试验应断于接头外钢筋的要求，即不允许发生断于接头或连接钢筋与灌浆套筒拉脱的现象。

6）构件配筋方案应根据灌浆套筒外径、长度及灌浆施工要求确定，钢筋插入灌浆套筒的锚固长度应符合灌浆套筒参数要求。根据《混凝土结构设计规范》GB 50010—2010（2015 年版）要求，柱纵向受力钢筋在柱底连接时，如果采用套筒灌浆连接，套筒上端第一道箍筋距离套筒顶部不应大于 50mm（图 5-5）。

2. 挤压套筒连接

钢筋挤压套筒连接（图 5-6）是将一个冷拔无缝钢管套在两根带肋钢筋的端部，钢筋伸入套筒内一定距离，再在套筒外面施加机械力挤压套筒，使钢套筒产生塑性变形，与钢筋的横肋紧密啮合，从而将两钢筋牢固连接在一起形成可靠的机械连接，达到传递受力和钢筋连接的目的。

上、下层相邻预制柱纵向受力钢筋采用挤压套筒连接时，柱底后浇段的箍筋应满足下列要求：套筒上端第一道箍筋距离套筒顶部不应大于 20mm，柱底部第一道箍筋距柱底面不应大于 50mm（图 5-7），箍筋间距不宜大于 75mm；抗震等级为一、二级时，箍筋直径不应小于 10mm，抗震等级为三、四级时，箍筋直径不应小于 8mm。

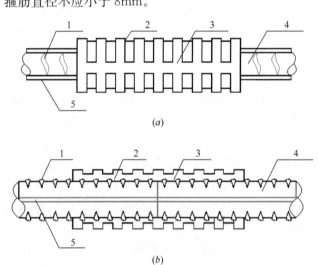

图 5-6 挤压套筒连接

（a）外形图；（b）剖面图

1—横肋；2—压痕；3—钢套筒；4—带肋钢筋；5—纵肋

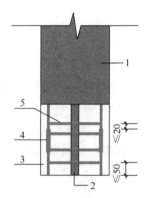

图 5-7 柱底后浇段
箍筋配置

1—预制柱；2—支腿；
3—柱底后浇段；4—挤压套筒；
5—箍筋

3. 浆锚搭接连接

浆锚搭接连接是指在预制混凝土构件中采用特殊工艺制成的孔道中插入需搭接的钢筋，并灌注水泥基灌浆料而实现的钢筋搭接连接方式，是装配式混凝土结构竖向钢筋连接的主要方式之一，其本质上是一种搭接连接的方式。

（1）浆锚搭接连接形式

常用浆锚搭接连接有钢筋约束浆锚搭接连接和金属波纹管浆锚搭接连接两种。在预制构件有螺旋箍筋约束的孔道中进行搭接的技术，称为钢筋约束浆锚搭接连接（图 5-8a）；墙板主要受力钢筋采用插入一定长度的钢套筒或预留金属波纹管孔洞，灌入高性能灌浆料形成的钢筋搭接连接接头的技术，称为金属波纹管浆锚搭接连接（图 5-8b）。

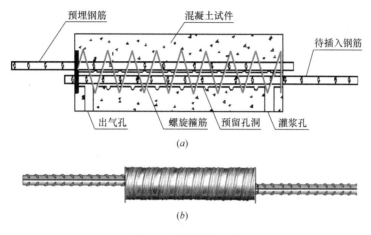

图 5-8　浆锚搭接连接
（a）螺旋箍筋约束浆锚搭接连接；（b）波纹管浆锚搭接连接

（2）浆锚搭接连接原理

浆锚搭接连接是在预制构件制作过程中在相应位置预留出竖向孔洞，孔洞内壁表面留有螺纹状粗糙面，周围配有横向约束螺旋箍筋，待构件养护完成达到设计要求时，将下部装配式预制构件预留钢筋对应插入孔洞内，再采用标准浆锚料注入孔道中，将上、下构件连接成一体，如图 5-8 所示。浆锚搭接是一种基于黏结锚固原理进行连接的方法，为非直接接触搭接，亦被称之为间接搭接或间接锚固。其连接机理为：搭接钢筋通过钢筋与混凝土的黏结作用在搭接区段实现力的有效传递，在搭接区段增加了横向约束，具有环箍效应，且浆料强度高，黏结能力强，相比传统搭接更安全可靠。

（3）预留孔洞成型方式

浆锚搭接预留孔洞的成型方式主要有两种：1）埋置螺旋的金属内模，构件达到强度后旋出内模；2）预埋金属波纹管做内模，完成后不抽出。将这两种成型方式作对比，采用第一种方式即金属内膜旋出时，容易造成孔壁损坏，也比较费工，故建议采用第二种方式即金属波纹管成型方式，相对可靠简单。

4. 焊接连接

焊接连接是指通过在预制混凝土构件中预埋钢板，将预制构件里的钢筋与预留在构件里的埋件进行焊接连接，来传递构件之间作用力的连接方式。焊接连接优点是：与套筒、套箍相比，施工工艺较简易；但其焊接操作面小、不易施工，焊接质量不易保证。焊接连接在混凝土结构中很少使用。

5.4.2 梁与柱连接

Beam-to-Column Connection

预制装配式混凝土结构的梁柱节点主要是指框架梁与框架柱相交的节点核心区与邻近核心区的梁端和柱端。根据不同的结构特点、不同的连接位置，采用的框架节点构造形式不同，选用的内柱-梁连接和外柱-梁连接可能不同。不同的连接构造及位置也影响着节点的性能。装配式混凝土结构框架节点常用的有整浇式连接、现浇柱预制梁连接、牛腿式连接等。

1. 整浇式连接

整浇式连接是预制梁和柱通过后浇混凝土形成刚性节点。采用这种连接方式，梁柱构件外形简单，制作和吊装方便，节点的整体性较好。但穿过节点核心区的梁下部钢筋密集排布，施工困难，不利于核心区混凝土浇筑时充分振捣。

（1）钢筋布置及连接要求

整浇式节点采用大直径高强钢筋可以减少预制柱纵筋连接根数或将预制柱纵筋集中布置于四角，从而避免框架梁柱的纵筋碰撞，提高预制构件的装配施工效率。当梁、柱纵向钢筋在后浇节点区内采用直线锚固、弯折锚固或机械锚固方式时，其锚固长度应符合现行国家标准《混凝土结构设计规范》GB 50010—2010（2015 年版）；当梁、柱纵向钢筋采用锚固板时，应符合现行行业标准《钢筋锚固板应用技术规程》JGJ 256—2011 中的有关规定。

根据《装配式混凝土建筑技术标准》GB/T 51231—2016，采用预制柱及叠合梁的装配整体式框架节点，梁纵向受力钢筋应伸入后浇节点区内锚固或连接，并应符合下列规定：

1）对框架中间层端节点，当柱截面尺寸不满足梁纵向受力钢筋的直锚要求时，宜采用锚固板锚固（图 5-9），可采用 90°弯折锚固。

2）对框架中间层中节点，节点两侧的梁下部纵向受力钢筋宜锚固在后浇节点核心区内（图 5-10a）；也可采用机械连接或焊接的方式连接（图 5-10b）；梁的上部纵向受力钢筋应贯穿后浇节点核心区。

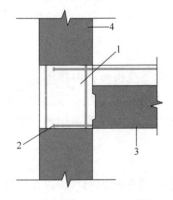

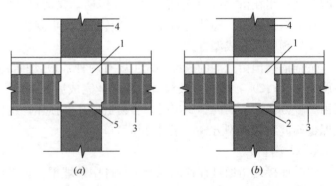

图 5-9　预制柱及叠合梁框架
顶层端节点构造

1—后浇区；2—梁纵向钢筋锚固；
3—预制梁；4—预制柱

图 5-10　预制柱及叠合梁框架中间层中节点构造

(a) 梁下部纵向受力钢筋锚固；(b) 梁下部纵向受力钢筋机械连接

1—后浇区；2—梁下部纵向受力钢筋连接；3—预制梁；
4—预制柱；5—梁下部纵向受力钢筋锚固

3）对框架顶层中节点，柱纵向受力钢筋宜采用直线锚固；当梁截面尺寸不满足直线锚固要求时，宜采用锚固板锚固（图5-11）。

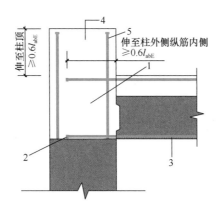

图 5-11　预制柱及叠合梁框架顶层端节点构造
1—后浇区；2—梁下部纵向受力钢筋锚固；3—预制梁；
4—柱延伸段；5—柱纵向受力钢筋

4）对框架顶层端节点，柱宜伸出屋面并将柱纵向受力钢筋锚固在伸出段内（图5-11），柱纵向受力钢筋宜采用锚固板的锚固方式，此时锚固长度不应小于 $0.6l_{abE}$。伸出段内箍筋直径不应小于 $d/4$（d 为柱纵向受力钢筋的最大直径），伸出段内箍筋间距不应大于 $5d$（d 为柱纵向受力钢筋的最小直径）且不应大于 100mm；梁纵向受力钢筋应锚固在后浇节点区，且宜采用锚固板的锚固方式，此时锚固长度不应小于 $0.6l_{abE}$。

5）采用预制柱及叠合梁的装配整体式框架结构节点，两侧叠合梁底部水平钢筋挤压套筒连接时，可在核心区外一侧梁端后浇段内连接（图5-12），也可在核心区外两侧梁端后浇段内连接（图5-13），连接接头距柱边不小于 $0.5h_b$（h_b 为叠合梁截面高度）且不小于 300mm，叠合梁后浇叠合层顶部的水平钢筋应贯穿后浇核心区。梁端后浇段的箍筋尚应满足下列要求：

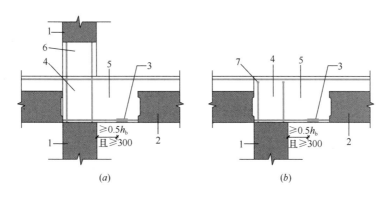

图 5-12　框架节点叠合梁底部水平钢筋在一侧梁端后浇段内采用挤压套筒连接
（a）中间；（b）顶层
1—预制柱；2—叠合梁预制部分；3—挤压套筒；4—后浇区；
5—梁端后浇段；6—柱底后浇段；7—锚固板

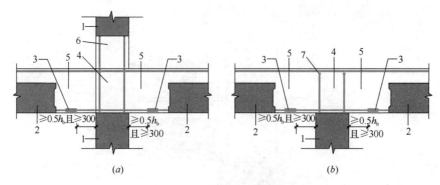

图 5-13　框架节点叠合梁底部水平钢筋在两侧梁端后浇段内采用挤压套筒连接

(a) 中间层；(b) 顶层

1—预制柱；2—叠合梁预制部分；3—挤压套筒；4—后浇区；

5—梁端后浇段；6—柱底后浇段；7—锚固板

① 箍筋间距不宜大于 75mm。

② 抗震等级为一、二级时，箍筋直径不应小于 10mm，抗震等级为三、四级时，箍筋直径不应小于 8mm。

(2) 粗糙面及键槽要求

由于预制构件的混凝土已经固化，新浇筑的混凝土在结合面部位容易形成"薄弱层"，若要保证新旧混凝土的结合面强度，同时为提高混凝土抗剪能力，通常在预制混凝土构件与后浇混凝土、灌浆料、坐浆材料的结合面应设置粗糙面和键槽，并应符合下列规定：

1) 预制板与后浇混凝土叠合层之间的结合面应设置粗糙面。

2) 预制梁与后浇混凝土叠合层之间的结合面应设置粗糙面；预制梁端面应设置键槽（图 5-14），且宜设置粗糙面。

3) 预制剪力墙的顶部和底部与后浇混凝土的结合面应设置粗糙面；侧面与后浇混凝

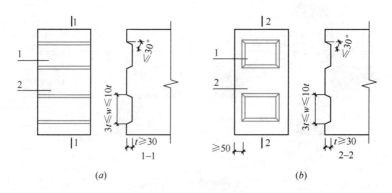

图 5-14　梁端键槽构造

(a) 键槽贯通截面；(b) 键槽不贯通截面

1—键槽；2—梁端面

土的结合面应设置粗糙面，也可设置键槽。

4）预制柱的底部应设置键槽且宜设置粗糙面；柱顶应设置粗糙面。

5）粗糙面的面积不宜小于结合面的80%，预制板的粗糙面凹凸深度不应小于4mm，预制梁端、预制柱端、预制墙端的粗糙面凹凸深度均不应小于6mm。

6）如图5-14所示，梁端、预制柱键槽的深度 t 不宜小于30mm，剪力墙键槽的深度 t 不宜小于20mm。键槽端部斜面倾角不宜大于30°。键槽的宽度 w 不宜小于深度的3倍，且不宜大于深度的10倍。键槽可贯通截面。当不贯通时，槽口距离截面边缘不宜小于50mm；键槽间距宜等于键槽宽度。

键槽的尺寸和数量应按《装配式混凝土结构设计规程》JGJ 1—2014规定，计算确定。一般来讲，平面、粗糙面和键槽面混凝土抗剪能力的比例为1：1.6：3，即粗糙面抗剪能力是平面抗剪能力的1.6倍，键槽面抗剪能力是平面抗剪能力的3倍。

2. 现浇柱预制梁连接

现浇柱预制梁节点是将现场浇筑的柱与预制叠合梁进行混凝土浇筑连接形成的刚性节点。相比于全预制框架结构体系，采用现浇柱预制梁连接建造成本低，施工设备要求小，避开了预制柱之间使用套筒的连接方式，减少了为确保结构安全性附加的构造措施费用。

现浇柱预制梁节点应符合以下要求：

现浇柱预制梁节点分为A型构造（图5-15）、B型构造（图5-16）、C型构造（图5-17)和D型构造（图5-18）。A型构造用于抗震等级为二级的多层框架结构；B型和C型构造用于非抗震及抗震等级为二、三级的多层框架结构。

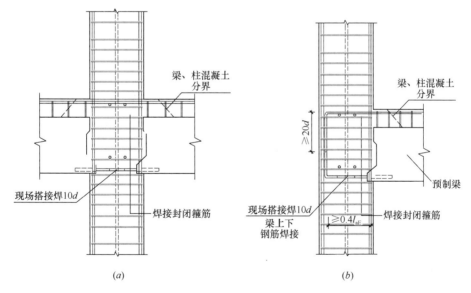

图5-15 现浇柱预制梁节点（A型构造）

（a）中柱节点；（b）边柱节点

现浇柱预制梁节点除柱子采用现浇外，节点核心区混凝土强度等级、构造要求均与整浇式节点相同。

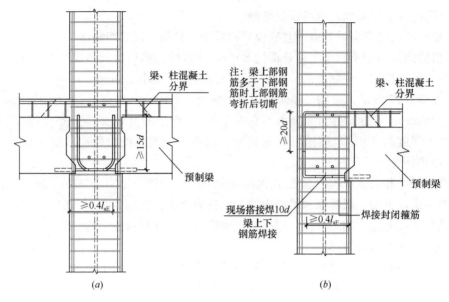

图 5-16 现浇柱预制梁节点（B 型构造）

(a) 中柱节点；(b) 边柱节点

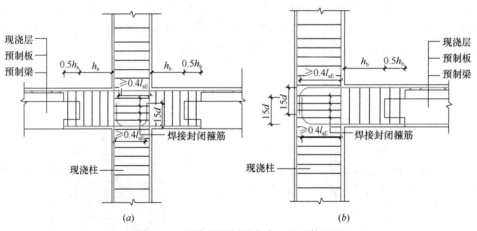

图 5-17 现浇柱预制梁节点（C 型构造）

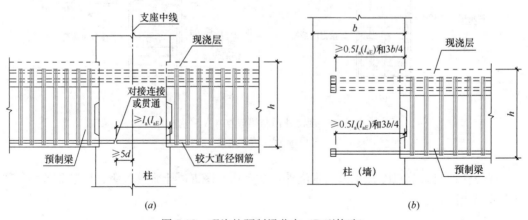

图 5-18 现浇柱预制梁节点（D 型构造）

5.5 构 造 要 求
Detailing Requirements

结构的受力性能只有在有可靠的构造保证的情况下才能充分发挥。装配整体式混凝土框架结构的构造要求主要包括预制梁、预制柱、预制构件的拼装三个方面。预制梁的构造措施已在第 4 章做出详细说明，本节着重于介绍预制柱和预制构件的拼装。

5.5.1 预制柱
Prefabricated Columns

（1）采用较大直径钢筋及较大的柱截面，可减少钢筋根数，增大间距，便于柱钢筋连接及节点区钢筋布置。

（2）柱纵向受力钢筋在柱底连接时，柱箍筋加密区长度不应小于纵向受力钢筋连接区域长度与 500mm 之和（图 5-19）；当采用套筒灌浆连接或浆锚搭接连接等方式时，套筒或搭接段上端第一道箍筋距离套筒或搭接段顶部不应大于 50mm。

中国建筑科学研究院、同济大学等单位的试验研究表明，套筒连接区域柱截面刚度及承载力较大，柱的塑性铰区可能会上移至套筒连接区域以上，因此需将套筒连接区域以上至少 500mm 高度范围内的柱箍筋加密。

（3）柱纵向受力钢筋直径不宜小于 20mm，纵向受力钢筋的间距不宜大于 200mm 且不应大于 400mm。柱的纵向受力钢筋可集中于四角配置且宜对称布置（图 5-20）。柱中可设置纵向辅助钢筋且直径不宜小于 12mm 和箍筋直径；当正截面承载力计算不计入纵向辅助钢筋时，纵向辅助钢筋可不伸入框架节点。

（4）预制柱箍筋可采用连续复合箍筋。

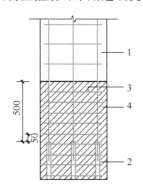

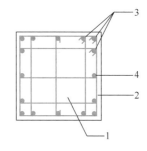

图 5-19　柱底箍筋加密区域构造 　　　　　图 5-20　集中配筋构造平面
1—预制柱；2—连接接头（或钢筋连接区域）；　　　　1—预制柱；2—箍筋；
3—加密区箍筋；4—箍筋加密区（阴影区域）　　　　3—纵向受力钢筋；4—纵向辅助钢筋

5.5.2 预制构件的拼装
Assembly of Prefabricated Components

1. 预制构件拼接应符合的规定

（1）预制构件拼接部位的混凝土强度等级不应低于预制构件的混凝土强度等级；

（2）预制构件的拼接位置宜设置在受力较小部位；

（3）预制构件的拼接应考虑温度作用和混凝土收缩徐变的不利影响，宜适当增加构造配筋。

2. 节点及接缝处的钢筋连接方式

装配式混凝土结构中，节点及接缝处的纵向钢筋连接宜根据接头受力、施工工艺等要求选用套筒灌浆连接、机械连接、浆锚搭接连接、焊接连接、绑扎搭接连接等连接方式。

（1）直径大于 20mm 的钢筋不宜采用浆锚搭接连接；

（2）直接承受动力荷载的构件纵向钢筋不应采用浆锚搭接连接；

（3）当采用套筒灌浆连接时，应符合现行行业标准《钢筋套筒灌浆连接应用技术规程》JGJ 355—2015 的规定；

（4）当采用机械连接时，应符合现行行业标准《钢筋机械连接技术规程》JGJ 107—2016 的规定；

（5）当采用焊接连接时，应符合现行行业标准《钢筋焊接及验收规程》JGJ 18—2012 的规定。

5.6 设 计 实 例
A Design Example

1. 工程概况

上海市某教学综合楼，结构体系为装配整体式框架结构，单体预制率 44%，建筑高度 19.1m，一层层高 4.2m，二～四层层高 3.8m。建筑平面布置如图 5-21 所示。

2. 设计资料

（1）本工程的建筑主体结构设计使用年限为 50 年；

（2）建筑结构安全等级为二级，结构重要性系数为 1.0；

（3）场地基本风压为 $0.35kN/m^2$；

（4）基本雪荷载为 $0.45kN/m^2$；

（5）建设地区抗震设防烈度为 7 度，取 0.10g 水平地震影响系数最大值；

（6）建筑场地土类别为 II 类，设计地震分组为第一组，特征周期值 0.35s；

（7）建筑物抗震设防类别为乙类；

（8）框架抗震等级为三级。

设计实例
详细大图

3. 设计要求

对装配整体式混凝土框架结构进行建模设计，绘制结构施工图。只做水平方向抗震设计，不考虑扭转效应，不做基础设计。详细大图可扫描右侧二维码查看。

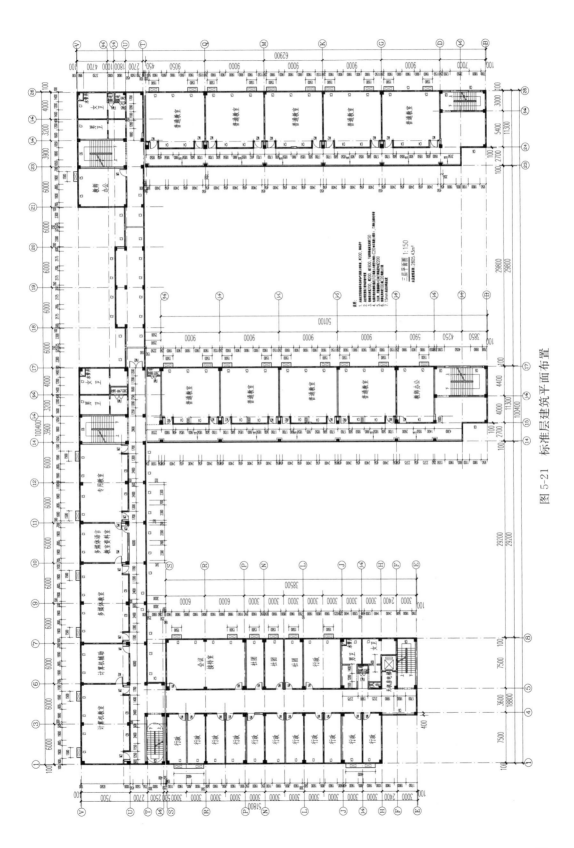

图 5-21 标准层建筑平面布置

本 章 小 结

Summary

1. 装配整体式混凝土框架结构是指全部或部分的框架梁、柱采用预制混凝土构件，经由可靠的方式拼装，与后浇混凝土、水泥基灌浆料等胶结材料形成整体的结构，简称为装配整体式框架结构。该结构形式具有结构轻巧、便于布置、可形成大的使用空间、整体性较好、施工方便且较为经济的特点，在多、高层民用建筑及工业建筑中应用较多。

2. 房屋设计要注重结构的整体性设计。故在进行装配整体式混凝土框架结构设计时，要合理地进行结构布置，恰当估算构件截面尺寸并满足构造要求。

3. 装配整体式混凝土框架结构设计应遵循等同现浇的设计原则。在结构设计的过程中，装配整体式框架结构采用与现浇混凝土框架结构相同的弹性分析模型完成整体计算分析，同时按照现行规范及一些成熟的装配式技术要求进行具体计算模型和计算参数的调整。

4. 装配整体式混凝土框架结构中应特别注意预制梁构件之间、预制柱构件之间、预制梁与预制柱之间等系列节点的连接与设计，以保证结构的整体性与稳定性。

5. 结构的受力性能只有在有可靠的构造保证的情况下才能充分发挥，结构设计中除了荷载以外，温度、收缩、徐变、地基不均匀沉降等也对结构的内力与变形产生影响。综合考虑各类影响，《装配式混凝土结构技术规程》JGJ 1—2014 和《装配式混凝土建筑技术标准》GB/T 51231—2016 针对装配整体式混凝土框架结构提出了不同的构造要求，可作为设计施工的参考依据。

思 考 题

5-1 简述装配整体式框架结构叠合梁的构造要求。

5-2 简述预制柱纵向受力钢筋设计的基本要求。

5-3 当底部加强部位的框架结构的首层柱采用预制混凝土时，应采取哪些可靠技术措施？

5-4 简述装配整体式框架结构梁-柱连接需要满足哪些构造要求。

5-5 查找国内外应用装配整体式框架结构的实例，并对其特点进行分析。

5-6 简述国内外装配整体式框架结构的节点连接方式，并对其比较分析优缺点。

习 题

5-1 试根据以下设计条件，完成某工程上部装配整体式混凝土框架结构设计。

1. 工程概况

某工程为地上 7 层，上部采用框架结构体系，设计使用年限为 50 年，建筑类别为 3 类，建筑面积为 4138.06m²，建筑高度为 21.6m。标准层平面图如图 5-22 所示。

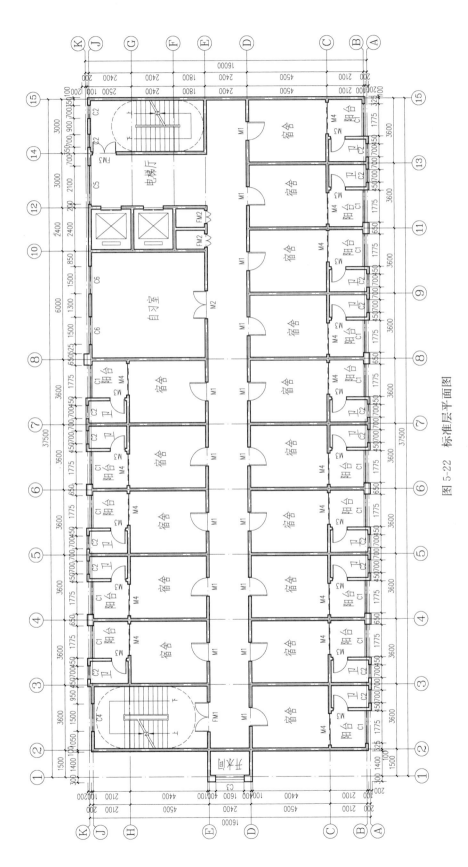

图 5-22 标准层平面图

2. 设计资料

（1）基本风压为 0.35kN/m²；

（2）地面粗糙度类别为 C 类；

（3）基本雪荷载为 0.45kN/m²；

（4）建设地区抗震设防烈度为 6 度；

（5）建筑物抗震设防类别为乙类；

（6）设计基本地震加速度 0.05g，设计地震分组为第一组；

（7）建筑场地土类别为 II 类；

（8）特征周期值 0.35s；

（9）框架抗震等级为三级。

3. 设计要求

对装配整体式混凝土框架结构进行建模设计，绘制结构施工图。只做水平方向抗震设计，不考虑扭转效应，不做基础设计。

第6章 装配整体式混凝土剪力墙结构设计

Design of Monolithic Precast Concrete Shear Wall Structure

本章学习目标

1. 熟练掌握装配整体式混凝土剪力墙结构的截面估算方法及构造要求。
2. 熟练掌握装配整体式混凝土剪力墙结构的节点连接与设计方法。
3. 掌握装配整体式混凝土剪力墙结构在工程中的设计方法及配筋构造要求。
4. 了解多层装配整体式混凝土剪力墙结构的电算方法及构造要求。

6.1 概　　述
Introduction

装配式混凝土剪力墙结构作为一种重要的结构体系，其主要结构类型可分为装配整体式混凝土剪力墙结构和装配整体式框架-现浇剪力墙结构两类。

装配整体式混凝土剪力墙结构是指除底部加强区以外，根据结构抗震等级的不同，其竖向承重构件全部或部分采用预制墙板构件组成的装配式混凝土结构，简称装配整体式剪力墙结构，其基本组成构件为墙、梁、板、楼梯等。一般情况下，楼板采用叠合楼板，墙为预制墙体，墙端部的暗柱及梁-墙节点采用现浇的形式。在装配整体式剪力墙结构体系中，预制剪力墙构件间的接缝连接包含两种形式，即竖向接缝和水平接缝。目前预制剪力墙竖向接缝基本采用后浇混凝土区段连接，墙体水平钢筋在后浇段内锚固或者搭接；预制剪力墙竖向钢筋采用套筒灌浆、浆锚搭接等方式进行可靠连接。

装配整体式框架-现浇剪力墙结构是指框架柱全部或部分预制，剪力墙全部采用现浇的结构体系。一般情况下，楼盖采用叠合板，梁为预制梁，柱可以预制也可以现浇，剪力墙为现浇墙体，梁-柱节点采用现浇。预制构件一般有墙（非剪力墙）、柱、梁、板、楼梯等。

目前，国内设计建造装配式混凝土剪力墙结构的主要思路是：借助现浇混凝土，实现预制结构的整体性。相继出台的一系列行业标准和地方标准为装配整体式混凝土剪力墙结构的设计提供了参考和依据。其中，《装配式混凝土建筑技术标准》GB/T 51231—2016提出：装配式混凝土剪力墙结构设计应符合国家现行标准《混凝土结构设计规范》GB 50010—2010（2015 年版）、《建筑抗震设计规范》GB 50011—2010（2016 年版）、《高层建筑混凝土结构技术规程》JGJ 3—2010、《装配式混凝土结构技术规程》JGJ 1—2014 和《装配式混凝土建筑技术标准》GB/T 51231—2016 的有关规定。

装配整体式混凝土剪力墙结构的布置应满足下列要求：

（1）应沿两个方向布置剪力墙；

（2）剪力墙平面布置宜简单、规则，自下而上宜连续布置，避免层间侧向刚度突变；

（3）剪力墙门窗洞口宜上下对齐、成列布置，形成明确的墙肢和连梁；抗震等级为一、二、三级的剪力墙底部加强部位不应采用错洞墙，结构全高均不应采用叠合错洞墙。

建筑设计时需要考虑结构的规则性。当某些楼层出现扭转不规则、侧向刚度不规则或承载力突变的情况时，宜采用现浇混凝土结构。对于具有不规则洞口布置的错洞墙，可按弹性平面有限元方法进行应力分析，不考虑混凝土抗拉作用，按应力进行截面配筋设计或校核，并加强构造措施。

6.2　剪力墙截面设计
Design of Section of Shear Wall

装配整体式混凝土剪力墙结构中，部分或全部剪力墙采用预制构件。预制剪力墙间的拼装接缝包括竖向接缝和水平接缝两种。竖向接缝一般位于结构边缘构件部位，预制墙板留有水平钢筋，采用现浇方式与预制墙板形成整体；水平接缝位于楼面标高处，水平接缝处钢筋采用套筒灌浆连接、浆锚搭接或底部预留后浇区内搭接等连接形式，在每层楼面处设置水平后浇带，在屋面处设置封闭后浇圈梁，后浇混凝土实现可靠连接。

目前，装配式混凝土剪力墙结构遵循"等同现浇"的设计原则，按照现浇剪力墙的结构设计方法进行设计。多层装配式剪力墙结构与高层装配整体式剪力墙结构相比，结构计算可采用弹性方法，并按照结构实际情况建立分析模型，以建立适用的计算与分析方法。本章中分析的对象主要是高层装配整体式混凝土剪力墙结构。

6.2.1　内力设计值
Design Value of Internal Forces

剪力墙的荷载效应组合需考虑有无地震作用两种情况，选取控制截面的最不利组合的内力设计值进行截面承载力验算。一般情况下，选取墙肢的底部截面，墙厚、混凝土强度以及配筋量发生改变的截面作为控制截面。

对于抗震等级为一级的剪力墙，为了使墙肢的塑性铰出现在底部加强部位、避免底部加强部位以上的墙肢屈服，其弯矩设计值取法如下：底部加强部位采用墙肢截面组合的弯矩计算值，不增大；底部加强部位以上部分，墙肢组合的弯矩计算值乘以增大系数，其值为 1.2，为了实现强剪弱弯，剪力设计值作相应调整。其他抗震等级和非抗震设计的剪力墙的弯矩设计值，采用墙肢截面组合的弯矩计算值。

小偏心受拉时，墙肢的全截面受拉，混凝土开裂贯通整个截面高度。部分框支剪力墙结构的落地剪力墙，不应出现小偏心受拉的墙肢。双肢剪力墙的墙肢不宜出现小偏心受拉；当其中一个墙肢为小偏心受拉时，另一墙肢的剪力设计值、弯矩设计值乘以增大系数 1.25。这是由于当一个墙肢出现水平裂缝时，刚度降低，内力重分布的影响使剪力向无裂缝的另一个墙肢转移，使另一个墙肢内力过大。

工程设计中，可通过调整剪力墙长度或连梁尺寸避免出现小偏心受拉的墙肢。剪力墙很长时，边墙肢拉（压）力很大，可以人为加大洞口或人为开洞口，减小连梁高度，而成为对墙肢约束很小的连梁。地震时，该连梁两端比较容易屈服形成塑性铰，将长墙分成长度较小的墙肢。墙肢的长度，一般不宜大于 8m，减小连梁高度也可减小墙肢轴力。

为了加强一、二、三级剪力墙墙肢底部加强部位的抗剪承载力，避免过早出现剪切破坏，实现强剪弱弯，墙肢截面的剪力组合计算值按下式调整：

$$V = \eta_{vw} V_w \tag{6-1}$$

9 度的一级可不按上式调整，但应符合下式要求：

$$V = 1.1 \frac{M_{wua}}{M_w} V_w \tag{6-2}$$

式中　V——底部加强部位墙肢截面组合的剪力设计值；

　　　　V_w——底部加强部位墙肢截面组合的剪力设计值；

　　　　M_{wua}——墙肢底部截面按实配纵向钢筋面积、材料强度标准值和轴力等计算的抗震受弯承载力所对应的弯矩值，有翼墙时应计入墙两侧各一倍翼墙厚度范围内的纵向钢筋；

　　　　M_w——墙肢底部截面最不利组合的弯矩计算值；

　　　　η_{vw}——墙肢剪力放大系数，一级为 1.6，二级为 1.4，三级为 1.2。

6.2.2　墙肢偏心受压承载力计算
Strength of Eccentric Compression Walls

剪力墙的墙肢受轴力和弯矩的共同作用时，计算方法与柱相似，区别在于剪力墙的端部在配置竖向钢筋的同时，还配置有竖向分布钢筋，竖向分布钢筋同样参与抵抗弯矩，计算承载力时应包括部分受拉竖向分布钢筋的作用。考虑到竖向分布钢筋的直径较小、易压曲，简化计算时不考虑其影响。

1. 大偏心受压承载力计算

若混凝土极限破坏时的受压区高度不大于界限破坏时的混凝土受压区高度，称为大偏心受压破坏。

采用以下假定建立墙肢截面大偏心受压承载力公式：①截面变形符合平截面假定；②不考虑受拉混凝土的作用；③受压区混凝土的应力图用等效矩形应力图替换，应力达到 $\alpha_1 f_c$（f_c 为混凝土轴心抗压强度，α_1 为与混凝土等级有关的等效矩形应力图系数）；④墙肢端部的竖向受拉、受压钢筋屈服；⑤从受压区边缘算起 $1.5x$（x 为等效矩形应力图受压区高度）范围以外的受拉竖向分布钢筋全部屈服并参与受力计算，$1.5x$ 范围以内的竖向分布钢筋为受拉屈服或为受压，不参与受力计算。由上述假定，极限状态下矩形墙肢截面的应力图形如图 6-1 所示。

根据 $\Sigma N = 0$ 和 $\Sigma M = 0$ 的平衡条件，建立基本的计算公式如下。

（1）对称配筋

对称配筋时，$A_s = A'_s$，由力的平衡条件计算等效矩形应力图受压区高度 x：

$$N = \alpha_1 f_c b_w x - f_{yw} \frac{A_{sw}}{h_{w0}} (h_{w0} - 1.5x) \tag{6-3}$$

得

$$x = \frac{N + f_{yw} A_{sw}}{\alpha_1 f_c b_w + 1.5 f_{yw} A_{sw}/h_{w0}} \tag{6-4}$$

式中，系数 α_1 的取值与混凝土强度等级有关。当混凝土强度等级不超过 C50 时，取 1.0，当混凝土强度为 C80 时，取 0.94，当混凝土强度等级在 C50～C80 之间时，按线性插值取。

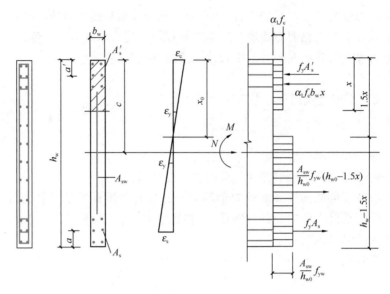

图 6-1 墙肢大偏心受压截面承载力计算简图

对受压区中心取矩，由 $\sum M = 0$ 可得：

$$M = f_{yw}\frac{A_{sw}}{h_{w0}}(h_{w0}-1.5x)\left(\frac{h_{w0}}{2}+\frac{x}{4}\right)+N\left(\frac{h_{w0}}{2}-\frac{x}{2}\right)+f_yA_s(h_{w0}-a') \qquad (6-5)$$

忽略式中的 x^2 项，化简后得：

$$M = \frac{f_{yw}A_{sw}}{2}h_{w0}\left(1-\frac{x}{h_{w0}}\right)\left(1+\frac{N}{f_{yw}A_{sw}}\right)+f_yA_s(h_{w0}-a') \qquad (6-6)$$

上式第一项是竖向分布钢筋抵抗的弯矩，第二项是端部钢筋抵抗的弯矩，分别为：

$$M_{sw} = \frac{f_{yw}A_{sw}}{2}h_{w0}\left(1-\frac{x}{h_{w0}}\right)\left(1+\frac{N}{f_{yw}A_{sw}}\right) \qquad (6-7)$$

$$M_0 = f_yA_s(h_{w0}-a') \qquad (6-8)$$

截面承载力验算要求：

$$M \leqslant M_0 + M_{sw} \qquad (6-9)$$

式中 M——墙肢的弯矩设计值。

工程设计时，先给定竖向分布钢筋的截面面积 A_{sw}，一般可按构造配置，由式（6-4）计算 x 的值，代入式（6-7），得到 M_{sw}，然后按照下式计算得出端部钢筋面积 A_s：

$$A_s \geqslant \frac{M-M_{sw}}{f_y(h_{w0}-a')} \qquad (6-10)$$

（2）不对称配筋

不对称配筋时，$A_s \neq A'_s$，此时要先确定竖向分布钢筋面积 A_{sw}，并给定一端的端部钢筋面积 A_s 或 A'_s，求另一端钢筋面积。由 $\sum N = 0$ 得：

$$N = \alpha_1 f_c b_w x + f_y A'_s - f_y A_s - f_{yw}\frac{h_{w0}}{2}(h_{w0}-1.5x) \qquad (6-11)$$

当已知受拉钢筋面积时，对受压钢筋重心取矩：

$$M = f_{yw}\frac{A_{sw}}{h_{w0}}(h_{w0}-1.5x)\left(\frac{h_{w0}}{2}+\frac{3x}{4}-a'\right)-\alpha_1 f_c b_w x\left(\frac{x}{2}-a'\right)+f_y A_s(h_{w0}-a')+N(c-a')$$

$$(6-12)$$

当已知受压钢筋面积时，对受拉钢筋重心取矩：

$$M = f_{yw} \frac{A_{sw}}{h_{w0}} (h_{w0} - 1.5x) \left(\frac{h_{w0}}{2} - \frac{3x}{4} - a \right) - \alpha_1 f_c b_w x \left(h_{w0} - \frac{x}{2} \right)$$
$$+ f_y A'_s (h_{w0} - a') + N(h_{w0} - c - a') \tag{6-13}$$

由式（6-12）或式（6-13）可求得 x，再由式（6-11）求得另一端的端部钢筋面积。

当墙肢为 T 形或 I 形时，可参照 T 形或 I 形截面柱的偏心受压承载力的计算方法计算配筋。首先判断中和轴的位置，然后计算钢筋面积。计算中按上述原则考虑竖向分布钢筋的作用。混凝土受压区高度应符合 $x \geq 2a'$，否则按 $x = 2a'$ 计算。

2. 小偏心受压承载力计算

在极限状态下，墙肢截面混凝土相对受压区高度大于其相对界限受压区高度时为小偏心受压。墙肢截面小偏心受压破坏与小偏心受压柱相同，截面大部分或全部受压，由于压应变较大一端的混凝土达到极限压应变而丧失承载力。压应变较大端的端部钢筋及竖向分布钢筋屈服，但计算中不考虑竖向分布钢筋的作用。受拉区的竖向分布钢筋未屈服，计算中也不考虑其作用。这样墙肢截面的极限应力分布与小偏心受压柱完全相同，极限承载力的计算方法也相同，其应力图形如图 6-2 所示。

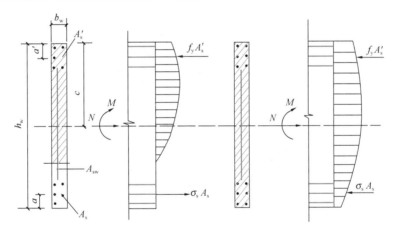

图 6-2　墙肢小偏心受压截面承载力计算简图

根据 $\Sigma N = 0$ 和 $\Sigma M = 0$ 的平衡条件，建立基本的计算公式如下：

$$N = \alpha_1 f_c b_w x + f_y A'_s - \sigma_s A_s \tag{6-14}$$

$$Ne = \alpha_1 f_c b_w x \left(h_{w0} - \frac{x}{2} \right) + f_y A'_s (h_{w0} - a') \tag{6-15}$$

$$e = e_0 + e_a + \frac{h_w}{2} - a \tag{6-16}$$

式中　e_0——轴向压力对截面重心的偏心距，$e_0 = M/N$；

　　　e_a——附加偏心距。

对称配筋、采用 HPB300 级和 HRB335 级热轧钢筋时，截面相对受压区高度 ξ 的值可采用下述近似公式计算：

$$\xi = \frac{N - \alpha_1 \xi_b f_c b_w h_{w0}}{\dfrac{Ne - 0.43 \alpha_1 f_c b_w h_{w0}^2}{(0.8 - \xi_b)(h_{w0} - a')} + \alpha_1 f_c b_w h_{w0}} + \xi_b \tag{6-17}$$

由式（6-13）、式（6-14）、式（6-15）和式（6-16）可得：

$$A_s = A_s' = \frac{Ne - \xi(1 - 0.5\xi)\alpha_1 f_c b_w h_{w0}^2}{f_y(h_{w0} - a')}$$ (6-18)

非对称配筋时，可先按端部构造配筋要求给定 A_s，然后由式（6-17）和式（6-15）求解 ξ 及 A_s'。如果 $\xi \geqslant h_w/h_{w0}$，为全截面受压，取 $x = h_w$，A_s' 可由下式计算得到：

$$A_s' = \frac{Ne - \alpha_1 f_c b_w h_w(h_{w0} - h_w/2)}{f_y(h_{w0} - a')}$$ (6-19)

竖向分布钢筋按构造要求设置。小偏心受压时，还要验证墙肢平面外的稳定性。这时，可按轴心受压构件计算。

6.2.3 墙肢偏心受拉承载力计算

Strength of Eccentric Tension Walls

墙肢在弯矩 M 和轴向拉力 N 的作用下，当 $M/N > h_w/2 - a$ 时，为大偏心受拉，墙肢截面大部分受拉、小部分受压。假定距受压区边缘 $1.5x$ 范围以外的受拉分布钢筋屈服并参与工作，截面应力分布图形如图 6-3 所示。由平衡条件可知，大偏心受拉承载力的计算公式与大偏心受压相同，只需将轴向力 N 变号。

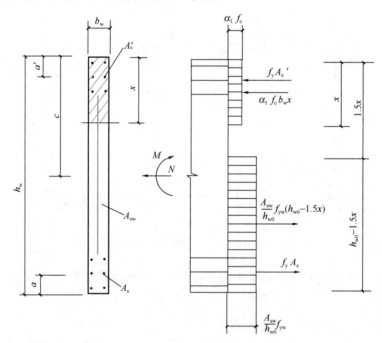

图 6-3 墙肢大偏心受拉截面应力分布

矩形截面对称配筋时，受压区高度 x 可由下式确定：

$$x = \frac{f_{yw}A_{sw} - N}{\alpha_1 f_c b_w + 1.5f_{yw}A_{sw}/h_{w0}}$$ (6-20)

与大偏压承载力公式类似，可得到竖向分布钢筋抵抗的弯矩为：

$$M_{sw} = \frac{f_{yw}A_{sw}}{2}h_{w0}\left(1 - \frac{x}{h_{w0}}\right)\left(1 - \frac{N}{f_{yw}A_{sw}}\right)$$ (6-21)

端部钢筋抵抗的弯矩为：

$$M_0 = f_y A_s (h_{w0} - a')$$ (6-22)

与大偏心受压相同，先给定竖向分布钢筋面积 A_{sw}。为保证截面有受压区，即要求 $x > 0$，由式（6-20）可得竖向分布钢筋面积：

$$A_{sw} \geqslant \frac{N}{f_{yw}}$$ (6-23)

同时，分布钢筋应满足最小配筋率要求，在两者中选择较大的 A_{sw}，然后按下式计算端部钢筋的面积：

$$A_s \geqslant \frac{M - M_{sw}}{f_y (h_{w0} - a')}$$ (6-24)

当抗拉较大、偏心距 $M/N < h_w/2 - a$ 时，全截面受拉，属于小偏心受拉。

抗震和非抗震设计时，剪力墙的墙肢偏心受压和偏心受拉承载力的计算公式相同。抗震设计时，承载力计算公式应除以承载力抗震调整系数 γ_{RE}，偏心受压和偏心受拉时 γ_{RE} 都取 0.85。注意，在计算受压区高度 x 和计算分布钢筋抵抗矩 M_{sw} 的公式中，N 要乘以 γ_{RE}。

6.2.4 墙肢斜截面受剪承载力计算
Shear Strength of Diagonal Section in Walls

墙肢（实体墙）的斜截面剪切破坏大致可归纳为剪拉破坏、斜压破坏和剪压破坏三种破坏形态。

剪拉破坏主要发生在剪跨比较大、无横向钢筋或横向钢筋很少的墙肢及竖向钢筋锚固不好的情况下。斜裂缝出现后即形成一条主要的斜裂缝，并延伸至受压区边缘，使墙肢劈裂为两部分而破坏。剪拉破坏属于一种脆性破坏，工程中应避免。

斜压破坏主要发生在截面尺寸小、剪压比过大的墙肢中。斜裂缝将墙肢分割为多个斜的受压柱体，混凝土被压碎而破坏。设计中应限制最小截面和截面的剪压比，避免出现剪压破坏。

剪压破坏是最常见的墙肢剪切破坏形态。在竖向力和水平力的共同作用下，实体墙首先出现水平裂缝或者细的倾斜裂缝；当水平力继续增加时，实体墙开始出现一条主要的斜裂缝，并延伸扩展，混凝土受压区减小，最终主要裂缝尽端的受压区混凝土在剪应力和压应力共同作用下破坏，横向钢筋屈服。

墙肢斜截面受剪承载力的计算公式建立在剪压破坏的基础上，由两部分组成：混凝土的受剪承载力和横向受力钢筋的受剪承载力。同时，作用在墙肢上的轴向压力加大了截面的受压区，提高了受剪承载力；轴向拉力对抗剪不利，降低了受剪承载力。因此，在计算墙肢斜截面的受剪承载力时，应考虑轴力的影响。

1. 偏心受压墙肢的斜截面受剪承载力

偏心受压墙肢的受剪承载力计算公式为：

持久、短暂设计状况

$$V \leqslant \frac{1}{\lambda - 0.5} \left(0.5 f_t b_w h_{w0} + 0.13 N \frac{A_w}{A} \right) + f_{yh} \frac{A_{sh}}{s} h_{w0}$$ (6-25)

地震设计状况

$$V \leqslant \frac{1}{\gamma_{RE}} \left[\frac{1}{\lambda - 0.5} \left(0.4 f_t b_w h_{w0} + 0.1 N \frac{A_w}{A} \right) + 0.8 f_{yh} \frac{A_{sh}}{s} h_{w0} \right]$$ (6-26)

式中 b_w——墙肢截面腹板厚度；

h_{w0}——墙肢截面有效高度；

A、A_w——分别为墙肢全截面面积和墙肢的腹板面积；矩形截面 $A_w = A$；

f_{yh}——横向分布钢筋抗拉强度设计值；

s、A_{sh}——分别为横向分布钢筋间距和配置在同一截面内的横向钢筋面积和；

λ——计算截面剪跨比。当 $\lambda < 1.5$ 取 1.5；当 $\lambda > 2.2$，取 2.2；当计算截面与墙肢底截面间距离小于 $0.5h_{w0}$ 时，取距墙肢底截面 $0.5h_{w0}$ 处的值。

2. 偏心受拉墙肢的斜截面受剪承载力

大偏心受拉时，墙肢截面还有部分受压区，混凝土仍可以抗剪，但轴向拉力对抗剪不利，计算公式为：

持久、短暂设计状况

$$V \leqslant \frac{1}{\lambda - 0.5}\left(0.5f_t b_w h_{w0} - 0.13N\frac{A_w}{A}\right) + f_{yh}\frac{A_{sh}}{s}h_{w0} \tag{6-27}$$

地震设计状况

$$V \leqslant \frac{1}{\gamma_{RE}}\left[\frac{1}{\lambda - 0.5}\left(0.4f_t b_w h_{w0} - 0.1N\frac{A_w}{A}\right) + 0.8f_{yh}\frac{A_{sh}}{s}h_{w0}\right] \tag{6-28}$$

式（6-27）右端的计算结果小于 $f_{yh}\dfrac{A_{sh}}{s}h_{w0}$ 时，取 $f_{yh}\dfrac{A_{sh}}{s}h_{w0}$；式（6-28）右端中括号内的计算结果小于 $0.8f_{yh}\dfrac{A_{sh}}{s}h_{w0}$ 时，取 $0.8f_{yh}\dfrac{A_{sh}}{s}h_{w0}$。

6.2.5 截面尺寸构造要求

Detailing Requirements of Section Dimensions

1. 最小截面尺寸

预制剪力墙宜采用一字形，也可采用 L 形、T 形或 U 形；开洞预制剪力墙洞口宜居中布置，洞口两侧的墙肢宽度不应小于 200mm，洞口上方连梁高度不宜小于 250mm。

对于多层装配式墙板结构设计，则应符合下列规定：

（1）结构抗震等级在设防烈度为 8 度时取三级，设防烈度 6、7 度时取四级。

（2）预制墙板厚度不宜小于 140mm，且不宜小于层高的 1/25。

（3）预制墙板的轴压比，三级时不应大于 0.15，四级时不应大于 0.2；轴压比计算时，墙体混凝土强度等级超过 C40，按 C40 计算。

（4）当预制剪力墙截面厚度不小于 140mm 时，应配置双排双向分布钢筋网。剪力墙中水平及竖向分布筋的最小配筋率不应小于 0.15%。

2. 剪压比限值

试验表明，当墙肢截面的剪压比超过一定限值时，墙肢将会过早地出现斜裂缝，即使增加横向钢筋，也不能提高其受剪承载力，墙肢很可能在横向钢筋未屈服的情况下，发生斜压破坏。为了避免墙肢出现此情况，需要限制墙肢截面的平均剪应力与混凝土轴心抗压强度的比值，即限制剪压比。

持久、短暂设计状况

$$V \leqslant 0.25\beta_c f_c b_w h_{w0} \tag{6-29}$$

地震设计状况

剪跨比 $\lambda > 2.5$ 时 $V \leqslant \dfrac{1}{\gamma_{RE}} 0.2 \beta_c f_c b_w h_{w0}$ (6-30)

剪跨比 $\lambda \leqslant 2.5$ 时 $V \leqslant \dfrac{1}{\gamma_{RE}} 0.15 \beta_c f_c b_w h_{w0}$ (6-31)

式中　V ——墙肢截面剪力设计值，一、二、三级剪力墙底部加强部位墙肢截面的剪力设计值按式（6-1）和式（6-2）进行调整；

β_c ——混凝土强度影响系数。混凝土的强度等级不大于 C50 时，取 1.0，混凝土强度等级为 C80 时，取 0.8，中间按线性插值取值；

λ ——计算截面处的剪跨比，即 $M_c / V_c h_{w0}$ 。

3. 限制轴压比

与钢筋混凝土柱相同，轴压比是影响墙肢弹塑性变形能力的主要因素之一，剪力墙墙肢的轴压力随建筑高度的增加而增大。相同条件的剪力墙，轴压比低的，其延性大，轴压比高的，其延性小；通过设置约束边缘构件，可以提高轴压比，提高剪力墙的塑性变形能力，但当轴压比大于一定值后，即使设置约束边缘构件，在强震作用下，剪力墙仍可能因混凝土压溃而丧失承受重力荷载的能力。因此，实际结构设计中规定了剪力墙的轴压比限值。一、二、三级剪力墙在重力荷载代表值作用下，墙肢的轴压比限值如表 6-1 所示。

剪力墙轴压比限值　　　　　　　　　表 6-1

抗震等级	一级（9 度）	一级（6、7、8 度）	二、三级
轴压比限值	0.4	0.5	0.6

墙肢轴压比按 $\mu_N = N/(f_c A)$ 计算，N 为重力荷载代表值作用下墙肢的轴压力设计值（分项系数取 1.3），f_c 为混凝土轴心抗压强度设计值，A 为墙肢的截面面积。

6.3　计　算　简　图
Computational Figures

剪力墙平面内刚度比平面外刚度大得多，一般将剪力墙简化为平面结构构件，即假定剪力墙只在自身平面内受力。在水平荷载作用下，剪力墙处于二维应力状态，严格来说，需采用平面有限元方法进行计算。本节采用简化方法，通过将剪力墙简化为杆系，采用结构力学的方法作近似计算。按照洞口的大小和分布的不同，剪力墙可划分为整体墙、联肢墙和不规则开洞剪力墙三类，每一类的简化类型有其不同的适用条件。

6.3.1　整体墙
Monolithic Wall

整体墙的墙上门窗开洞面积不超过墙面面积的 16%，且孔洞边长很小，同时小于孔洞间的净距和孔洞至墙边的净距，可忽略孔洞的影响。假设截面上的应力为直线分布，可按整体悬臂墙计算这类墙的内力及位移，计算简图见图 6-4。

6.3.2　联肢剪力墙
Coupled Shear Wall

联肢墙的洞口较大，但排列整齐，可划分为墙肢和连梁。联肢墙是超静定结构，其近

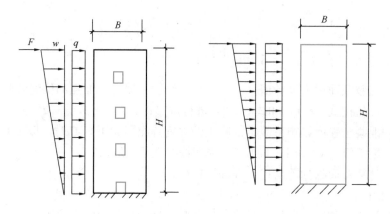

图 6-4　整体墙计算简图

似计算方法很多，例如小开口剪力墙计算方法、连续化方法、带刚域框架方法等，本节根据连续化方法，将其结构进行简化，计算简图见图 6-5。

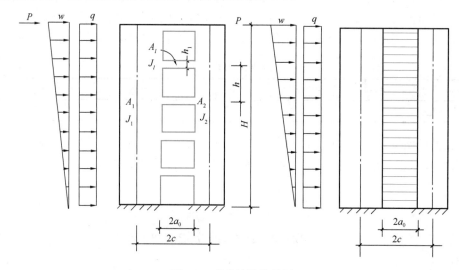

图 6-5　联肢墙计算简图

6.3.3　不规则开洞剪力墙

Shear Wall with Irregular Opening

不规则开洞剪力墙的洞口较大，且排列不规则，不能简化成杆系结构进行计算。若要较精准地知道其应力分布，需要采用平面有限元方法。

6.4　节点连接与设计
Joint Connection and Design

6.4.1　预制剪力墙间的连接

Connection between Precast Shear Walls

预制装配整体式剪力墙结构中预制剪力墙间的连接主要包括竖向接缝的连接和水平接

缝的连接。

1. 竖向接缝的连接

根据《装配式混凝土建筑技术标准》GB/T 51231—2016，楼层内相邻预制剪力墙之间应采用整体式接缝连接，且应符合下列规定：

（1）当接缝位于纵横墙交接处的约束边缘构件区域时，约束边缘构件的阴影区域（图6-6）宜全部采用后浇混凝土，并应在后浇段内设置封闭箍筋。

（2）当接缝位于纵横墙交接处的构造边缘构件区域时，构造边缘构件宜全部采用后浇混凝土（图6-7），当仅在一面墙上设置后浇段时，后浇段的长度不宜小于300mm（图6-8）。

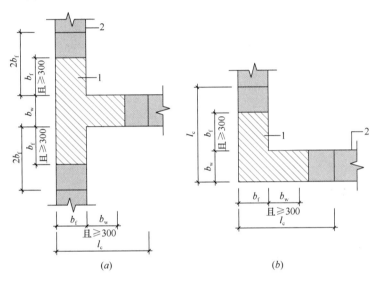

图6-6 约束边缘构件阴影区域全部后浇构造图

（阴影区域为斜线填充范围）

（a）有翼墙；（b）转角墙

1—后浇段；2—预制剪力墙

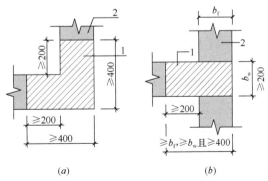

图6-7 构造边缘构件全部后浇构造图

（阴影区域为构造边缘构件范围）

（a）转角墙；（b）有翼墙

1—后浇段；2—预制剪力墙

（3）边缘构件内的配筋及构造要求应符合现行国家标准《建筑抗震设计规范》GB 50011—2010（2016 年版）的有关规定；预制剪力墙的水平分布钢筋在后浇段内的锚固、连接应符合现行国家标准《混凝土结构设计规范》GB 50010—2010（2015 年版）的有关规定。

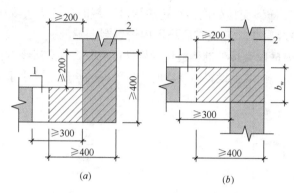

图 6-8　构造边缘构件部分后浇构造图

（阴影区域为构造边缘构件范围）

（a）转角墙；（b）有翼墙

1—后浇段；2—预制剪力墙

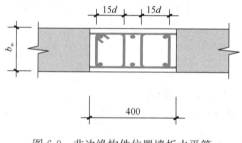

图 6-9　非边缘构件位置墙板水平筋
在后浇段内的连接图

（4）非边缘构件位置，相邻预制剪力墙之间应设置后浇段，后浇段的宽度不应小于墙厚且不宜小于 200mm；后浇段内应设置不少于 4 根竖向钢筋，钢筋直径不应小于墙体竖向分布钢筋直径且不应小于 8mm。两侧墙体的水平分布钢筋在后浇段内的连接如图 6-9 所示。

2. 水平接缝的连接

预制剪力墙水平接缝宜设置在楼面标高处，接缝高度不宜小于 20mm，宜采用灌浆料填实，接缝处后浇混凝土，上表面应设置粗糙面。预制剪力墙竖向钢筋连接时，宜采用灌浆料将水平接缝同时灌满。灌浆料强度较高且流动性好有利于保证接缝承载力。竖向钢筋的连接可采用套筒灌浆连接、浆锚搭接连接、挤压套筒连接。

上下层预制剪力墙的竖向钢筋连接应符合下列规定：

（1）边缘构件的竖向钢筋应逐根连接。

边缘构件是保证剪力墙抗震性能的重要构件，且钢筋较粗，每根钢筋应逐根连接。剪力墙的分布钢筋直径小且数量多、全部连接会导致施工烦琐且造价较高，连接接头数量太多对剪力墙的抗震性能也有不利影响。

（2）预制剪力墙的竖向分布钢筋宜采用双排连接。

（3）除下列情况外，墙体厚度不大于 200mm 的丙类建筑预制剪力墙的竖向分布钢筋可采用单排连接，采用单排连接时，在计算分析时不应考虑剪力墙平面外刚度及承载力：

1）抗震等级为一级的剪力墙；

2）轴压比大于 0.3 的抗震等级为二、三、四级的剪力墙；

3）一侧无楼板的剪力墙；

4）一字形剪力墙、一端有翼墙连接但剪力墙非边缘构件区长度大于 3m 的剪力墙以及两端有翼墙连接但剪力墙非边缘构件区长度大于 6m 的剪力墙。

墙身分布钢筋采用单排连接时，属于间接连接，根据国内外所做的试验研究成果和相关规范规定，钢筋间接连接的传力效果取决于连接钢筋与被连接钢筋的间距以及横向约束情况。考虑到地震作用的复杂性，在没有充分依据的情况下，剪力墙塑性发展集中和延性要求较高的部位墙身分布钢筋不宜采用单排连接。在墙身竖向分布钢筋采用单排连接时，为提高墙肢的稳定性，对墙肢侧向楼板支撑和约束情况提出了要求。对无翼墙或翼墙间距太大的墙肢，限制墙身分布钢筋采用单排连接。

（4）抗震等级为一级的剪力墙以及二、三级底部加强部位的剪力墙，剪力墙的边缘构件竖向钢筋宜采用套筒灌浆连接。

3. 套筒灌浆连接

《装配式混凝土建筑技术标准》GB/T 51231—2016 中对预制剪力墙采用套筒灌浆连接时连接部位构造规定如下：

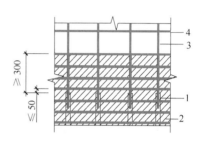

图 6-10　钢筋套筒灌浆连接部位水平分布钢筋加密构造图

1—灌浆套筒；2—水平分布钢筋加密区域（阴影区域）；3—竖向钢筋；4—水平分布钢筋

预制剪力墙竖向钢筋采用套筒灌浆连接时，自套筒底部至套筒顶部并向上延伸 300mm 范围内，预制剪力墙的水平分布钢筋应加密（图 6-10），加密区水平分布钢筋的最大间距及最小直径应符合表 6-2 的规定，套筒上端第一道水平分布钢筋距离套筒顶部不应大于 50mm。

加密区水平分布钢筋的要求　　　　　　　　　　　　　　表 6-2

抗震等级	最大间距（mm）	最小间距（mm）
一、二级	100	8
三、四级	150	8

试验研究结果表明，剪力墙底部竖向钢筋连接区域，裂缝较多且较为集中，因此，对该区域的水平分布筋应加强，以提高墙板的抗剪能力和变形能力，并使该区域的塑性铰可以充分发展，提高墙板的抗震性能。

当上下层预制剪力墙竖向钢筋采用套筒灌浆连接时，应符合下列规定：

（1）当竖向分布钢筋采用"梅花形"部分连接时（图 6-11），连接钢筋的配筋率不应小于现行国家标准《建筑抗震设计规范》GB 50011—2010（2016 年版）规定的剪力墙竖向分布钢筋最小配筋率要求，连接钢筋的直径不应小于 12mm，同侧间距不应大于600mm，且在剪力墙构件承载力设计和分布钢筋配筋率计算中不得计入未连接的分布钢筋；未连接的竖向分布钢筋直径不应小于 6mm。

（2）当竖向分布钢筋采用单排连接时（图 6-12），应满足接缝受剪承载力的规定；剪力墙两侧竖向分布钢筋与配置于墙体厚度中部的连接钢筋搭接连接，连接钢筋位于内、外

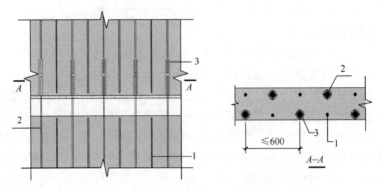

图 6-11　竖向分布钢筋"梅花形"套筒灌浆连接构造图

1—未连接的竖向分布钢筋；2—连接的竖向分布钢筋；3—灌浆套筒

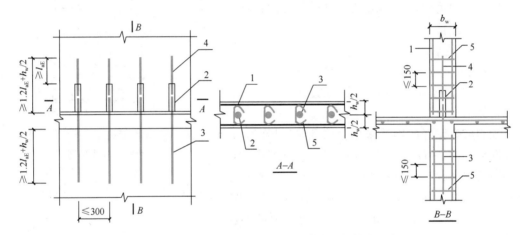

图 6-12　竖向分布钢筋单排套筒灌浆连接构造图

1—上层预制剪力墙竖向分布钢筋；2—灌浆套筒；3—下层剪力墙连接钢筋；

4—上层剪力墙连接钢筋；5—拉筋

侧被连接钢筋的中间；连接钢筋受拉承载力不应小于上下层被连接钢筋受拉承载力较大值的 1.1 倍，间距不宜大于 300mm。下层剪力墙连接钢筋自下层预制墙顶算起的埋置长度不应小于 $1.2 l_{aE} + b_w /2$（b_w 为墙体厚度），上层剪力墙连接钢筋自套筒顶面算起的埋置长度不应小于 $1.2 l_{aE} + b_w /2$，l_{aE} 按连接钢筋直径计算。钢筋连接长度范围内应配置拉筋，同一连接接头内的拉筋配筋面积不应小于连接钢筋的面积；拉筋沿竖向的间距不应大于水平分布钢筋间距，且不宜大于 150mm；拉筋沿水平方向的间距不应大于竖向分布钢筋间距，直径不应小于 6mm；拉筋应紧靠连接钢筋，并钩住最外层分布钢筋。

4. 浆锚搭接连接

《装配式混凝土建筑技术标准》GB/T 51231—2016 中对预制剪力墙采用浆锚搭接连接时，应符合以下规定：

（1）墙体底部预留灌浆孔道直线段长度应大于下层预制剪力墙连接钢筋伸入孔道内的长度 30mm，孔道上部应根据灌浆要求设置合理弧度。孔道直径不宜小于 40mm 和 2.5d（d 为伸入孔道的连接钢筋直径）的较大值，孔道之间的水平净间距不宜小于 50mm；孔道外壁至剪力墙外表面的净间距不宜小于 30mm。当采用预埋金属波纹管成孔时，金属波纹管的钢带厚度及波纹高度应符合《预应力混凝土用金属波纹管》JGJ 225—2007 的有关规定；当采用其他成孔方式时，应对不同预留成孔工艺、孔道形状、孔道内壁的粗糙度或花纹深度及间距等形成的连接接头进行力学性能以及适用性的试验验证。

（2）竖向钢筋连接长度范围内的水平分布钢筋应加密，加密范围自剪力墙底部至预留灌浆孔道顶部（图 6-13），且不应小于 300mm。剪力墙竖向分布钢筋连接长度范围内未采取有效横向约束措施时，水平分布钢筋加密范围内的拉筋应加密；拉筋沿竖向的间距不宜大于 300mm 且不少于 2 排；拉筋沿水平方向的间距不宜大于竖向分布钢筋间距，直径不应小于 6mm；拉筋应紧靠被连接钢筋，并钩住最外层分布钢筋。

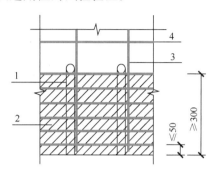

图 6-13　钢筋浆锚搭接连接部位水平
分布钢筋加密构造图
1—预留灌浆孔道；2—水平分布钢筋
加密区域（阴影区域）；3—竖向钢筋；
4—水平分布钢筋

（3）边缘构件竖向钢筋连接长度范围内应采取加密水平封闭箍筋的横向约束措施或其他可靠措施。当采用加密水平封闭箍筋约束时，应沿预留孔道直线段全高加密。箍筋沿竖向的间距，一级不应大于 75mm，二、三级不应大于 100mm，四级不应大于 150mm；箍筋沿水平方向的肢距不应大于竖向钢筋间距，且不宜大于 200mm；箍筋直径一、二级不应小于 10mm，三、四级不应小于 8mm，宜采用焊接封闭箍筋（图 6-14）。

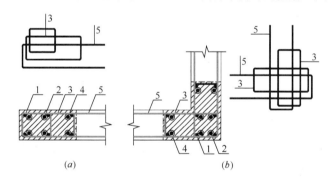

图 6-14　钢筋浆锚搭接连接长度范围内加密水平封闭箍筋约束构造图
(a) 暗柱；(b) 转角柱
1—上层预制剪力墙边缘构件竖向钢筋；2—下层剪力墙边缘构件竖向钢筋；
3—封闭箍筋；4—预留灌浆孔道；5—水平分布钢筋

钢筋浆锚搭接连接方法主要适用于钢筋直径 18mm 及以下的装配整体式剪力墙结构竖向钢筋连接。预制剪力墙竖向钢筋采用浆锚搭接连接的试验研究结果表明，加强预制剪力墙边缘构件部位底部浆锚搭接连接区的混凝土约束是提高剪力墙及整体结构抗震性能的关键。对比试验结果证明，通过加密钢筋浆锚搭接连接区域的封闭箍筋，可有效增强对边缘构件混凝土的约束，进而提高浆锚搭接连接钢筋的传力效果，保证预制剪力墙具有与现浇剪力墙相近的抗震性能。预制剪力墙边缘构件区域加密水平箍筋约束措施的具体构造要求主要根据试验研究确定。

当上下层预制剪力墙竖向钢筋采用浆锚搭接连接时，应符合下列规定：

（1）当竖向钢筋非单排连接时，下层预制剪力墙连接钢筋伸入预留灌浆孔道内的长度不应小于 $1.2\,l_{aE}$（图 6-15）。

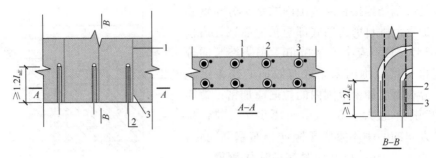

图 6-15　竖向钢筋浆锚搭接连接构造图
1—上层预制剪力墙竖向钢筋；2—下层剪力墙竖向钢筋；3—预留灌浆孔道

（2）当竖向分布钢筋采用"梅花形"部分连接时（图 6-16），连接钢筋的配筋率不应小于现行国家标准《建筑抗震设计规范》GB 50011—2010（2016 年版）规定的剪力墙竖向分布钢筋最小配筋率要求，连接钢筋的直径不应小于 12mm，同侧间距不应大于600mm，且在剪力墙构件承载力设计和分布钢筋配筋率计算中不得计入未连接的分布钢筋；未连接的竖向分布钢筋直径不应小于 6mm。

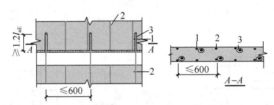

图 6-16　竖向分布钢筋"梅花形"浆锚搭接连接构造图
1—连接的竖向分布钢筋；2—未连接的竖向分布钢筋；3—预留灌浆孔道

（3）当竖向分布钢筋采用单排连接时（图 6-17），竖向分布钢筋应符合接缝受剪承载力的规定；剪力墙两侧竖向分布钢筋与配置于墙体厚度中部的连接钢筋搭接连接，连接钢筋位于内、外侧被连接钢筋的中间；连接钢筋受拉承载力不应小于上下层被连接钢筋受拉承载力较大值的 1.1 倍，间距不宜大于 300mm。连接钢筋自下层剪力墙顶算起的埋置长

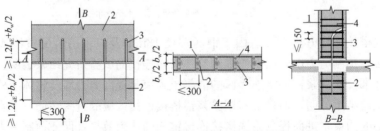

图 6-17　竖向分布钢筋单排浆锚搭接连接构造图
1—上层预制剪力墙竖向钢筋；2—下层剪力墙连接钢筋；
3—预留灌浆孔道；4—拉筋

度不应小于 $1.2 l_{aE} + b_w /2$（b_w 为墙体厚度），上层剪力墙连接钢筋自套筒顶面算起的埋置长度不应小于 l_{aE}，上层连接钢筋顶部至套筒底部的长度尚不应小于 $1.2 l_{aE} + b_w /2$，l_{aE} 按连接钢筋直径计算。钢筋连接长度范围内应配置拉筋，同一连接接头内的拉筋配筋面积不应小于连接钢筋的面积；拉筋沿竖向的间距不应大于水平分布钢筋间距，且不宜大于拉筋沿水平方向的肢距，不应大于竖向分布钢筋间距，直径不应小于 6mm；拉筋应紧靠连接钢筋，并钩住最外层分布钢筋。

5. 挤压套筒连接

根据《装配式混凝土建筑技术标准》GB/T 51231—2016，当上下层预制剪力墙竖向钢筋采用挤压套筒连接时，应符合下列规定：

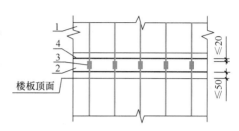

图 6-18　预制剪力墙底后浇段
水平钢筋配置图
1—预制剪力墙；2—墙底后浇段；
3—挤压套筒；4—水平钢筋

（1）预制剪力墙底后浇段内的水平钢筋直径不应小于 10mm 和预制剪力墙水平分布钢筋直径的较大值，间距不宜大于 100mm；楼板顶面以上第一道水平钢筋距楼板顶面不宜大于 50mm，套筒上端第一道水平钢筋距套筒顶部不宜大于 20mm（图 6-18）。

（2）当竖向分布钢筋采用"梅花形"部分连接时（图 6-19），连接钢筋的配筋率不应小于现行国家标准《建筑抗震设计规范》GB 50011—2010（2016 年版）规定的剪力墙竖向分布钢筋最小配筋率要求，连接钢筋的直径

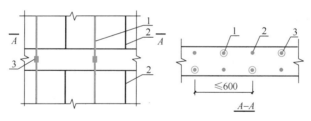

图 6-19　竖向分布钢筋"梅花形"挤压套筒连接构造图
1—连接的竖向分布钢筋；2—未连接的竖向分布钢筋；3—挤压套筒

不应小于 12mm，同侧间距不应大于 600mm，且在剪力墙构件承载力设计和分布钢筋配筋率计算中不得计入未连接的分布钢筋；未连接的竖向分布钢筋直径不应小于 6mm。

6.4.2　圈梁设计
Design of Ring Beam

封闭连续的后浇钢筋混凝土圈梁是保证结构整体性和稳定性，连接楼盖结构与预制剪力墙的关键构件。《装配式混凝土结构技术规程》JGJ 1—2014 中规定屋面以及立面收进的楼层，应在预制剪力墙顶部设置封闭的后浇钢筋混凝土圈梁（图 6-20），并应符合下列规定：

（1）圈梁截面宽度不应小于剪力墙的

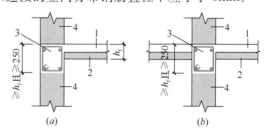

图 6-20　后浇钢筋混凝土圈梁构造图
（a）端部节点；（b）中间节点
1—后浇混凝土叠合层；2—预制板；
3—后浇圈梁；4—预制剪力墙

厚度，截面高度不宜小于楼板厚度及 250mm 的较大值；圈梁应与现浇或者叠合楼、屋盖浇筑成整体。

（2）圈梁内配置的纵向钢筋不应少于 4Φ12，且按全截面计算的配筋率不应小于 0.5％和水平分布筋配筋率的较大值，纵向钢筋竖向间距不应大于 200mm；箍筋间距不应大于 200mm，且直径不应小于 8mm。

6.4.3 楼层水平后浇带设计

Design of Floor Horizontal Post-cast Strip

《装配式混凝土结构技术规程》JGJ 1—2014 中规定各层楼面位置，预制剪力墙顶部无后浇圈梁时，应设置连续的水平后浇带（图 6-21）。水平后浇带应符合下列规定：

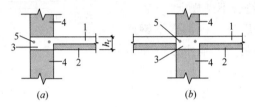

图 6-21　水平后浇带构造图

（a）端部节点；（b）中间节点

1—后浇混凝土叠合层；2—预制板；3—水平后浇带；

4—预制墙板；5—纵向钢筋

（1）水平后浇带宽度应取剪力墙的厚度，高度不应小于楼板厚度；水平后浇带应与现浇或者叠合楼、屋盖浇筑成整体。

（2）水平后浇带内应配置不少于 2 根连续纵向钢筋，其直径不宜小于 12mm。

6.4.4 预制剪力墙与连梁的连接设计

Design of Connection between Precast Shear Wall and Coupling Beam

《装配式混凝土结构技术规程》JGJ 1—2014 中规定预制剪力墙洞口上方的预制连梁宜与后浇圈梁或水平后浇带形成叠合连梁（图 6-22），叠合连梁的配筋及构造要求应符合现行国家标准《混凝土结构设计规范》GB 50010—2010（2015 年版）的有关规定。当预制剪力墙洞口下方有墙时，宜将洞口下墙作为单独的连梁进行设计（图 6-23）。

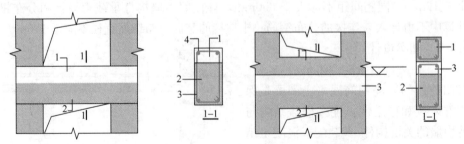

图 6-22　预制剪力墙叠合连梁构造图
1—后绕圈梁或后浇带；2—预制连梁；3—箍筋；4—纵向钢筋

图 6-23　预制剪力墙洞口下墙与叠合连梁的关系图
1—洞口下墙；2—预制连梁；3—后浇圈梁或水平后浇带

预制叠合连梁的预制部分宜与剪力墙整体预制，也可在跨中拼接或在端部与预制剪力墙拼接。当预制叠合连梁端部与预制剪力墙在平面内拼接时，接缝构造应符合下列规定：

（1）当墙端边缘构件采用后浇混凝土时，连梁纵向钢筋应在后浇段中可靠锚固（图 6-24a）或连接（图 6-24b）。

（2）当预制剪力墙端部上角预留局部后浇节点区时，连梁的纵向钢筋应在局部后浇节点区内可靠锚固（图 6-24c）或连接（图 6-24d）。

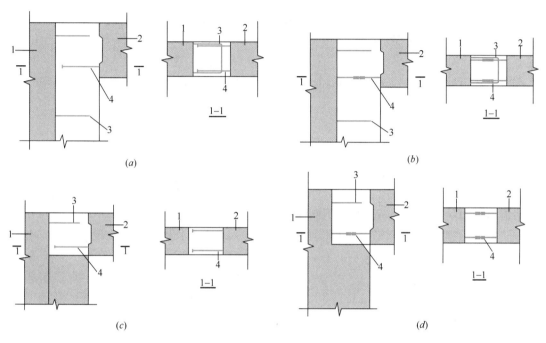

图 6-24　同一平面内预制连梁与预制剪力墙连接构造图

（a）预制连梁钢筋在后浇段内锚固构造图；（b）预制连梁钢筋在预制剪力墙局部后浇节点区内锚固构造图；
（c）预制连梁钢筋在预制剪力墙局部后浇节点区内与墙板预留钢筋锚固构造图；（d）预制连梁钢筋在预制剪力墙局部后浇节点区内与墙板预留钢筋连接构造图

1—预制剪力墙；2—预制连梁；3—边缘构件箍筋；4—连梁下部纵向受力钢筋锚固或连接

当采用后浇连梁时，宜在预制剪力墙端伸出预留纵向钢筋，并与后浇连梁的纵向钢筋可靠连接（图 6-25）。

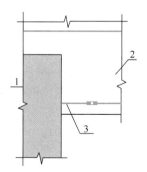

图 6-25　后浇连梁与预制剪力墙连接构造图

1—预制墙板；2—后浇连梁；
3—预制剪力墙伸出纵向受力钢筋

6.5 构　造　要　求
Detailing Requirements

目前，在应用广泛的装配式混凝土剪力墙结构中，一般情况下，楼盖采用叠合板的形式，墙、柱、梁、板、楼梯等采用预制。在《装配式混凝土结构技术规程》JGJ 1—2014中规定，考虑目前的研究基础，建议剪力墙采用现浇结构，以保证结构整体的抗震性能，使其可运用于高层及多层建筑中。《装配式混凝土结构技术规程》JGJ 1—2014 和《装配式混凝土建筑技术标准》GB/T 51231—2016 针对高层剪力墙结构和多层剪力墙结构分别提出了以下具体的要求。

6.5.1　高层剪力墙结构
High-rise Shear Wall Structure

1. 墙肢的构造要求

（1）预制剪力墙开有边长小于 800mm 的洞口且在结构整体计算中不考虑其影响时，应沿洞口周边配置补强钢筋；补强钢筋的直径不应小于 12mm，截面面积不应小于同方向被洞口截断的钢筋面积；该钢筋自孔洞边角算起伸入墙内的长度，非抗震设计时不应小于 l_a，抗震设计时不应小于 l_{aE}（图 6-26）。

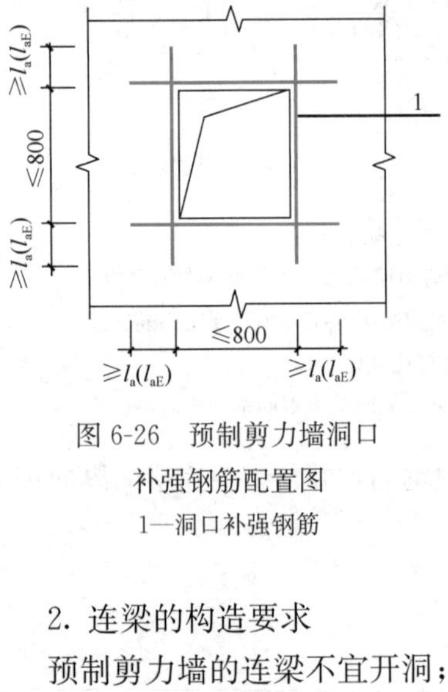

图 6-26　预制剪力墙洞口
补强钢筋配置图
1—洞口补强钢筋

（2）端部无边缘构件的预制剪力墙，宜在端部配置 2 根直径不小于 12mm 的竖向构造钢筋；沿该钢筋竖向应配置拉筋，拉筋直径不宜小于 6mm、间距不宜大于 250mm。

（3）当预制外墙采用夹心墙板时，应满足下列要求：

1）外叶墙板厚度不应小于 50mm，且外叶墙板应与内叶墙板可靠连接。

2）夹心外墙板的夹层厚度不宜大于 120mm。

3）当作为承重墙时，内叶墙板应按剪力墙进行设计。

2. 连梁的构造要求

预制剪力墙的连梁不宜开洞；当需开洞时，洞口宜预埋套管，洞口上、下截面的有效高度不宜小于梁高的 1/3，且不宜小于 200mm；被洞口削弱的连梁截面应进行承载力验算，洞口处应配置补强纵向钢筋和箍筋；补强纵向钢筋的直径不应小于 12mm。

3. 关于现浇部位的规定

高层建筑装配整体式混凝土结构应符合下列规定：

（1）当设置地下室时，宜采用现浇混凝土。

震害调查表明，有地下室的高层建筑破坏比较轻，而且地下室对提高地基的承载力有利；高层建筑设置地下室，可提高其在风、地震作用下的抗倾覆能力。因此高层建筑装配整体式混凝土结构宜按照现行的行业标准《高层建筑混凝土结构技术规程》JGJ 3—2010

的有关规定设置地下室。地下室顶板作为上部结构的嵌固部位时，宜采用现浇混凝土以保证其嵌固作用。对嵌固作用没有直接影响的地下室结构构件，当有可靠依据时，也可采用预制混凝土。

（2）剪力墙结构和部分框支剪力墙结构底部加强部位宜采用现浇混凝土。

高层建筑装配整体式剪力墙结构和部分框支剪力墙结构的底部加强部位是结构抵抗罕遇地震的关键部位。弹塑性分析和实际震害均表明，底部墙肢的损伤往往较上部墙肢严重，因此对底部墙肢的延性和耗能能力的要求较上部墙肢高。目前，高层建筑装配整体式剪力墙结构和部分框支剪力墙结构的预制剪力墙竖向钢筋连接接头面积百分率通常为100％，其抗震性能尚无实际震害经验，对其抗震性能的研究以构件试验为主，整体结构试验研究剪力墙的主要塑性发展区域采用现浇混凝土有利于保证结构整体抗震能力。因此，高层建筑剪力墙结构和部分框支剪力墙结构的底部加强部位的竖向构件宜采用现浇混凝土。

（3）当底部加强部位的剪力墙采用预制混凝土时，应采用可靠技术措施。

4. 抗震设计时剪力墙的规定

（1）抗震设计时，对同一层内既有现浇墙肢也有预制墙肢的装配整体式剪力墙结构，现浇墙肢水平地震作用弯矩、剪力宜乘以不小于1.1的增大系数。

（2）抗震设计时，高层装配整体式剪力墙结构不应全部采用短肢剪力墙；抗震设防烈度为8度时，不宜采用具有较多短肢剪力墙的剪力墙结构。当采用具有较多短肢剪力墙的剪力墙结构时，应符合下列规定：

1）在规定的水平地震作用下，短肢剪力墙承担的底部倾覆力矩不宜大于结构底部总地震倾覆力矩的50％。

2）房屋适用高度应比《装配式混凝土结构技术规程》JGJ 1—2014规定的装配整体式剪力墙结构的最大适用高度适当降低，抗震设防烈度为7度和8度时宜分别降低20m。

注：① 短肢剪力墙是指截面厚度不大于300mm、各肢截面高度与厚度之比的最大值大于4但不大于8的剪力墙；

② 具有较多短肢剪力墙的剪力墙结构是指，在规定的水平地震作用下，短肢剪力墙承担的底部倾覆力矩不小于结构底部总地震倾覆力矩的30％的剪力墙结构。短肢剪力墙的抗震性能较差，在高层装配整体式结构中应避免过多采用。

（3）抗震设计时，剪力墙底部加强部位的范围，应符合下列规定：

1）底部加强部位的高度应从地下室顶板算起。

2）部分框支剪力墙结构的剪力墙，底部加强部位的高度取框支层加框支层以上两层的高度和落地剪力墙总高度的1/10二者的较大值。其他结构的剪力墙，房屋高度大于24m时，底部加强部位的高度可取底部两层和墙肢总高度的1/10二者的较大值；房屋高度不大于24m时，底部加强部位可取底部一层。

3）当结构计算嵌固端位于地下一层的底板或以下时，按本条第1）、2）款确定的底部加强部位的范围尚宜向下延伸到计算嵌固端。

（4）抗震设防烈度为8度时，高层装配整体式剪力墙结构中的电梯井筒宜采用现浇混凝土结构。

6.5.2　多层剪力墙结构

Multi-storey Shear Wall Structure

1. 墙肢的构造要求

（1）抗震等级为三级的多层装配式剪力墙结构，在预制剪力墙转角、纵横墙交接部位应设置后浇混凝土暗柱，并应符合下列规定：

1）后浇混凝土暗柱截面高度不宜小于墙厚，且不应小于 250mm，截面宽度可取墙厚（图 6-27）。

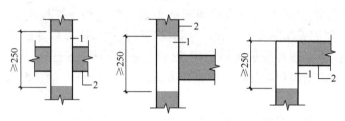

图 6-27　多层装配式剪力墙结构后浇混凝土暗柱图
1—后浇段；2—预制剪力墙

2）后浇混凝土暗柱内应配置竖向钢筋和箍筋，配筋应满足墙肢截面承载力的要求，并应满足表 6-3 的要求。

3）预制剪力墙的水平分布钢筋在后浇混凝土暗柱内的锚固、连接应符合现行国家标准《混凝土结构设计规范》GB 50010—2010（2015 年版）的有关规定。

多层装配式剪力墙结构后浇混凝土暗柱配筋要求　　　　　　表 6-3

底层			其他层		
纵向钢筋最小量	箍筋（mm）		纵向钢筋最小量	箍筋（mm）	
	最小直径	沿竖向最大间距		最小直径	沿竖向最大间距
4ϕ12	6	200	4ϕ10	6	250

（2）预制墙板应在水平或竖向尺寸大于 800mm 的洞边、一字墙墙体端部、纵横墙交接处设置构造边缘构件，并应满足下列要求：

1）采用配置钢筋的构造边缘构件时，应符合下列规定：

① 构造边缘构件截面高度不宜小于墙厚，且不宜小于 200mm，截面宽度同墙厚。

② 构造边缘构件内应配置纵向受力钢筋、箍筋、箍筋架立筋，构造边缘构件的纵向钢筋除应满足设计要求外，尚应满足表 6-4 的要求。

③ 上下层构造边缘构件纵向受力钢筋应直接连接，可采用灌浆套筒连接、浆锚搭接连接、焊接连接或型钢连接件连接；箍筋架立筋可不伸出预制墙板表面。

2）采用配置型钢的构造边缘构件时，应符合下列规定：

① 可由计算和构造要求得到钢筋面积并按等强度计算相应的型钢截面。

② 型钢应在水平缝位置采用焊接或螺栓连接等方式可靠连接。

③ 型钢为一字形或开口截面时，应设置箍筋和箍筋架立筋，配筋量应满足表 6-4 的要求。

④ 当型钢为钢管时，钢管内应设置竖向钢筋并采用灌浆料填实。

抗震等级	底层				其他层			
	纵筋最小量	箍筋架立筋最小量	箍筋（mm）		纵筋最小量	箍筋架立筋最小量	箍筋（mm）	
			最小直径	最大间距			最小直径	最大间距
三级	1φ25	4φ10	6	150	1φ22	4φ8	6	200
四级	1φ22	4φ8	6	200	1φ20	4φ8	6	250

（3）连梁宜与剪力墙整体预制，也可在跨中拼接。预制剪力墙洞口上方的预制连梁可与后浇混凝土圈梁或水平后浇带形成叠合连梁；叠合连梁的配筋及构造要求应符合现行国家标准《混凝土结构设计规范》GB 50010—2010（2015 年版）的有关规定。

2. 连接的构造要求

（1）当房屋层数不大于 3 层时，楼面可采用预制楼板，并应符合下列规定：

1）预制板在墙上的搁置长度不应小于 60mm，当墙厚不能满足搁置长度要求时可设置挑耳；板端后浇混凝土接缝宽度不宜小于 50mm，接缝内应配置连续的通长钢筋，钢筋直径不应小于 8mm。

2）当板端伸出锚固钢筋时，两侧伸出的锚固钢筋应互相可靠连接，并应与支承墙伸出的钢筋、板端接缝内设置的通长钢筋拉结。

3）当板端不伸出锚固钢筋时，应沿板跨方向布置连系钢筋，连系钢筋直径不应小于 10mm，间距不应大于 600mm；连系钢筋应与两侧预制板可靠连接，并应与支承墙伸出的钢筋、板端接缝内设置的通长钢筋拉结。

（2）楼层内相邻预制剪力墙之间的竖向接缝可采用后浇段连接，并应符合下列规定：

1）后浇段内应设置竖向钢筋，竖向钢筋配筋率不应小于墙体竖向分布筋配筋率，且不宜小于 2φ12。

2）预制剪力墙的水平分布钢筋在后浇段内的锚固、连接应符合现行国家标准《混凝土结构设计规范》GB 50010—2010（2015 年版）的有关规定。

（3）预制剪力墙水平接缝宜设置在楼面标高处，并应满足下列要求：

1）接缝厚度宜为 20mm。

2）接缝处应设置连接节点，连接节点间距不宜大于 1m；穿过接缝的连接钢筋数量应满足接缝受剪承载力的要求，且配筋率不应低于墙板竖向钢筋配筋率，连接钢筋直径不应小于 14mm。

3）连接钢筋可采用套筒灌浆连接、浆锚搭接连接、焊接连接，并应满足《装配式混凝土结构技术规程》JGJ 1—2014 附录 A 中相应的构造要求。

（4）预制剪力墙与基础的连接应符合下列规定：

1）基础顶面应设置现浇混凝土圈梁，圈梁上表面应设置粗糙面。

2）预制剪力墙与圈梁顶面之间的接缝构造应符合上一条的规定，连接钢筋应在基础中可靠锚固，且宜伸入到基础底部。

3）剪力墙后浇暗柱和竖向接缝内的纵向钢筋应在基础中可靠锚固，且宜伸入到基础底部。

（5）多层装配式墙板结构纵横墙板交接处及楼层内相邻承重墙板之间可采用水平钢筋锚环灌浆连接（图 6-28），并应符合下列规定：

1）应在交接处的预制墙板边缘设置构造边缘构件。

2）竖向接缝处应设置后浇段，后浇段横截面面积不宜小于 $0.01m^2$，且截面边长不宜小于 80mm；后浇段应采用水泥基灌浆料灌实，水泥基灌浆料强度不应低于预制墙板混凝土强度等级。

3）预制墙板侧边应预留水平钢筋锚环，锚环钢筋直径不应小于预制墙板水平分布筋直径，锚环间距不应大于预制墙板水平分布筋间距；同一竖向接缝左右两侧预制墙板预留水平钢筋锚环的竖向间距不宜大于 $4d$，且不应大于 50mm（d 为水平钢筋锚环的直径）；水平钢筋锚环在墙板内的锚固长度应满足现行国家标准《混凝土结构设计规范》GB 50010—2010（2015 年版）的有关规定；竖向接缝内应配置截面面积不小于 $200mm^2$ 的节点后插纵筋，且应插入墙板侧边的钢筋锚环内；上下层节点后插筋可不连接。

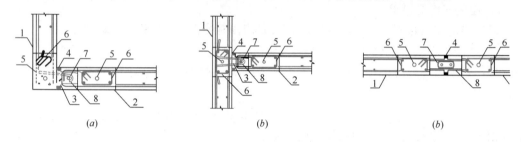

(a) (b) (b)

图 6-28 水平钢筋锚环灌浆连接构造图

（a）L 形节点构造图；（b）T 形节点构造图；（c）一字形节点构造图

1—纵向预制墙体；2—横向预制墙体；3—后浇段；4—密封条；

5—边缘构件纵向受力钢筋；6—边缘构件箍筋；7—预留水平钢筋锚环；

8—节点后插纵筋

6.6 设 计 实 例
A Design Example

1. 工程概况

某住宅小区，地上部分 18 层，各层层高均为 29m，平面尺寸为 32.45m×20.00m。建筑平面布置如图 6-29 所示。

2. 设计资料

（1）本改造工程的建筑主体结构设计使用年限为 50 年；

（2）建筑结构安全等级为二级，结构重要性系数为 1.0；

（3）场地基本风压：$0.40kN/m^2$（100 年）；

（4）抗震设防烈度：7 度，0.10g 水平地震影响系数最大值；

（5）场地类别：Ⅱ类，设计地震分组为第一组，特征周期值 0.35s；

（6）设计地震设防类别：丙类。

3. 设计要求

高层建筑剪力墙结构进行建模设计，绘制结构施工图。只做水平方向抗震设计，不考虑扭转效应。本例的详细大图可扫描右侧二维码。

详细大图

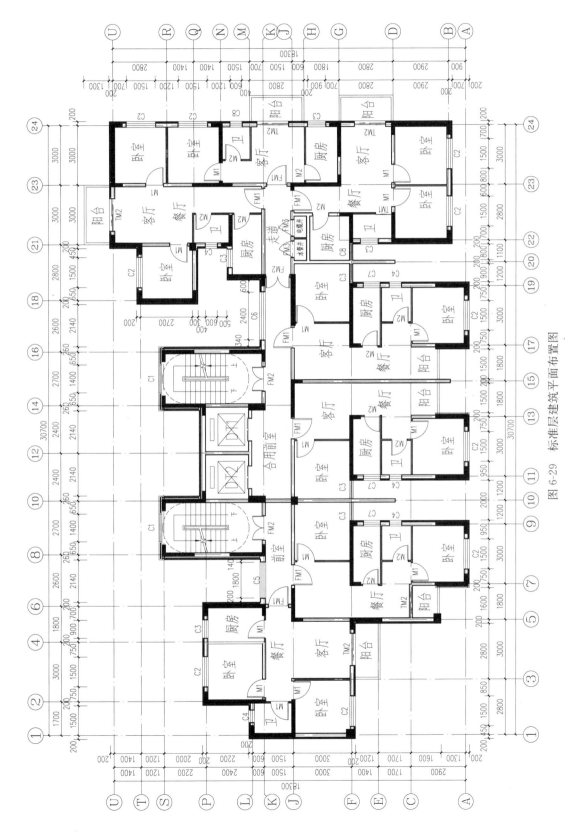

图 6-29 标准层建筑平面布置图

111

本 章 小 结

Summary

1. 装配式混凝土剪力墙结构主要包含装配整体式混凝土剪力墙结构和装配整体式框架-现浇剪力墙结构两类。其中，装配整体式混凝土剪力墙结构在进行结构计算时，又可划分为高层装配整体式混凝土剪力墙结构与多层装配式混凝土剪力墙结构两种类型考虑。

2. 结构体系的布置对结构的可靠性和经济性有重要意义。因此，装配整体式混凝土剪力墙结构的布置应满足简单、规则、对称等要求，同时保证刚度不突变、加强构造措施等。

3. 高层装配整体式混凝土剪力墙结构遵循"等同现浇"的设计原则，按照现浇剪力墙的结构设计方法进行设计。多层装配式剪力墙结构与高层装配整体式剪力墙结构相比，结构计算可采用弹性方法，并按照结构实际情况建立分析模型，以建立适用的计算与分析方法。

4. 装配整体式混凝土剪力墙结构截面尺寸的估算及计算简图的确定是极其重要的。高层装配整体式混凝土剪力墙结构的截面尺寸估算既要满足墙肢的承载力要求，又要满足最小截面尺寸、剪压比限值、限制轴压比等构造要求。确定计算简图时必须抓住影响结构内力和变形的主要因素，忽略次要因素，保证结构分析的精度并简化结构分析。

5. 装配整体式混凝土剪力墙结构中应特别注意预制剪力墙之间、剪力墙与连梁之间、屋面和收进圈梁及楼层水平后浇带等节点的连接与设计，以保证结构的整体性与稳定性。

6. 为了保证装配整体式混凝土剪力墙结构的安全性，《装配式混凝土结构技术规程》JGJ 1—2014 和《装配式混凝土建筑技术标准》GB/T 51231—2016 针对高层装配整体式混凝土剪力墙结构和多层装配整体式混凝土剪力墙结构分别提出了不同的构造要求，作为设计施工的参考依据。

思 考 题

6-1 简述装配整体式混凝土剪力墙结构的布置要求。

6-2 如何估算装配整体式混凝土剪力墙的尺寸？

6-3 简述装配整体式混凝土剪力墙结构的分类及依据。

6-4 在墙肢大、小偏心受压和大偏心受拉承载力验算中，做了哪些假定？

6-5 为什么调整剪力墙墙肢组合的剪力计算值？如何调整？

6-6 简述对称配筋和不对称配筋大偏心受压墙肢的竖向钢筋计算过程。

6-7 简述预制剪力墙的竖向接缝连接及构造要求。

6-8 简述预制剪力墙的水平接缝连接方式及各自的优缺点。

6-9 简述预制剪力墙与连梁连接的基本构造要求。

6-10 简述墙肢在轴力、弯矩和剪力作用下可能出现的正截面破坏形态和斜截面破坏形态。

6-11 当抗震设防烈度为8度时，装配整体式混凝土剪力墙结构设计需要满足哪些构造要求？

6-12 整体墙、联肢墙、单独墙肢沿高度的内力分布和截面应变分布有什么区别？

6-13 试进行装配式混凝土剪力墙结构设计与现浇剪力墙设计的异同点对比分析。

6-14 试通过软件自主完成装配式混凝土剪力墙结构的一般设计流程。

习　题

6-1 试根据以下设计条件，完成长沙市某住宅小区的装配式混凝土剪力墙结构设计。

1. 工程概况

长沙市某住宅小区，地上部分33层，各层层高均为2950mm，平面尺寸为30.72m×25.92m，建筑总高97.35m。建筑平面布置如图6-30所示。

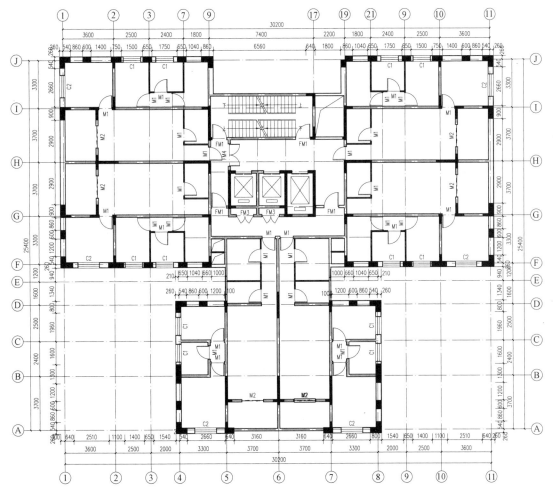

图 6-30　建筑平面布置图

2. 设计资料

（1）本改造工程的建筑主体结构设计使用年限为50年；

（2）场地基本风压：$0.35kN/m^2$（100年）；

（3）抗震设防烈度：6度，设计基本地震加速度为$0.05g$；

（4）场地类别：Ⅱ类；

（5）设计地震分组：第一组。

3. 设计要求

高层建筑剪力墙结构进行建模设计，绘制结构施工图。只做水平方向抗震设计，不考虑扭转效应，不做基础设计。

第7章　预制混凝土构件设计

Design of Precast Concrete Components

本章学习目标

1. 理解装配式结构的构件拆分设计要求及原则。

2. 掌握装配式建筑体系中不同预制构件的定义及其分类方法，掌握同一构件不同种类的优缺点及适用条件。

3. 熟练掌握预制剪力墙、预制墙板、预制楼板及预制梁的设计方法、配筋构造要求及节点承载力的验算方法，掌握预制构件在工程中的吊装、拼接流程。

4. 熟悉预制构件中预埋件的种类及作用，了解其选型及布置原则。

5. 了解预制夹芯保温剪力墙的分类及性能指标、常见的预制隔墙类型；了解预制内墙的设计方法，尤其是预制内墙和主体结构的连接部分。

7.1　装配式混凝土结构构件拆分
Split of Precast Concrete Structure Components

7.1.1　拆分设计基本原则

Basic Principles of Disassembly Design

装配式结构的构件拆分设计是集建筑方案设计、结构设计、构件制作、施工安装、构配件采购等为一体的技术，需要整合全局，如图 7-1 所示，并满足下列基本原则：

（1）拆分设计要在方案阶段就开始介入；应在结构方案和传力途径中确定预制构件的布置及连接方式，并在此基础上进行结构分析及构件设计；

（2）拆分设计要以施工为核心，实现全局利益最大化；

（3）拆分设计要考虑技术细节，构造要与结构计算假定相符合；

（4）不同的结构形式、连接技术，结构拆分也不一定相同。

7.1.2　拆分设计基本规定

Basic Rules of Split Design

装配式结构的构件拆分设计是满足综合功能的需要并考虑模数化、系列化的标准设计，应满足建筑使用功能，并考虑标准化要求，符合下列规定：

（1）被拆分的预制构件应符合模数协调原则，要以标准化、模块化为基础，优化预制构件的尺寸，减少预制构件的种类；根据预制构件模具情况，一是构件生产标准、简单；二是现场施工操作简单。

（2）预制构件拼接部位宜设置在构件综合受力较小的部位，尽可能避免受力较不利的

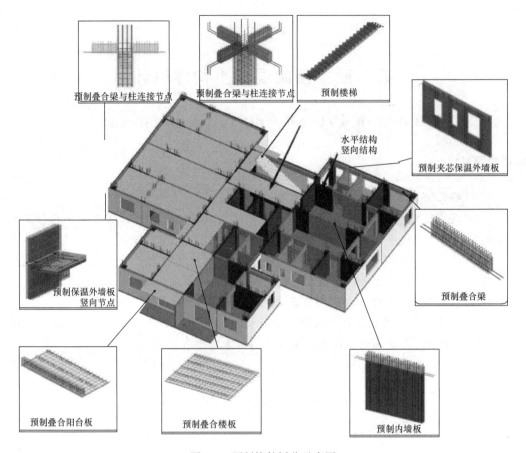

图 7-1 预制构件拆分示意图

部位。

（3）相关连接接缝构造应简单，构件传力路线明确，所形成的结构体系承载能力安全可靠。

（4）构件的大小应尽量均匀；单个构件重量应根据选用的起重机械进行限制；被拆分的预制构件应满足施工吊装能力，并应便于施工安装，便于进行质量控制和验收。

（5）构件的切割应避开门窗洞口等部位；预制构件分割应避开管线位置。

（6）被拆分的预制构件满足结构设计计算模型假定的要求。

7.1.3 预制构件拆分要求

Requirements of Split Precast Components

预制构件的拆分原则是便于标准化生产、运输和吊装。具体来讲，下面分别以水平叠合构件的预制板、竖向叠合构件的预制剪力墙为例，其拆分要求如下所示。

1. 预制剪力墙拆分要求

（1）预制剪力墙的竖向拆分宜在各层楼面处。

（2）预制剪力墙的水平拆分宜保证门窗洞口的完整性。

（3）预制剪力墙结构最外部转角部位应采取加强措施，当拆分后无法满足设计构造要求时可采用现浇构件。

（4）尽量避开结构主要受力部位（剪力墙、暗柱等），将竖向施工缝设置在非剪力墙（填充墙）部位。

（5）若竖向施工缝不能避开剪力墙、暗柱等部位，则通过设置现浇节点确保结构的整体性。

2. 外挂墙板

（1）外挂墙板拆分仅限于一个层高和一个开间。

（2）外挂墙板的几何尺寸要考虑到施工、运输条件等，当构件尺寸过长、过高时，主体结构层间位移对其内力的影响也较大。

（3）外挂墙板拆分的尺寸应根据建筑立面的特点，将墙板接缝位置与建筑立面相对应，既要满足墙板的尺寸控制要求，又将接缝构造与立面要求结合起来。

3. 预制板

（1）预制板宽不宜大于 3m，拼缝位置宜避开板受力较大部位。

（2）尽量采取整板设计，尽量统一或减少板的规格。

（3）选择适合预制的楼板，不能超过运输超宽限制，考虑工厂生产线模台的限制。

（4）楼板接缝按"0"缝宽设计，制作控制宜按负误差控制。

（5）与柱相交位置预留切角。

（6）当预制板间采用分离式接缝时，按单向板设计，板缝垂直于长边；对于长宽比不大于 3 的四边支承叠合板，当预制板采用整体式接缝或不接缝时，按双向板设计，板缝避开弯矩最大截面。

4. 预制楼梯

（1）剪刀楼梯宜以一跑楼梯为单元进行拆分。为减少预制混凝土楼梯板的重量，可考虑将剪刀楼梯设计成梁式楼梯。

（2）不建议为减少预制混凝土楼梯板的重量而在楼梯梯板中部设置梯梁，采用这种拆分方式时，楼梯安装速度慢，连接构造复杂。

（3）双跑楼梯半层处的休息平台板，可以现浇，也可以与楼梯板一起预制，或者做成 60mm＋60mm 的叠合板。

（4）预制楼梯板宜采用一端铰接一端滑动铰的方式连接，其转动及滑动变形能力要满足结构层间变形的要求，且预制楼梯端部在支承构件上的最小搁置长度应符合要求。

5. 预制梁

（1）预制主梁一般按柱网拆分为单跨梁，当跨距较小时可拆分为双跨梁。

（2）预制次梁以主梁间距为单元拆分为单跨梁。

7.2 预制剪力墙
Precast Shear Wall

预制剪力墙，是指运用工业化的方式，在工厂生产预制的、可以在施工现场快速拼装的剪力墙，是装配式剪力墙结构中抵抗侧向荷载的重要构件。目前常用的有全预制或部分预制剪力墙、双面叠合剪力墙和单面叠合剪力墙。预制剪力墙拼装、施工完成之后，在结构受力上等同现浇剪力墙。

7.2.1 全预制或部分预制剪力墙

Totally or Partially Precast Shear Wall

全预制或部分预制剪力墙在工厂中预制，运输至现场后通过竖缝节点区后浇混凝土和水平缝节点区后浇混凝土带或圈梁实现结构的整体连接，如图7-2所示。

图7-2 全预制剪力墙

这种剪力墙结构工业化程度高，预制内外墙均参与抗震计算，但对外墙板的防水、防火、保温的构造要求较高，是《装配式混凝土结构技术规程》JGJ 1—2014中推荐的主要做法。

7.2.2 双面叠合剪力墙

Double-sided Composite Shear Wall

双面叠合剪力墙（图7-3）是指利用两层配置好格构钢筋（桁架钢筋）的钢筋混凝土预制墙板（图7-4），现场安装就位后，在两层板中间浇筑混凝土，辅以必要的现浇混凝土剪力墙、边缘构件、楼板，共同形成的叠合剪力墙结构。

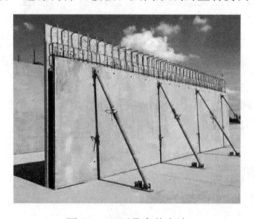 

图7-3 双面叠合剪力墙   图7-4 预制双层叠合墙板

双面叠合剪力墙适应设计一体化、生产自动化及施工装配化的要求，利用信息技术可将其生产图纸转化为数据格式文件，直接传输到工厂主控系统读取相关数据，并通过全自动流水线，辅以机械支模手进行构件生产，所需人工少，生产效率高，构件精度达毫米级，构件形状可自由变化。在工厂生产预制构件时设置的桁架钢筋，既可作为吊点，又增加平面外刚度，防止起吊时开裂；在使用阶段，桁架钢筋作为连接墙板的两层预制片与二次浇筑夹心混凝土之间的拉结筋，可提高结构整体性能和抗剪性能。同时，双面叠合剪力墙的连接相比于其他装配式结构体系，板与板之间无拼缝，无需做拼缝处理，防水性好。适用于抗震设防烈度为6～8度的多层、高层建筑，包含工业与民用建筑。由于其良好的整体性和防水性，还适用于地下工程，包含地下室、地下车库、地下综合管廊等。

叠合剪力墙结构采用与现浇剪力墙结构相同的方法进行结构分析与设计，其主要力学技术指标与现浇混凝土结构相同，但当同一层内既有预制又有现浇抗侧力构件时，地震设计状况下宜对现浇水平抗侧力构件在地震作用下的弯矩和剪力乘以不小于1.1的增大系数。根据《装配式混凝土建筑技术标准》GB/T 51231—2016，双面叠合剪力墙的墙肢厚度不宜小于200mm，单叶预制墙板厚度不宜小于50mm，空腔净距不宜小于100mm。预制墙板内外叶内表面应设置粗糙面，粗糙面凹凸深度不应小于4mm。底部加强部位的剪力墙宜采用现浇混凝土。楼层内相邻双面叠合剪力墙之间应采用整体式接缝连接；后浇混凝土与预制墙板应通过水平连接钢筋连接，水平连接钢筋的间距宜与预制墙板中水平分布钢筋的间距相同，且不宜大于200mm；水平连接钢筋的直径不应小于叠合剪力墙预制板中水平分布钢筋的直径。

双面叠合剪力墙的钢筋桁架应满足运输、吊装和现浇混凝土施工的要求，并应符合下列规定：

（1）钢筋桁架宜竖向设置，单片预制叠合剪力墙墙肢不应少于2榀；

（2）钢筋桁架中心间距不宜大于400mm，且不宜大于竖向分布筋间距的2倍；钢筋桁架距叠合剪力墙预制墙板边的水平距离不宜大于150mm（图7-5）；

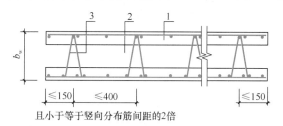

图 7-5 双面叠合剪力墙中钢筋桁架的预制布置要求
1—预制部分；2—现浇部分；3—钢筋桁架

（3）钢筋桁架的上弦钢筋直径不宜小于10mm，下弦钢筋及腹杆钢筋直径不宜小于6mm；

（4）钢筋桁架应与两层分布筋网片可靠连接，连接方式可采用焊接。

7.2.3 单面叠合剪力墙
Single-Sided Composite Shear Wall

单面叠合剪力墙通过预制部分和现浇部分形成，外墙和内墙通过叠合筋连接形成整体，其示意图如图7-6所示。预制外墙在内侧现浇混凝土墙施工过程中可起到模板的作用，因此也被称为预制混凝土外墙模板PCF（Precast Concrete Form），如图7-7所示。单面叠合剪力墙技术较成熟，抗震性能和外墙防水较好，现场施工方便。

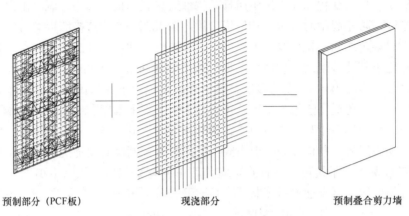

预制部分（PCF板）　　　　　现浇部分　　　　　预制叠合剪力墙

图 7-6　单面叠合剪力墙截面组成图

图 7-7　贴面砖的预制外墙板

墙板预制、现浇部分之间通过水平及垂直方向布置的双向叠合钢筋连接，叠合钢筋应满足以下规定：

（1）叠合筋上弦筋、下弦筋及斜筋的强度等级及直径应按计算确定并符合表 7-1 的要求，当上弦筋、下弦筋兼作预制叠合剪力墙分布钢筋时，其直径可与墙板分布钢筋保持一致，但应同时满足表 7-1 的要求。

上弦筋、下弦筋和斜筋强度等级及直径选用表　　　　　表 7-1

类型	钢筋强度等级	直径
上弦筋	HRB400	$\geqslant 10mm$
下弦筋	HPB300、HRB400	$\geqslant 6mm$
斜筋	HPB300、HRB400	当 $70mm \leqslant h \leqslant 200mm$ 时，$\geqslant 6mm$ 当 $200mm \leqslant h \leqslant 240mm$ 时，$\geqslant 8mm$

注：h——叠合钢筋断面高度，见图 7-8。

（2）叠合筋横断面使用高度 $70mm \leqslant h \leqslant 240mm$。叠合筋的横断面高度应保证预制剪力墙板安装就位后上弦筋内皮至预制剪力墙板内表面的最小距离不小于 20mm，且应保证当预制剪力墙板和梁、柱相交时，和梁、柱平行的上弦筋处于梁、柱箍筋的内侧。叠合筋

横断面宽度 d 取值 80～100mm。斜筋和上、下弦筋的焊接节点间距 l 取固定值 200mm。叠合筋长度以 100mm 为模数，上弦筋端部离板端部距离不大于 50mm。

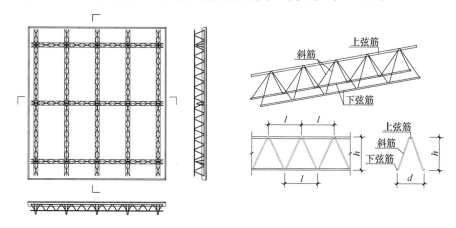

图 7-8　叠合筋组成

（3）叠合筋应根据结构受力及脱模、存放、运输、施工安装各阶段最不利荷载工况计算确定并双向配置，其距板边距离及间距应满足表 7-2 要求。当预制剪力墙板和剪力墙边缘构件或楼层梁相交时，应保证至少有一榀叠合筋位于剪力墙边缘构件或楼层梁内。开洞预制剪力墙板洞口周边至少应设置一榀与洞口边平行的叠合筋，且叠合筋离洞口边距离不应大于 150mm，此时叠合筋可兼作洞口加强筋。

预制剪力墙板叠合筋的配置间距　　　　　　　　　　表 7-2

符号	间距（mm）	备注
ah	200～250	水平边距
dh	450～600	水平间距
av	200～250	垂直边距
dv	600～900	垂直间距

7.3　预制夹芯保温外剪力墙
Precast Sandwich Insulation Panel

7.3.1　预制夹芯保温外剪力墙的定义
Definition of Precast Sandwich Insulation Panel

预制夹心保温外剪力墙（图 7-9），是指带保温材料的，且保温材料夹在混凝土中间的预制外复合剪力墙（简称外墙板），可达到增强外墙保温节能性能，减小外墙火灾危险，提高墙板保温寿命从而减少外墙维护费用的目的。夹芯保温外剪力墙分为三层，其中内叶是剪力墙结构，起抗震受力作用，厚度大于 90mm；中叶是保温材料（常用为挤塑聚苯板）；外叶是 50～60mm 厚的预制混凝土，内外叶混凝土通过玻璃纤维筋或不锈钢连接件进行连接。

夹芯保温外剪力墙本质上是预制剪力墙的一种，其内叶部分受力钢筋的连接方式与一

图 7-9 预制夹芯保温外墙成品

般的预制剪力墙一样：水平方向通过留后浇带进行钢筋搭接，竖直方向通过灌浆套筒进行连接。由于大部分工作在工厂完成，机械化流水线作业，工作效率高，质量稳定可靠。

与预制剪力墙相比，预制夹芯保温外剪力墙最大的不同是多了保温材料——挤塑聚苯板（XPS）。挤塑聚苯板拥有优良的保温、隔热性能，一些传统建筑为了达到节能减排的目的，直接将其粘贴或钉在外墙上，节能效果非常明显，但是却存在两大风险：一是防火能力差，一旦失火容易造成大面积燃烧；二是握钉能力差，容易大面积脱落。夹芯保温外剪力墙将挤塑聚苯板预制到了墙体内，从而完美地消除了上述两大风险。因此夹芯保温外剪力墙不但节能环保，而且安全耐用。

7.3.2　保温夹芯外剪力墙的分类
Classification of Precast Concrete Sandwich Insulation Panel

在实际应用中，综合考虑灌浆成本（灌浆套筒、高强灌浆料的材料成本及人工成本）、吊装难度、结构受力等因素，预制剪力墙的设计，除了暗柱纵筋外，并不是直接将传统设计的网片纵筋逐一用套筒连接起来，而是另用直径较大的连接钢筋连接，从而增大钢筋间距，减少灌浆套筒的数量。按纵向连接钢筋的布置方式，大体可以分为三类：

（1）连接钢筋位于剪力墙厚度方向的正中间（图7-10），这种方式的工厂生产及现场安装相对简单，但是为满足结构受力计算，灌浆套筒和连接钢筋的直径较大；

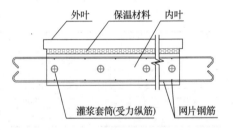

图 7-10　纵向钢筋在剪力墙中间

（2）连接钢筋位于剪力墙两侧，呈梅花形布置（图7-11），这种方式结构受力较好，灌浆套筒和连接钢筋稍小，还可以节省部分网片筋，但是生产和吊装难度稍大；

（3）连接钢筋位于剪力墙两侧（图7-12），直接将纵向受力钢筋连接起来，受力方式最好，但是套筒较密集，生产和吊装难度较大，一般用于剪力墙暗柱部分。

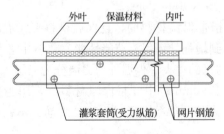

图 7-11　纵向钢筋在两侧，呈梅花形布置

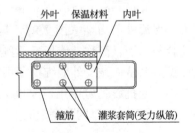

图 7-12　纵向钢筋在两侧

7.3.3 技术性能指标
Technical Performance Indicators

夹芯保温墙板的设计应与建筑结构同寿命，墙板中的保温连接件有足够的承载力和变形性能。非组合夹芯墙板应遵循"外叶墙混凝土在温差变化作用下能够释放温度应力，与内叶墙之间能够形成微小的自由滑移"的设计原则。

对于非组合夹芯保温外墙的连接件在与混凝土共同工作时，承载力安全系数应满足以下要求：对于抗震设防烈度为7度、8度地区，考虑地震组合时安全系数不小于3.0，不考虑地震组合时安全系数不小于4.0；对于9度及以上地区，必须考虑地震组合，承载力安全系数不小于3.0。

非组合夹芯保温墙板的外叶墙在自重作用下垂直位移应控制在一定范围内，内、外叶墙之间不得有穿过保温层的混凝土连通桥。

夹芯保温墙板的热工性能应满足节能计算要求。连接件本身应满足力学、锚固及耐久等性能要求，连接件的产品与设计应用应符合国家现行有关标准的规定。

根据《夹模喷涂混凝土夹芯剪力墙建筑技术规程》CECS 365—2014，保温夹芯剪力墙的技术性能指标应分别符合表7-3的规定。

保温夹芯剪力墙技术性能指标　　　　　　　　　　　　　　表7-3

墙总厚度 （mm）	保温板厚度（mm）	墙体平均传热系数 [W/(m²·K)]	热惰性指标 D 值	耐火极限（h）
280	140（60）	0.562	2.38	≥2.5
300	160（80）	0.462	2.51	≥2.5
320	180（100）	0.396	2.64	≥2.5
340	200（120）	0.345	2.77	≥2.5

注：1. 括号内的数值为暗梁、暗柱、连梁与外叶墙间的保温板厚度。
　　2. 计算保温夹芯剪力墙的技术性能指标时，喷涂混凝土外叶墙的厚度取为60mm，喷涂混凝土内叶墙的平均厚度取为120mm（包括厚度为80mm的内叶墙以及暗柱、暗梁）；保温板的斜插腹丝为100根/m²时，导热系数取0.063[W/(m·K)]，斜插腹丝为200根/m²时，导热系数取0.08[W/(m·K)]。

7.4 预制外挂墙板
Precast Cladding Panel

7.4.1 预制外挂墙板的定义
Definition of Precast Cladding Panel

预制混凝土外挂墙板是安装在主体结构上，起围护、装饰作用的非承重预制混凝土外墙板，简称外挂墙板，如图7-13所示。外挂墙板是自重构件，不考虑分担主体结构所承受的荷载和作用，其只承受作用于本身的荷载，包括自重、风荷载、地震作用，以及施工阶段的荷载。

预制混凝土外挂墙板立面分格尺寸大，一般为3m左右，立面整体性好，生产工艺多

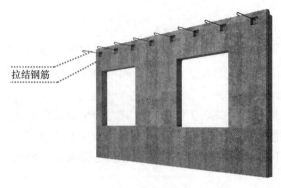

拉结钢筋

图7-13　外挂墙板

样化，可有效处理好围护、装饰、保温等性能要求，质量标准高。外挂墙板在与主体结构连接形式上灵活多样，设计与施工可选择性强，工程造价合理，围护使用成本低，耐久性好，可与混凝土结构同寿命。

预制混凝土外挂墙板可采用面砖饰面、石材饰面、彩色混凝土饰面、清水混凝土饰面、露骨料混凝土饰面及表面带装饰图案的混凝土饰面等类型外挂墙板，可使建筑外墙具有独特的表现力。

预制混凝土外挂墙板在工厂采用工业化方式生产，具有施工速度快、质量好、维修费用低的优点，主要包括预制混凝土外挂墙板（建筑和结构）设计技术、预制混凝土外挂墙板加工制作技术和预制混凝土外挂墙板安装施工技术。

7.4.2　预制外挂墙板的分类
Classification of Precast Cladding Panel

外挂墙板按构件构造可分为钢筋混凝土外挂墙板、预应力混凝土外挂墙板两种形式；按与主体结构连接节点构造可分为点支承连接、线支承连接两种形式，其中点支承属于柔性连接，在美国、日本应用比较广泛，国家建筑标准设计图集《预制混凝土外挂墙板》08SJ110—2 08SG333也推荐应用点支承连接方式；按保温形式可分为无保温、外保温、内保温、夹芯保温等四种形式；按建筑外墙功能定位可分为围护墙板和装饰墙板。各类外挂墙板可根据工程需要与外装饰、保温、门窗结合形成一体化预制墙板系统。

外挂墙板与主体结构采用点支承连接时，节点构造应符合下列规定：

（1）连接点数量和位置应根据外挂墙板形状、尺寸确定，连接点不应少于4个，承重连接点不应多于2个；

（2）在外力作用下，外挂墙板相对主体结构在墙板平面内应能水平滑动或转动；

（3）连接件的滑动孔尺寸应根据穿孔螺栓直径、变形能力需求和施工允许偏差等因素确定。

外挂墙板与主体结构采用线支承连接时（图7-14），节点构造应符合下列规定：

（1）外挂墙板顶部与梁连接，且固定连接区段应避开梁端1.5倍梁高长度范围；

（2）外挂墙板与梁的结合面应采用粗糙面并设置键槽；接缝处应设置连接钢筋，连接钢筋数量应经过计算确定且钢筋直径不宜小于10mm，间距不宜大于200mm；连接钢筋在外挂墙板和楼面梁后浇混凝土中的锚固应符合现行国家标准《混凝土结构设计规范》GB 50010—2010（2015年版）的有关规定；

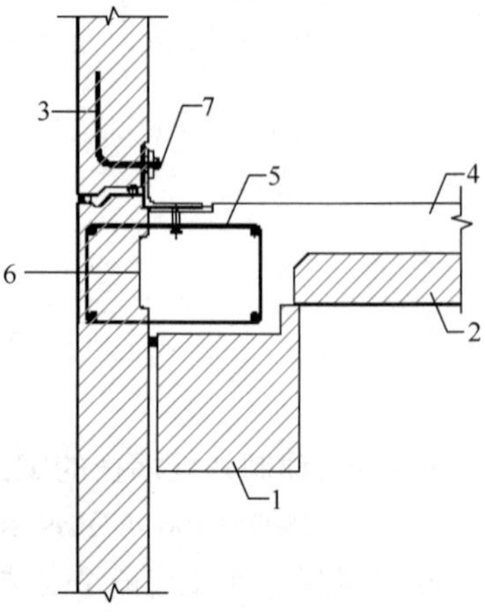

图7-14　外挂墙板线支承连接图
1—预制梁；2—预制板；3—预制外墙；4—后浇层；5—连接钢筋；6—剪力键槽；7—限位连接件

（3）外挂墙板的底端应设置不少于 2 个仅对墙板有平面外约束的连接节点；

（4）外挂墙板的侧边不应与主体结构连接。

7.4.3 预制外挂墙板的设计
Design of Precast Cladding Panel

外挂墙板一般不宜大于一个层高，厚度不宜小于 100mm。石材反打（制作外墙板时，石材最先铺在模板上）厚度不应小于 25mm。外挂墙板中二合一板、三合一板连接件可选用防锈钢筋桁架连接或 FRP 复合材料连接。挂板配筋宜采用双层、双向配筋（主要考虑风荷载和地震的双向作用）且钢筋直径不宜小于 5mm，间距不宜大于 200mm。

考虑吊运、贮存、安装和使用各阶段最不利的内力效应进行厚度及配筋计算：单层墙板厚度不宜小于 100mm，且双层双向配筋，夹芯墙板的单叶层厚度不宜小于 60mm；当单叶层厚度小于 100mm 时，可采用单层双向配筋，但在吊运时板片受拉部位设置抗拉钢筋，避免混凝土受拉产生裂缝。

根据《装配式混凝土结构技术规程》JGJ 1—2014，计算外挂墙板及连接节点的承载力时，荷载组合的效应设计值应符合下列规定：

（1）持久设计状况

当风荷载效应起控制作用时：

$$S = \gamma_G S_{Gk} + \gamma_W S_{Wk} \tag{7-1}$$

当永久荷载效应起控制作用时：

$$S = \gamma_G S_{Gk} + \psi_W \gamma_W S_{Wk} \tag{7-2}$$

（2）地震设计状况

在水平地震作用下：

$$S_{Eh} = \gamma_G S_{Gk} + \gamma_{Eh} S_{Ehk} + \psi_W \gamma_W S_{Wk} \tag{7-3}$$

在竖向地震作用下：

$$S_{Ey} = \gamma_G S_{Gk} + \gamma_{Ey} S_{Eyk} \tag{7-4}$$

式中 S ——基本组合的效应设计值；

      S_{Eh} ——水平地震作用组合的效应设计值；

      S_{Ey} ——竖向地震作用组合的效应设计值；

      S_{Gk} ——永久荷载的效应标准值；

      S_{Wk} ——风荷载的效应标准值；

      S_{Ehk} ——水平地震作用的效应标准值；

      S_{Eyk} ——竖向地震作用的效应标准值；

      γ_G ——永久荷载分项系数；

      γ_W ——风荷载分项系数，取 1.4；

      γ_{Eh} ——水平地震作用分项系数，取 1.3；

      γ_{Ey} ——竖向地震作用分项系数，取 1.3；

      ψ_W ——风荷载组合系数。在持久设计状况下取 0.6，地震设计状况下取 0.2。

在持久设计状况、地震设计状况下，进行外挂墙板和连接节点的承载力设计时，永久荷载分项系数 γ_G 应按下列规定取值：

（1）进行外挂墙板平面外承载力设计时，γ_G 应取为 0；进行外挂墙板平面内承载力设计时，γ_G 应取为 1.3；

（2）进行连接节点承载力设计时，在持久设计状况下，当风荷载效应起控制作用时，γ_G 应取为 1.3，当永久荷载效应起控制作用时，γ_G 应取为 1.3；在地震设计状况下，γ_G 应取为 1.3。当永久荷载效应对连接节点承载力有利时，γ_G 应取为 1.0。

计算水平地震作用标准值时，可采用等效侧力方法，并应按下式计算：

$$P_{Ek} \leqslant \beta_E \alpha_{max} G_k \tag{7-5}$$

式中　P_{Ek}——施加于外挂墙板重心处的水平地震作用标准值；

　　　β_E——动力放大系数，可取 5.0；

　　　α_{max}——水平地震影响系数最大值，应按表 7-4 采用；

　　　G_k——外挂墙板的重力荷载标准值。

水平地震影响系数最大值 α_{max}　　　　　　　　　表 7-4

抗震设防烈度	6 度	7 度	8 度
α_{max}	0.04	0.08 (0.12)	0.16 (0.24)

注：7、8 度时括号内数值分别用于设计基本地震加速度为 0.15g 和 0.30g 的地区。

7.4.4　预埋件选型和预埋原则

Selection of Embedded Part and Embedded Principles

外挂墙板预制
流程及预埋件

预埋件（预制埋件）就是预先安装（埋藏）在预制构件内的构配件，可起到结构连接和便于吊装等作用。预制外挂墙板中的预埋件包括预埋吊具、预埋连接件、洞口及周边加强筋、预埋连接套筒等。有关外挂墙板预制流程及预埋件的介绍可扫描右侧二维码。

预埋件的选型及布置应当参照以下原则。

1. 吊具布置原则

（1）吊具可根据实际情况选用吊环、吊钉、套筒等工具。

（2）吊具个数＝1.5（动力系数）×PC 构件重量/2.5（单个吊具垂直起吊重量）。例如：外挂板重量约为 4.5 t，则吊具个数＝1.5×4.5/2.5＝2.7，取 4 个。

（3）吊具距构件边距离宜大于 200mm，中间吊具之间距离一般 1200mm 左右，最大不超过 2400mm，且中间吊具间距应大于其相邻两边吊具间距。

（4）吊具成偶数以 PC 构件重心对称布置。特殊异形 PC 构件可布置奇数。

（5）吊具的布置可以在某个项目中具有随意性，但相同的构件之间宜具有规律性。

（6）吊具应避免与洞口、水电预埋等干涉。

2. 玻璃纤维筋选型及布置原则

玻纤筋型号包括 MC、MS；MC 是"米公制正常长度"（Metric Common）的缩写；MS 是"米公制较短长度"（Metric Short）的缩写。MC 连接件的嵌入深度为 51mm，并用在两层大于 60mm 厚的混凝土墙板中。当墙板中有一块或两块混凝土墙板小于 60mm 时，使用嵌入深度为 38mm 的 MS 连接件。MS 和 MC 连接件嵌入深度中间部分的长度根据绝热板的设计厚度而改变。

玻璃纤维筋布置原则：

（1）玻纤筋布置间距应当适宜，一般控制玻纤筋之间的间距应大于 200×200mm，不大于 600×600mm 或 400×750mm，否则在平吊脱模工况下玻纤筋可能出现不满足锚固抗拔安全；另外玻纤筋间距过大时，外叶墙在温度作用下会发生平面外翘曲而影响美观；

（2）无门窗洞口的情况，一般按照整齐的行列进行等间距布置，间距满足计算要求，一般情况下，160mm 外挂板玻纤筋布置按 400×400mm 布置；

（3）玻纤筋与预制构件的边缘应不小于 100mm，与门窗洞口的边缘应不小于 150mm；

（4）应对墙板中保温拉结件的布置进行排版设计，并与钢筋、套筒、埋件、减重泡沫板等进行碰撞检查，在特殊情况下应按以下原则调整拉结件：当个别拉结件发生碰撞时，可以在拉结件设计位置 50mm 的距离范围内进行调整；

（5）现浇部位由于受预制边模影响无法安装拉结件，当悬臂长度小于 400mm 时，可将预制构件上的拉结件取消，此时应将相邻的第一排连接件间距加密一倍，且一般布置在距外侧 100mm 处。

3. 连接钢筋布置原则

外挂板与主体结构连接的可靠性是保证外挂墙板正常工作的前提条件。外挂墙板与主体结构柔性连接，以保证外挂墙板刚度不计入主体结构计算的刚度。

三明治外挂板中（160mm）一般采用 12@600 间距布置，如图 7-15 所示。

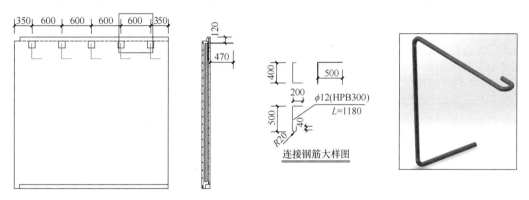

图 7-15　三明治外挂板中连接钢筋的布置

（1）无门窗洞口的情况，一般按照整齐的行列进行等间距布置，间距满足计算要求；一般情况下，160mm 外挂板连接钢筋间距 600mm；

（2）阳角位置横向外挂板距端部 160mm 范围（如图 7-16 所示）不能布置连接钢筋，否则会与竖向外挂板干涉；

（3）在仅考虑钢筋拉力的情况下，单根连接钢筋所能承受的拉力为 4t，连接钢筋数量需综合考虑外挂板的永久荷载、风荷载、温度作用等，并满足要求；

（4）不同厚度或者带凹凸造型三明治外挂板连接钢筋的间距布置应参照相同表面积的 160mm 外挂板按重量比进行连接钢筋布置或根据计算要求布置。

4. 洞口及周边加强筋布置原则（图 7-17）

（1）门窗洞口加强筋布置原则：门窗洞口四周配

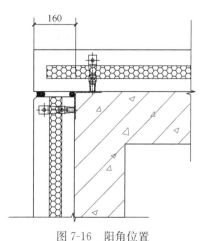

图 7-16　阳角位置

127

2⌀10 钢筋及抗裂钢筋（2⌀10，$L = 600$mm）。超出洞口边缘长度以 l_{aE} 计算。

（2）墙板四周配 2⌀10 钢筋加强，加强钢筋距最外端均留混凝土保护层厚度。

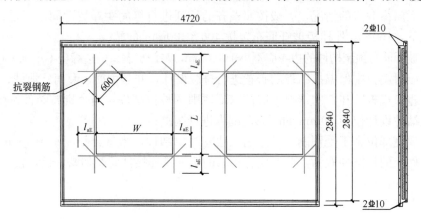

图 7-17　洞口及周边加强筋布置图

5. 底部连接套筒布置原则

（1）外挂板安装时起到定位作用，同时与斜支撑配合使用起到临时固定作用，每块 2 个，待混凝土浇筑完成后拆除，安装在剪力墙柱里面的定位件无需拆除，见图 7-18 和图 7-19 底部连接节点，距外挂板底部 130mm。

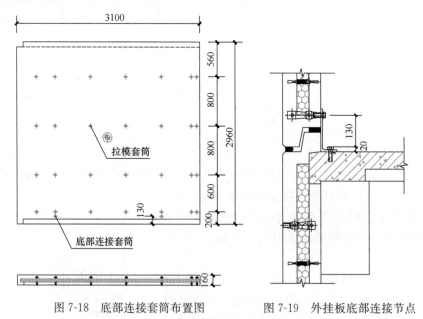

图 7-18　底部连接套筒布置图　　　　图 7-19　外挂板底部连接节点

（2）底部连接套筒布置时尽可能与拉模套筒布置在同一竖排方便工厂生产，用一根方钢同时预埋套筒，保证其定位尺寸。

（3）底部连接套筒布置在现浇剪力墙或者柱内时，需考虑避让纵向钢筋以及操作是否方便。

7.5 预制阳台板
Precast Concrete Balcony Slab

阳台板作为悬挑式构件，根据预制方式的不同可以分为叠合阳台和全预制阳台两种类型。根据传力的不同又可以分为板式阳台和梁式阳台，如图 7-20 所示。两者的区别和受力原理如下所述。

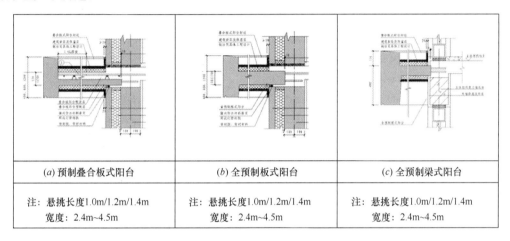

(a) 预制叠合板式阳台	*(b)* 全预制板式阳台	*(c)* 全预制梁式阳台
注：悬挑长度1.0m/1.2m/1.4m 宽度：2.4m~4.5m	注：悬挑长度1.0m/1.2m/1.4m 宽度：2.4m~4.5m	注：悬挑长度1.0m/1.2m/1.4m 宽度：2.4m~4.5m

图 7-20　预制阳台

（1）梁式阳台：是指阳台板及其上的荷载，通过挑梁传递到主体结构的梁、墙、柱上，这种形式的阳台叫梁式阳台。阳台栏杆及其上的荷载，通过另设一根边梁，支撑于挑梁的前端部，边梁一般都与阳台一起现浇或整体预制。悬挑长度大于 1.5m 时一般采用梁式阳台。

（2）板式阳台：阳台根部与主体结构的梁板整浇在一起，板上荷载通过悬挑板传递到主体结构的梁板上。由于受结构形式的约束，板式阳台悬挑长度一般小于 1.5 m。

叠合阳台由于其受力整体性较好，能满足当前建筑工业化需求而被广泛采用。纯悬挑板式叠合阳台应满足构造要求，当板上荷载较大或者悬挑长度较长时，应根据实际情况加大板厚；悬挑梁式叠合阳台可以分为梁板整体预制式和梁板分开预制式叠合阳台，梁板整体预制式叠合阳台由于构件复杂，工厂生产难度大，经济性不高，因此不建议采用。梁板分开预制式叠合阳台，顾名思义就是将梁和板分开预制，采用现场拼装的方式通过现浇层连接成一个整体，受力较合理，生产方便，适用性强，易于标准化生产。

根据住宅建筑常用的开间尺寸，可将预制混凝土阳台板的尺寸标准化，以利于工厂制作。预制阳台板沿悬挑长度方向常用模数包括：叠合板式和全预制板式取 1000mm、1200mm、1400mm；全预制梁式取 1200mm、1400mm、1600mm、1800mm；沿房间方向常用模数取 2400mm、2700mm、3000mm、3300mm、3600mm、3900mm、4200mm、4500mm。

《装配式混凝土结构技术规程》JGJ 1—2014 中规定：

阳台板、空调板宜采用叠合构件或预制构件。预制构件应与主体结构可靠连接；叠合构件的负弯矩钢筋应在相邻叠合板的后浇混凝土中可靠锚固，叠合构件中预制板底钢筋的锚固应符合下列规定：

（1）当板底为构造配筋时，其钢筋应符合以下规定：叠合板支座处，预制板内的纵向受力钢筋宜从板端伸出并锚入支承梁或墙的后浇混凝土中，锚固长度不应小于 5d（d 为纵向受力钢筋直径），且宜过支座中心线。

（2）当板底为计算要求配筋时，钢筋应满足受拉钢筋的锚固要求。

7.6 预 制 楼 梯
Precast Concrete Stair

7.6.1 预制楼梯的定义
Definition of Precast Concrete Stair

传统现浇楼梯施工速度缓慢、模板搭建复杂、耗费模板量大、现浇后不能立即使用、还需另搭建施工垂直通道、现浇楼梯必须做表面装饰处理、楼梯精度误差又给后续装修施工带来麻烦。

预制楼梯（图 7-21）是一种在混凝土构件厂使用专用模具定型，提前预埋钢筋及各种预埋件，经混凝土浇灌振捣，养护窑养护至强度达到设计规定后，运输到安装位置按设计要求进行施工固定的混凝土构件。预制装配式钢筋混凝土楼梯分休息板、楼梯梁、楼梯段三个部分。

现浇楼梯的缺点就是装配式预制楼梯的优势，预制楼梯在工厂一次成型后在施工现场安装，成品楼梯表面平整度、密实度和耐磨性能都达到甚至超过了传统楼梯的要求，因此可以直接作为完成面使用，避免了瓷砖饰面日久维护和维护后新旧砖面不一致的情况。成型后的楼梯可直接预留防滑槽线条和滴水线条，既能够满足功能需求又对清水混凝土起到独特的装饰作用。

图 7-21 预制楼梯

常见工业化预制钢筋混凝土板式楼梯主要分为预制双跑梯（图 7-22）和预制剪刀梯（图 7-23）。

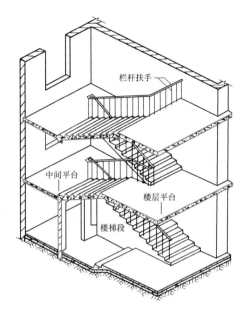

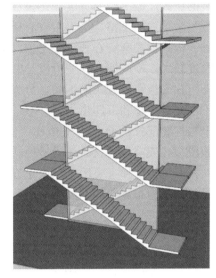

图 7-22　预制双跑楼梯　　　　　　　　图 7-23　预制剪刀楼梯

7.6.2　大、中型构件装配式钢筋混凝土楼梯

Precast Reinforced Concrete Stairs with Large and Medium Components

构件从小型改为大、中型可以减少预制构件的品种和梳理，利于吊装工具进行安装，从而简化施工，加快速度，减轻劳动强度。

中型构件装配式钢筋混凝土楼梯（图 7-24）一般是将楼梯分成梯段、平台板、平台

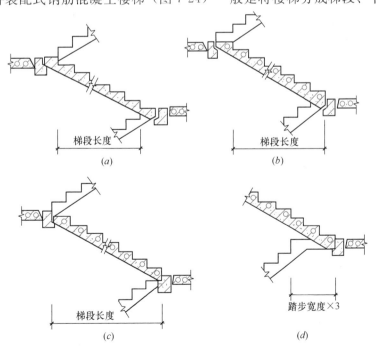

图 7-24　中型构件装配式钢筋混凝土楼梯

（a）山下梯段齐步并埋步；（b）山下梯段错一步；（c）山下梯段齐步不埋步；（d）山下梯段错多步

131

梁三类构件预制拼装而成。平台板可用一般楼板，另设平台梁。这种做法增加了构件的类型和吊装的次数，但平台的宽度变化灵活。平台板也可和平台梁结合成一个构件，一般采用槽形板，为了地面平整，也可用空心板，但厚度需较大，现较少采用。梯段有板式和梁板式两种。板式梯段有实心和空心之分，实心板自重较大；空心板可纵向或横向抽孔，纵向抽孔厚度较大，横向抽孔孔型可以是圆形或三角形。梯段板在平台梁上的布置方式根据上行和下行梯段板布置方式的不同，分为梯段齐步和错步两种；根据梯段板与平台梁之间的关系不同，有埋步和不埋步之分。

大型构件装配式钢筋混凝土楼梯（图7-25）是将梯段板和平台板预制成一个构件，断面可做成板式或空心板式、双梁槽板式或单梁式，按结构形式不同，有板式楼梯和梁板式楼梯两种。这种楼梯主要用于工业化程度高、专用体系的大型装配式建筑中，或用于建筑平面设计和结构布置有特别需要的场所。

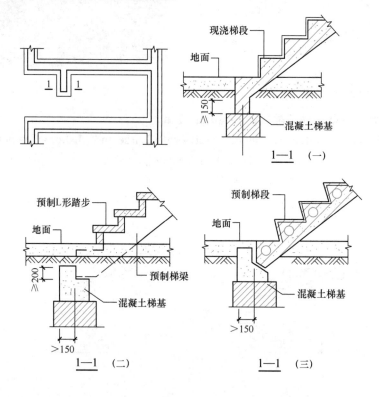

图7-25 大型构件装配式钢筋混凝土楼梯

7.6.3 预制楼梯的连接
Connection of Precast Concrete Stair

楼梯设计应符合标准化和模数化的要求，板式楼梯有双跑楼梯和剪刀楼梯。预制楼梯与支撑构件连接有三种方式：一端固定铰接点一端滑动铰接点的搁置式简支方式、一端固定支座一端滑动支座的方式和两端都是固定的支座方式。其中搁置式楼梯因为施工安装简单，不参与整体结构计算。一般主要都采用搁置式楼梯，如图7-26和图7-27所示。

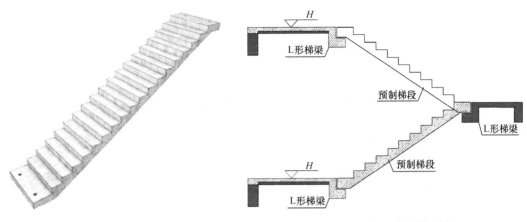

图 7-26 搁置式楼图   图 7-27 搁置式楼剖面图

    搁置式楼梯梯段采用全预制梯段，平台板采用叠合或现浇。预制搁置式楼梯高端设置固定铰如图 7-28 所示，低端设置滑动铰如图 7-29 所示。根据《装配式混凝土结构技术规程》JGJ 1—2014，预制楼梯设置滑动铰的端部应采取防止滑落的构造措施，其转动及滑动变形能力应满足结构层间位移的要求且预制楼梯端部在支撑构件上的最小搁置长度应符合表 7-5。

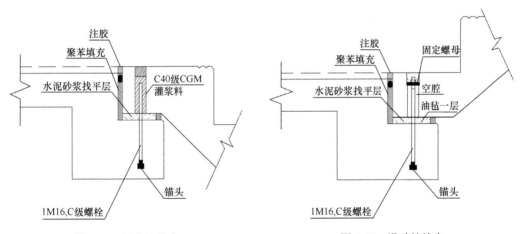

图 7-28 固定铰接点   图 7-29 滑动铰接点

预制楼梯在支撑构件上的最小搁置长度   表 7-5

抗震设防烈度	6 度	7 度	8 度
最小搁置长度（mm）	75	75	100

7.7 预制内墙与隔墙
Prefabricated Interior Wall and Partition Wall

7.7.1 内墙与隔墙的定义
Definition of Interior Wall and Partition Wall

内墙和隔墙是被外墙包围的墙体，起分隔空间的作用。其中内墙一般是指梁墙一体的承重墙板，而隔墙一般为楼板下部无梁的非承重墙板。我们一般对学校等较高层高的框架结构梁墙拆分预制，所以这部分的墙体也定义为隔墙。

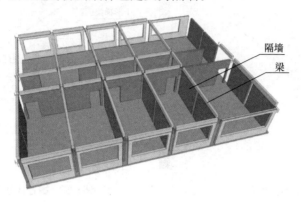

图 7-30　内墙与隔墙图

7.7.2　轻质隔墙板

Lightweight Partition Board

轻质隔墙板是一种外形像空心楼板一样的墙材，但是它两边有公母隼槽，安装时只需将板材立起，公、母隼涂上少量嵌缝砂浆后对接拼装起来即可。它是由现在新型的镁质胶凝材料添加增强材料和结构材料，或是由无害化磷石膏、轻质钢渣、粉煤灰等多种工业废渣组成，经变频蒸汽加压养护而成。由于轻质隔墙具有防水、防火、隔声效果好，轻质高强，坚固耐用，整体性好，环保经济等特点，在各类预制装配式结构中应用广泛。轻质墙板为成品件，可工厂直接采购。

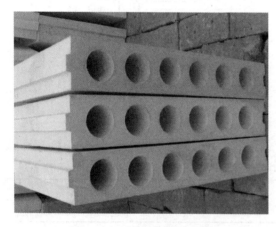

图 7-31　石膏基轻质隔墙板

1. 石膏基轻质隔墙板

石膏基轻质隔墙板（图 7-31）是以建筑石膏为原料，加水搅拌，浇筑成型的轻质建筑石膏制品。生产中允许加入纤维、珍珠岩、水泥、河沙、粉煤灰、炉渣等等，拥有足够的机械强度。

石膏基轻质隔墙板具有以下特点：

（1）安全。石膏与水泥混凝土、砖等同属无机材料，具有不燃性；所不同的是它的最终水化产物二水硫酸钙（$CaSO_4 \cdot 2H_2O$）中含有两个结晶水，其分解温度约在 $120 \sim 170℃$ 之间。当遇到火灾时，其分解过程中产生的大量水蒸气幕对火焰的蔓延可起到阻隔的作用，为火灾中人员的逃生、财物的保护和救火赢得了宝贵的时间。

（2）舒适。是指它具有暖性和呼吸功能。水化硬化后的石膏制品与木材的平均导热系数相近，具有与木材相似的暖性。石膏建材的呼吸功能源于它的多孔性。这些孔隙在室内湿度大时，可将水分吸入；反之，室内湿度小时又可将孔隙中的水分释放出来，自动调节室内的湿度，使人感到舒适。

（3）环保。建筑石膏的烧成过程是将二水硫酸钙（$CaSO_4 \cdot 2H_2O$）脱去四分之三的水，变成半水硫酸钙（$CaSO_4 \cdot 0.5H_2O$），其排放出来的"废气"就是水蒸气，不会污染环境。

2. GRC 轻质隔墙板

GRC 是玻璃纤维增强水泥（Glass fiber Reinforced Concrete）的英文缩写，GRC 轻质隔墙板（图 7-32）是以低碱度高强水泥砂浆为胶结材料，以耐碱玻璃纤维为增强材料，以轻质无机复合材料为骨料（膨胀珍珠岩或膨胀蛭石等），按一定比例经搅拌、浇筑、脱水、养护等工艺制成的，其板材厚度仅为 60、90、120mm 三种，宽度为 595mm，内孔有 5 孔和 7 孔，5 孔直径为 78mm，7 孔直径为 58mm，板长最长为 3.5m，广泛应用于高层建筑的分室、分户、卫生间、厨房等室内非承重部位的隔墙，也使用于各种快装房的建造与旧房的加层。具有自重轻，墙体薄，高耐伸缩性，抗冲击性能好，碱度低，自由膨胀率小，防裂性能可靠，防火性能好，隔热保温，墙面平整施工简便等特点。

3. ALC 轻质混凝土隔墙板

ALC 是蒸压轻质混凝土（Autoclaved Lightweight Concrete）的简称。ALC 轻质混凝土隔墙板（图 7-33）是以粉煤灰（或硅砂）、水泥、石灰等为主原料，预设经过防腐处理的钢筋网片，经过高压蒸汽养护而成的多气孔混凝土成型板材。具有以下特点：

图 7-32　GRC 轻质隔墙板　　　　图 7-33　ALC 轻质混凝土隔墙板

（1）容重小、保温隔热性能好、不燃性强、吸声性能良好、抗震性强、抗裂性好；

（2）工业化生产、装配式施工：根据深化图纸，工厂提前加工好条板，将电气管线槽提前切割好，现场根据排版图施工，条板编号，安装快捷；

（3）环保节能：工厂化定制，工厂机械切割，现场不加工，不产生安装废弃物，且不用浇筑过梁、构造柱，节约资源；

（4）平整垂直度高：板材采用预制，面层制作平整度及垂直度高，安装完毕后垂直、平整度可达到 3mm，便于后续装修施工；

（5）节省工期：采用蒸压加气混凝土隔墙板，门及窗部位不需加设构造柱及过梁，节省大量构造柱及过梁工序，大大节省安装工期。

7.7.3　内墙板设计
Design of Interior Wall Panel

预制内墙墙板按形状可分为无洞口、固定门垛、中间门洞和刀把内墙板四类。如下图 7-34 所示。了解内墙板相关内容可扫描右侧二维码。

内墙板

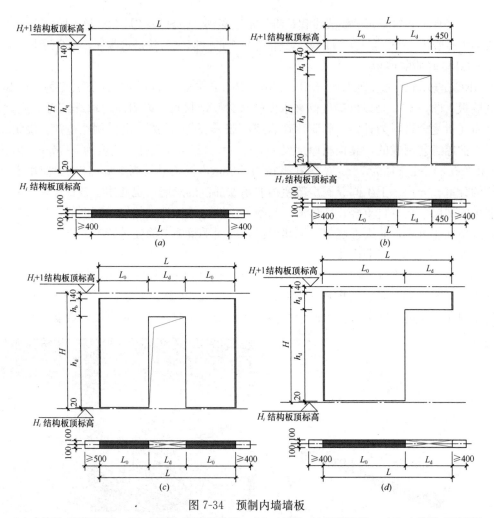

图 7-34　预制内墙墙板

（a）内墙板（无洞口型）；（b）内墙板（固定门垛型）；（c）内墙板（中间门洞型）；（d）内墙板（刀把型）

1. 设计步骤

（1）预制内墙板标志宽度即构件宽度，设计人员应根据建筑平面布置图，结合《预制混凝土剪力墙内墙板》15G365—2 中构件尺寸，充分考虑构件标准化的原则，优先调整连接区域长度，进行预制内墙板的布置。

（2）核对预制墙板类型及尺寸参数，核对与建筑相关的门洞口尺寸、建筑面层厚度等相关要求。

（3）核对楼板厚度及墙板配筋等，进行地震工况下水平接缝的受剪承载力验算。

（4）结合设备专业需求，进行电线盒位置选用，并补充其他设备孔洞及预埋管线。

（5）补充选用设备管线预留预埋，根据工程实际情况，结合生产、施工需求，对图集中未明确的相关预埋件补充设计，并补充相关详图。

（6）对墙板间后浇连接区段节点进行钢筋详图设计。

2. 内墙墙板与主体结构的连接及墙板之间的连接

抗震地区，加气混凝土板内隔墙与主体结构、顶板和地面连接可采用刚性连接方法；在抗震设防烈度 8 度和 8 度以下地区，加气混凝土板内隔墙与顶板或结构梁间应采用镀锌钢板卡件脚固定并设柔性材料。如使用非镀锌钢板卡件固定，钢板卡件应做防锈处理。蒸压加气混凝土内隔墙板一般采用竖装，也可以采用横装。竖装多用于多层及高层民用建筑，横装多用于工业厂房及部分大型公共建筑。竖装及横装均应保证板两端和主体结构的可靠连接。

内墙板与主体结构的连接及墙板之间的连接如图 7-35～图 7-39 所示。

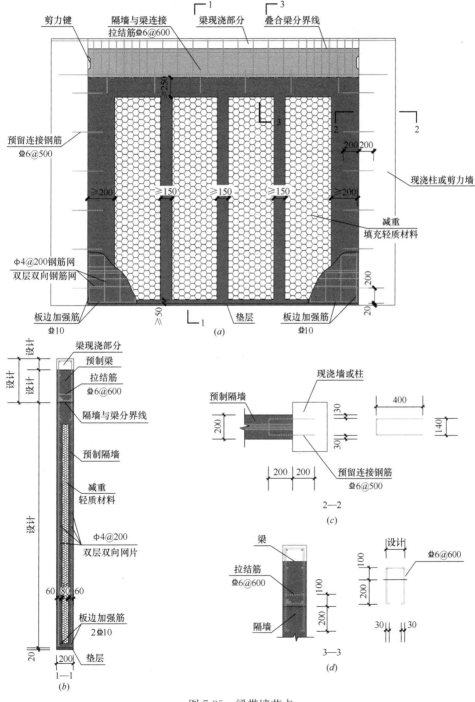

图 7-35　梁带墙节点

（a）梁带墙中点；（b）1—1 剖面；（c）预留连接钢筋大样；（d）拉结筋节点大样

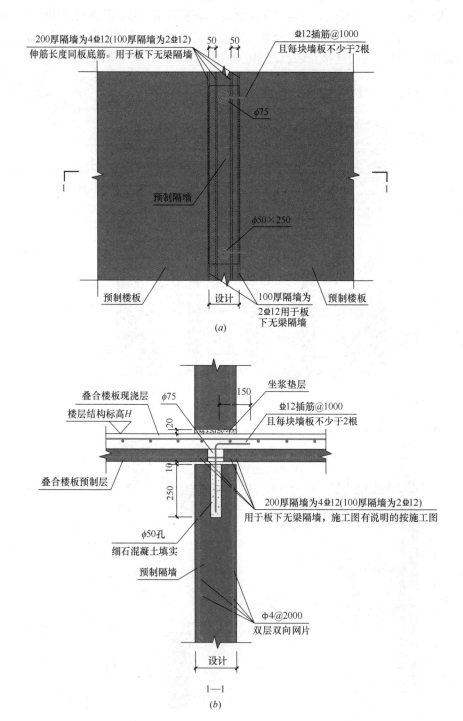

图 7-36 预制隔墙板与楼板连接节点（一）

（a）预制隔墙板与楼梯连接节点；（b）1—1 剖面图

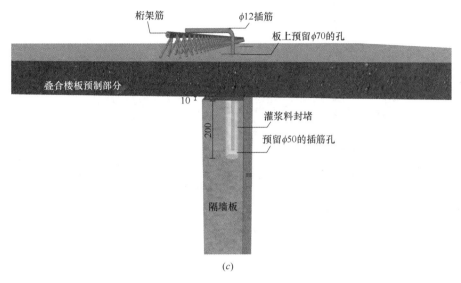

图 7-36 预制隔墙板与楼板连接节点（二）

（c）预制隔墙板与楼梯连接

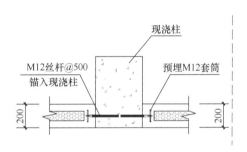

图 7-37 现浇柱与预制内墙板连接大样

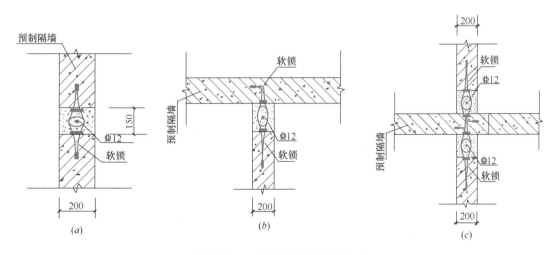

图 7-38 内墙板与内墙板连接大样

（a）内墙板与内墙板连接大样（1）；（b）内墙板与内墙板连接大样（2）；（c）内墙板与内墙板大样（3）

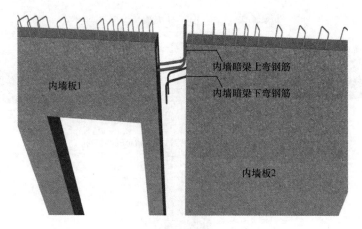

内墙暗梁上弯钢筋

内墙暗梁下弯钢筋

内墙板1

内墙板2

图 7-39　内墙板与内墙板连接节点

本 章 小 结
Summary

1. 装配式结构的构件拆分设计是满足综合功能的需要并考虑模数化、系列化的标准设计，应满足建筑使用功能，考虑标准化要求，符合构件拆分各项规定。

2. 全预制或部分预制剪力墙在现场通过后浇混凝土及圈梁实现结构的整体连接。双面叠合墙利用两层配置好钢筋桁架的预制板，中间辅以必要的现浇层形成整体。单面叠合剪力墙通过叠合筋连接预制部分与现浇部分。叠合墙钢筋桁架应满足运输、吊装和现浇混凝土施工的要求。

3. 预制夹芯保温剪力墙本质上仍是预制剪力墙，其内叶受力钢筋在水平和垂直方向上的连接与预制剪力墙一致。预制夹芯保温剪力墙内部的夹芯保温板在设计时应与建筑结构保持相同寿命，墙板中的保温连接件有足够的承载力和变形性能。

4. 预制外挂墙板在设计时不考虑分担主体结构所承受的荷载和作用，其只承受作用于本身的荷载（包括自重、风荷载、地震荷载及施工阶段的荷载）。外挂墙板及连接节点的承载力应按照持久设计状况、地震设计状况进行验算。

5. 预制楼梯设计应符合标准化和模数化的要求，常见板式楼梯分为双跑楼梯和剪刀楼梯。预制楼梯与支撑构件连接方式有：一端固定铰接一端滑动铰接、一端固定支座一端滑动支座、两端都是固定支座。

思 考 题

7-1　简述装配式结构的构件拆分设计的基本要求和原则。

7-2　简述预制剪力墙的定义、种类和特点。

7-3　双面叠合剪力墙的钢筋桁架应满足什么条件?

7-4　墙板预制、现浇部分之间叠合钢筋应满足什么条件?

7-5　简述保温夹芯外剪力墙的定义、种类和特点。

7-6 保温夹芯剪力墙的构造需满足什么要求?

7-7 简述外挂墙板的定义、种类和特点。

7-8 简述预制楼板的定义、种类和特点。

7-9 简述预制楼梯的定义、种类和特点。

拓 展 题

7-1 规范中预制楼梯与支撑构件连接方式有哪几种,根据自己所学思考一种新的连接方式。

7-2 根据《装配式混凝土建筑技术标准》GB/T 51231—2016,叠合梁的箍筋应该如何配置?

7-3 查找国内外应用预制构件的实例,分析其优点和缺点。

第8章 预制混凝土构件生产及智能制造

Production and Intelligent Manufacturing of Precast Concrete Components

本章学习目标

1. 熟悉预制混凝土构件工厂的选址原则、厂区平面布局、车间功能区分布，掌握固定模台生产、流水线生产两种生产方式，以及 PC 工厂的生产设备系统。

2. 熟悉预制混凝土构件的工业化生产全流程，掌握生产项目导入、首件打样、量产供货的概念与基本工作流程。

3. 熟悉预制混凝土构件在工业化设计、生产工艺设计、产品制造工艺、施工支持四个阶段的工艺技术内容，熟练掌握生产工艺设计阶段的模具设计与生产工艺流程，特别是生产工序的工艺标准。

4. 熟悉 PC 工厂质量控制流程，掌握质量检验与验收标准。

5. 了解制造业战略、智能制造的基本概念与创新应用理念，熟悉 PC-CPS 智能制造系统的应用。

在装配式混凝土结构建筑的设计、生产与施工全业务领域中，预制混凝土构件生产是一个重要环节，它的使命是既能依据设计方案生产合乎设计标准的构件，又能按施工进度与吊装方案进行构件供应。生产作为连接设计与施工的桥梁，要高效完成使命，既离不开基于并行工程理念的可制造性设计，也离不开标准化施工的支持。在生产环节，首先应对工厂功能分区进行科学布局，选定与产品相适应的生产方式；其次，预制混凝土构件生产工厂应积极熟悉装配式混凝土结构工程施工方案，与装配式混凝土结构设计人员对构件拆分与深化设计进行技术沟通；再者，应进行工厂装车堆码、钢台车排模及构件模具方案设计，并适配与优化生产工艺流程；最后，应编制项目构件生产实施方案，确保构件质量与构件供货能力满足客户需求，并应获得工程监理的认可。

8.1 工厂设计规划
Plant Design Planning

常见的预制混凝土构件工厂（简称 PC 工厂）有两类，分别是移动式 PC 工厂和固定式 PC 工厂。当前，主流的预制混凝土构件生产方式，是在固定式 PC 工厂内完成预制，然后通过物流运输至施工工地进行装配施工。

8.1.1 选址

Siting

PC工厂选址是运用科学的方法选定工厂的地理位置，它关系到企业的经营效益与投资效益，是构件生产厂家前期准备工作中的重点。

PC工厂选址首先应考虑所在地市场及政策环境，这决定了当地是否有装配式建筑的发展前景。其次，工厂选址位置要考虑与目标市场的距离，因为运输费用在构件生产成本中所占比例较高，通常PC工厂产品的运输范围控制在200km以内；另外，预制构件的成品及原材料如钢筋、水泥、砂石等都是大型、重型物品，导致出入工厂的都是大型载重货车，且出入频次非常高，所以PC工厂必须选址在交通便利、交通管制相对较少的地方。此外，还应当注意工厂选址的合法性、经济性、安全性、方便及合理性。

8.1.2 工厂布局

Layout of Plant

工厂布局的科学与否，将直接影响日常生产的顺畅性。工厂布局可分为厂区规划和车间规划。厂区规划需依据PC工厂可行性研究报告、企业的经济技术状况等相关资料，还应考虑厂址所在地允许扩展的空间、PC产品定位和产量需求、PC构件生产线主要设备的性能参数等因素。

厂区规划的内容包括：构件生产区、构件堆场、办公区、生活区、厂区道路及绿化等。其中，构件生产区包括：PC生产厂房、混凝土搅拌站、原材料仓库、地磅房、配电室等。办公区包括：办公研发楼、实验室等。生活区包含：宿舍楼、餐饮楼等。图8-1为某PC工厂厂区规划效果图。

图 8-1 某PC工厂厂区规划效果图

车间规划主要考虑生产功能区域划分及物流路线规划。PC工厂生产功能分区包括原材料存放区、钢筋加工区、半成品加工区、物料配送区、PC生产线、成品存放区、展示区等。其中PC生产线按生产构件类型可划分为：墙板生产线、楼板生产线、综合生产线等。某PC工厂车间布局如图8-2所示。

车间物流规划，需充分考虑生产工艺和产量变化的要求，符合生产从最初工艺到成品完成的全部生产过程对物流的要求。车间物流规划的原则主要有：

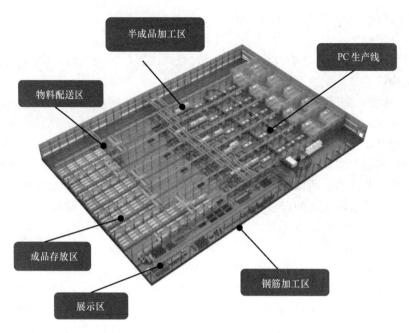

图 8-2　某 PC 工厂车间布局

（1）符合工艺过程要求

尽量使生产对象流动顺畅，避免工序间的往返交错，使设备投资最小，生产周期最短。

（2）最有效地利用空间

使工厂内部设备的占有空间和单位制品的占有空间较小。

（3）物料搬运费用最少

便于物料的输送，使产品、废料等物料运输路线尽量短，并尽量避免物料运输的往返和交叉。

（4）整体原则

对工厂、车间物流布置有影响的因素，均需综合考虑。

8.1.3　生产方式

Production Mode

根据构件类型特点的不同，生产方式可分为固定模台（Fixed Platform）生产和流水线（Assembly Line）生产。固定模台生产主要适用于生产梁、柱、楼梯、飘窗、转角墙板、沉箱等异型构件。如图 8-3 所示，固定模台生产是在固定位置进行，它的优点是投资小、适用范围广、方便灵活、适应性强等；它的缺点是占地面积较大、对单个作业者的技能要求较高等。相对于固定模台生产，流水线生产则是当前主流的生产方式，它的生产钢台车按照一定方向循环流动，每一个生产工位只专注于操作特定工序，能有效提升生产线工作效率及产量，如图 8-4 所示。流水线生产主要适用于生产墙板、楼板等标准构件，其优点是能将作业工序划分到不同工位进行操作，来实现产品节拍式拉动生产，提高生产效率与产品质量，降低作业者劳动强度及技能要求。它的缺点在于投资较大，回报周期较长，构件外形、尺寸受限等。

图 8-3　固定模台生产

图 8-4　流水线生产

　　流水线大多采用环形布局，这种布局方式运转高效、安全经济，能实现物料搬运成本最小化，有效利用空间和劳动力。通常根据预制构件的生产流程将流水线划分为不同的生产工位，包括清模工位、装模工位、置筋工位、预埋工位、浇捣工位、后处理工位、养护工位、拆模工位及脱模工位，如图 8-5 所示。为了更好地管理流水线，又把流水线的工位

图 8-5　流水线布局

合并为四大工作中心，分别为清装模工作中心、置筋预埋工作中心、布振养工作中心、拆脱模工作中心。每个工作中心将根据生产构件类型，配置相应的作业人数，并设定作业时间，以实现节拍式生产。关于 PC 构件流水生产线的更多内容请扫描右侧二维码。

PC 构件流
水生产线

8.1.4　生产设备
Production Equipment

　　预制构件生产设备系统具有加工精度好、效率高、自动化程度高等特点，按功能可分为钢筋系统、循环系统、布料系统、养护系统、脱模系统、运输系统六大生产设备系统。

　　（1）钢筋系统

　　钢筋系统用于钢筋原材料加工，通过电脑参数输入，可加工出预制构件生产所需的各种型号的钢筋半成品。钢筋系统的设备包括弯箍机、调直机、网片机（图 8-6a）等。

　　（2）循环系统

　　循环系统是预制构件生产线的纽带，它使钢台车在生产线上流转，让各工序紧密衔接在一起，循环系统包括钢轨轮输送线、液压横移车等，如图 8-6（b）所示。

　　（3）布料系统

　　布料系统为预制构件生产提供混凝土，并进行浇筑及振捣。它包括搅拌站、运料循环

图 8-6　预制构件生产设备系统

(a) 钢筋系统——网片机；(b) 循环系统；(c) 布料系统——布料机；(d) 养护系统；
(e) 脱模系统——翻转台；(f) 运输系统

系统、布料机、高频振动台等，如图 8-6（c）所示。布料系统的生产流程为：搅拌站进行混凝土加工，通过运料循环系统将混凝土送达浇捣工位，布料机将混凝土均匀浇筑到预制构件模具中，经过振动平台对混凝土进行高频振捣，使混凝土密实且表面平整。

（4）养护系统

养护系统为预制构件提供恒温恒湿的养护环境。它主要包括养护窑，提升机和温度、湿度控制设备，如图 8-6（d）所示。养护窑采用立体抽屉式设计，提升机将浇捣后的钢台车从流水线提升到养护窑的库位。

（5）脱模系统

脱模系统使已达到脱模强度的预制构件从模具中翻转脱离，并将其转移到构件综合运输架中。脱模系统包括翻转台和起吊设备等，如图 8-6（e）所示。

（6）运输系统

运输系统用于预制构件从生产线到成品区的自动转运。它包括综合工位架、综合运输架和综合运输车等，如图 8-6（f）所示。综合工位架是摆放综合运输架的载具。综合运输架是存放预制构件的货架。综合运输车则可将综合运输架从综合工位架转运到预制构件成品存放区。

8.2　预制混凝土构件工业化生产全流程
Industrial Process of Precast Concrete Components

构件工业化生产全流程包括生产项目导入、首件打样、量产供货三大阶段，如图 8-7 所示，全过程的运行通常以满足项目交期、成本、柔性等要素进行统筹。构件工业化生产实现的核心支撑是工艺技术，它贯穿项目生产运行全过程，主要包括工业化设计、生产工艺设计、产品制造工艺、施工支持等阶段。此外，还需从项目前期、制造过程、后期出货

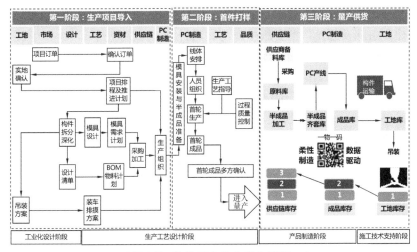

图 8-7　构件工业化生产全流程

进行全过程的质量符合性监管。关于项目生产运营管理的更多内容，请扫描右侧二维码。

项目生产
运营管理

1. 第一阶段：项目导入

生产项目导入是综合平衡项目需求与工厂资源后，对项目生产周期内所需资源进行排配，对首轮构件生产资源准备而进行的管理活动。工厂先核准生产订单信息，并进行实地确认，然后按项目需求周期对项目任务进行阶段性分解，编制项目总排程与推进计划，进而依据项目推进计划按进度完成相应工作，首先完成构件的拆分与深化设计，绘制图纸与编制 BOM（Bill of Material）清单，然后分两条线展开：一是依据构件详图进行模具设计，生成模具图纸与材料清单，再编制与执行模具和 BOM 物料需求计划，完成模具与生产物料的准备工作；二是由施工方提供吊装方案，工厂据此设计构件装车、堆码、模具布置方案。最后工厂依据推进计划的首轮生产时间节点，组织首件打样。

2. 第二阶段：首件打样

首件打样是指在构件量产前，由工厂组织，选取一组代表性的首轮构件进行试生产，针对生产过程组织、生产工艺可靠性、质量符合性等，由项目业主方、监理方、设计方、施工方和工厂方进行综合验收的系统工程，只有首件打样合格，工厂方能具备对项目量产供货的资格。在首轮成品构件下线后的多方验收中，外部参与方重点验证产品的符合性，内部则需对全过程进行总结，重点确认图纸、清单及工艺方案，对首件打样中存在的问题则依据戴明循环（PDCA）等方法来组织解决。

3. 第三阶段：量产供货

量产供货是在首件打样验收合格，获得项目方的量产供货资格后，按项目楼层吊装需求进行构件生产与供应的过程，其实质是基于数据驱动、柔性制造理念的工厂物料流与信息流的协同运作。

（1）数据驱动（Data Driven）

数据驱动是指工厂的生产活动，均由项目工地的实际吊装需求来驱动，这是精益生产（Lean Production）的拉式生产组织方式。在预制构件工厂，通过生产数据采集结合专用生产管理系统（如 Oracle、金蝶、PCmaker、SAP 等）来对工厂物料库存，以层为单位进行精准管控，由此发起工厂的各级生产与物料计划。

（2）柔性制造（Flexible Manufacturing）

柔性制造是指构件在工厂流水线上排产，是严格以客户需求为导向，通过整合工厂生产线的产能，基于快速换模（Single Minute Exchange of DIE）和物料的供应商协同管理（Vendor Managed Inventory）模式，来适应内外部环境变化，以确保项目交期的达成。

（3）物料流（Material Flow）与信息流（Information Flow）协同

在量产供货阶段，工厂采用供应链端与制造端分段式管理。其中，供应链端负责材料采购、半成品加工及配送，构件制造端负责构件生产与成品发运，这是工厂物料从供应商经工厂到项目工地的物料流。而生产信息流与物料流方向相反，生产信息流驱动生产计划，生产计划从项目工地经工厂到供应商依次有发货计划、成品生产计划、半成品备料计划、原材料领料出库计划、原材料采购需求计划。

8.3 工 艺 技 术
Technology

8.3.1　工艺技术管理
Management of Technology

工艺技术管理贯穿构件生产全流程，分为四个阶段：工业化设计阶段（Industrial Design Stage），生产工艺设计阶段（Production Process Design Stage），产品制造阶段（Product Manufacturing Stage），施工支持阶段（Construction support Stage）。

在工业化设计阶段，对项目进行生产可行性分析。例如，装配节点的生产可行性分析，对不利于工业化生产的节点提出修改建议；对新节点进行新工艺工法实验，以达到设计要求。

生产工艺设计阶段是衔接设计与生产的纽带。该阶段要进行装车方案设计、堆码方案设计、模具布置方案设计、模具设计、部品部件方案设计、工艺技术交底、指导生产部门进行首件打样等工作。

工厂收到深化设计图纸和施工单位出具的吊装方案后，按构件吊装先后顺序，以综合运输架为单元进行装车、堆码方案设计。综合运输架可装载量由内空尺寸和道路限重进行控制，做到合理满载。

模具布置方案以装车、堆码方案为依据，结合生产设备系统的限定条件进行设计。合理的布置不但能提高生产效率，也能降低制造成本，减少钢台车使用数量。

模具设计的优劣是产品实现的关键，模具设计应考虑构件外形尺寸、钢筋、预埋、拆装便利性、材料、经济性、使用寿命等因素。

部品部件方案设计主要针对流水线生产过程中工序复杂、耗时较长的工作，通过前期加工图纸的转化，将任务分配在其他辅助部门进行提前加工，缩短生产线作业时间。部品部件方案设计主要包含钢筋笼图纸设计、钢筋网片设计、挤塑板裁切设计等，这几类部品部件用时长、难度大、影响流水线生产效率，通过部品部件的加工前置，极大地提高了生产流水线效率。

技术交底是工厂进行首件打样前，对装车方案、堆码方案、模具布置方案、部品部件方案向生产人员进行技术指导。

工艺技术管理中，工业化设计阶段和生产工艺设计阶段都是为产品制造阶段做准备，在首件打样中将所有问题暴露并解决后，进入到产品制造阶段。在产品制造过程中，工艺技术包括产能优化、出具不良品整改方案、设计变更处理以及其他技术方案的支持。在施工支持阶段，针对施工中构件的问题提供技术支持，提出合理解决方案。

8.3.2 模具设计

Design of Mould

预制混凝土构件模具是装配式混凝土建筑行业专用的工艺装备，在预制混凝土构件的生产过程中起到控制构件外形尺寸、准确定位预埋件及钢筋的作用。模具方案的优劣直接决定构件的质量，因此模具设计是影响构件大规模、高质量生产的关键因素。

预制构件模具设计内容主要包括：根据构件类型和设计要求，确定模具类型和材料；确定模具的生产使用方式和脱模方案；确定预埋件、预留孔洞等定位方案；确定钢筋出筋的定位和脱模方向；对模具拼焊处应设置焊接要求；对模具零件标明技术及装配要求等。请扫描右侧二维码，以预制外挂板为例进行模具设计介绍。

模具设计

一般来说，不同项目、不同构件的模具都不一样，但是可以通过精巧的设计使部分模具具备通用性或者通过构件标准化来促进模具的通用性，以降低模具成本。

预制混凝土构件模具不同于冲压模具或注塑模具等其他工业模具，其成型产品主要原材料为混凝土，混凝土具有成型慢、易胀模、腐蚀性等特点，同时因装配式混凝土建筑项目个体的独特性、非标准性，使得构件模具也有使用寿命短、专用性强、模具不易护理等特点，这将直接影响模具材料的选择。预制混凝土构件模具的材料需具备不易变形、耐腐蚀、轻便等特性，常用的材料有：适合多次使用的 Q235 普通碳素结构钢（图 8-8）、铝材（图 8-9）等；适合临时使用、可生产次数少、成本低的木制板材模具（图 8-10）；因构件特殊性而开发的塑料和橡胶模具，如

图 8-8　钢制模具

图 8-9　铝制模具

图 8-10　木制模具

149

制作表面仿瓷砖构件时使用的硅胶模具等。模具设计时，利用材料特性使模具拥有了更多的可适用性。如何设计出耐用、好用、成本低廉的模具，成为构件生产新课题。

8.3.3　生产工艺流程

Process of Production

预制构件按照产品种类可分为预制外墙板、内墙板、叠合楼板、楼梯、阳台板、梁和柱等，其生产工艺流程基本相同，包括清模、装模、装模检验、涂隔离剂、钢筋布置、预埋安装、隐蔽验收、布料振动、后处理、进窑养护、拆脱模、成品检验、吊装入库、构件发运等工序，如图 8-11 所示。更多生产工艺流程知识，请扫描右侧二维码，以预制楼板为例进行具体介绍。

预制楼板生产工艺流程

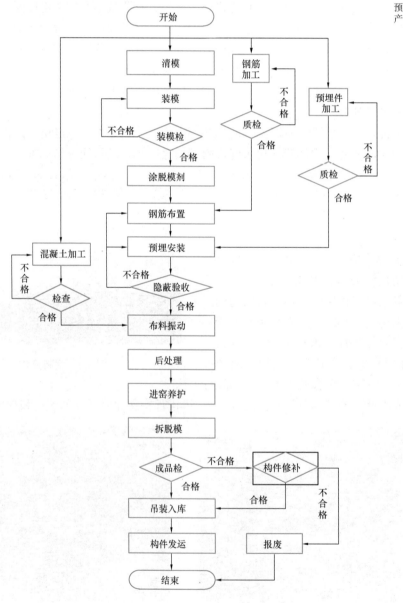

图 8-11　标准工艺流程图

（1）清模（Cleaning Mold）

清模是指对模具、台车面以及各类工装治具表面混凝土渣进行清理，使清理对象露出其底色，从而确保构件的表观质量、降低脱模难度、延长模具使用寿命，如图8-12所示。清模时使用自动清模机清除混凝土渣，在混凝土渣清除过程中，应避免混凝土渣溅射伤害眼睛。台车清扫机对钢台车进行精细清理，将表面油渍及混凝土渣料清除并回收至废料站。清模工序操作完成后应将型材挡边以及工装夹具摆放整齐。

图8-12　清模

（2）装模（Assembly Mold）

装模是指按照模具装配图，依靠激光划线定位仪对模具进行精准放置，将各模具挡边与工装在台车上进行组装的过程，确保模具各部件连接牢固、外形尺寸与预埋定位偏差可控，从而避免在后续的浇捣、振动工序中出现模具松动、移位现象，使构件外形尺寸合规，如图8-13所示。尺寸校核时，构件外框挡边位置尺寸公差为−5～0mm，窗框门洞挡边位置尺寸公差±5mm。模具一旦确定尺寸，各挡边及悬挑采用快速夹锁紧，并用磁盒压紧在钢台车上。装模完成后则需对模具进行编号确认、尺寸测量以及外观检测等并记录。

（3）涂隔离剂（Brush Release Agent）

涂隔离剂是指对与混凝土接触的钢台车和模具表面均匀涂抹隔离剂的过程，它主要是为了降低脱模阻力，促进顺利脱模，如图8-14所示。涂抹前应根据隔离剂配比参数对隔离剂纯液进行稀释（例如，一般地，墙板生产中，隔离剂纯液与水配比控制在1∶3，楼板生产中，隔离剂纯液与水配比控制在1∶2）。配好的隔离剂用喷洒机盛装，喷洒在台车和模具表面，用拖把涂刷隔离剂，做到均匀无积液。

图8-13　装模

图8-14　涂隔离剂

（4）钢筋布置（Place Steel Bar）

钢筋加工设备收到信息管理系统提供的物料加工指令后，自动进行钢筋的加工，其中加工钢筋种类包括直条类、弯箍类、网片、桁架等。工人对已加工的钢筋进行打包并配送至产线，产线依据预制混凝土构件工艺详图，针对构件所含的钢筋进行铺设与绑扎，如图

8-15 所示。钢筋布置过程中，留出钢筋与模具挡边 2～2.5mm 的保护层厚度。绑扎钢筋时，扎丝头方向统一朝构件内侧，不得露出预制混凝土表面。

（5）预埋安装（Place Embedded Parts）

预埋安装是指针对预制混凝土构件中除钢筋外的其他配件进行预先安装的过程，其中常见的预埋件主要有预埋钢板、套筒、吊钉、强弱电箱、线盒与线管等，如图 8-16 所示。预埋安装时需注意套筒位置公差为 ±5mm，线盒位置公差为 ±3mm，预留孔洞位置公差为 ±5mm，位置确定后安装牢固，避免预埋件偏移。预埋安装完成后则需对整个构件半成品进行预埋件和钢筋的数量规格确认、尺寸测量外观检测等并记录。

图 8-15　钢筋布置

图 8-16　预埋安装

（6）布料振动（Concrete Pouring）

布料是通过布料机前后左右移动对钢台车面模具浇筑混凝土的过程（如图 8-17 所示），其中混凝土浇筑量通过系统计算控制，并由循环送料车转运至布料机。布料过程中控制布料机由基准点开始移动，沿模具先远后近浇捣到位，并使混凝土均匀饱满。随后振动台固定爪夹紧钢台车，对模具内混凝土进行 5～10s 的振动，使混凝土振捣密实、表面平整。振动时间不宜过长，以免混凝土发生离析。

（7）后处理（Concrete Surface Treatment）

后处理是指混凝土在浇捣振动完成后至混凝土终凝前，对混凝土表面进行赶平、抹面、收面的过程，如图 8-18 所示。后处理时采用自动刮平机对构件表面进行处理，表面平

图 8-17　布料振动

图 8-18　后处理

整度应控制在 3mm 以内。如需拉毛，则在混凝土失去流动性后，采用专用设备根据要求拉细毛或粗毛，拉毛应无间断、均匀、美观。

（8）进窑养护（Curing）

养护是控制混凝土质量的重要环节，直接影响混凝土的强度、抗冻性、耐久性等。目前，混凝土养护采用自然养护、蒸汽养护、养护剂养护等。

自然养护采用覆盖麻袋、草帘或塑料薄膜来实现浇水保温与防风保温效果的养护方法。蒸汽养护则需要在专业蒸养设施中进行，需通过管道运输蒸汽，加热混凝土并保持必要温度、湿度和压力。养护剂养护是通过养护剂在新生混凝土表面涂抹一层化学溶剂，该溶剂形成一层不透水的聚合物薄膜，防止混凝土在硬化过程中损失水分。

预制混凝土构件一般采用在养护窑内进行蒸汽养护（如图 8-19 所示）的方式，养护窑具备自动监控和检测构件养护状况的能力，从而实时调节养护窑内温度、湿度等，缩短养护时间，提高养护质量。

图 8-19　进窑养护

（9）拆脱模（Disassemble Mold）

拆模是将模具、预埋件、工装治具等固定或者连接部分的螺栓、螺母拆卸并进行松脱，便于构件顺利从模具中脱离，如图 8-20 所示。拆模前需做同条件试块的抗压试验，试验结果达到 20MPa 以上方可拆模。脱模（图 8-21）一般有翻转脱模与平吊脱模两种方式。翻转脱模时先将吊爪固定在吊钉上，并将钢台车翻转至 85°，通过起重机设备将预制混凝土构件从模具中脱离出来。平吊脱模时吊具固定在构件至少四个吊点上，各吊点连接的钢丝绳长度应大致相同，同时钢丝绳与吊臂夹角应大于 45°，吊点设置完成后，吊臂垂直于构件缓慢上提，直至构件脱离。构件脱离后，离地面 0.5m 处并悬停以检测吊钉强度。拆脱模完成后则需对预制混凝土构件进行强度测试、尺寸测量以及外观检测等并记录。

图 8-20　拆模

图 8-21　脱模

（10）吊装入库（Storage）

吊装入库是指将检验合格的预制混凝土构件，转运到相应的库位进行存储的过程，如图 8-22 所示。构件应缓慢吊入综合运输架，调整固定插销位置，卡紧构件并锁紧，再拆

图 8-22 吊装入库

除吊具锁扣。综合运输架两侧配重差值不能大于 0.5t，载货重量不得超过运输架极限荷载。构件装填后，通过运输系统将满载的综合运输架转运至成品库。

（11）构件发运（Transportation）

构件发运是工厂按照施工工地需求协调工厂物流对构件进行发运的过程。发货前需对发货构件进行核对，并进行运输安全点检和运输工装登记，各项检查合格后方可发货。货车运输过程中需按照预定路线行驶，路况较差时则应停运或更改线路。

8.4 质量控制
Quality Control

质量控制贯穿生产全过程，是生产和交付合格产品的保障。通过有效的质量监控，发现并消除各环节引起不合格的因素，才能确保生产出合格的产品。

8.4.1 质量控制流程
Process of Quality Control

工厂的质量控制流程，按照项目导入的时间阶段分为前期质量控制、过程质量控制以及出货质量控制。

如图 8-23 所示，在前期质量控制阶段，首先应进行质量策划，完善工厂质量管理体

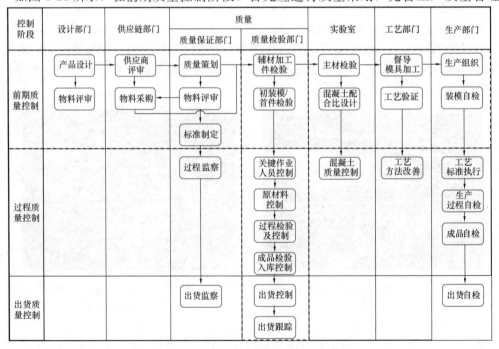

图 8-23 质量控制流程

系。其次，对使用物料与对应供应商进行评审，对新工艺的应用进行验证，制定相应的质量控制标准。采购物料到厂后需进行来料检验（Incoming Inspection），主要包括主、辅材及模具材料检验，以确保其质量符合产品技术要求，防止不合格的物料投入使用。最后，需对模具初装及首件进行检验，确保后期批量生产顺利进行。

在过程质量控制阶段，首先需要对作业人员、原材料加工和混凝土质量等进行控制。然后要做好过程检验（In-process Inspection）及控制，即从组模、置筋预埋、浇捣后处理到脱模吊装全过程进行控制，确保每一道工序没有质量问题。最后进行成品检验（Final Inspection）和入库控制。

在出货质量控制阶段，应对预制构件外观质量、装车堆码等进行最终确认，同时追踪产品出厂质量，如后续出现客户投诉，应及时应对，做好客诉分析、协调和跟进等。

在过程和出货质量控制阶段，工厂还应以质量评价（Quality Evaluation）的形式进行过程与出货监察。此外，工厂有驻场监理时，需配合驻场监理要求进行管控，包括对关键控制点（如首件验收、隐蔽工程验收）及重要检验项目（如构件出厂时的性能检验）等，知会驻场监理参与检验及确认。

更多相关介绍，请扫描右侧二维码，将针对 PC 产品质量管控流程进行详解。

PC 产品质量
管控流程

8.4.2 质量检验与验收
Quality Check and Acceptance

1. 来料检验

来料检验是指对进厂的材料、部件、半成品等，按照相关标准要求（如国标或企标）进行检验，并判定其质量合格与否的过程。检验项目包括外观检验，尺寸、结构检验，功能、特性检验以及质量证明文件检查等。它是工厂生产品质控制的第一道关卡，通常由来料不良导致的产品不良占比高达近 50%，且造成不良的因素越处在前端，后期对工厂造成的损失越大，因此务必高度重视来料品质管控。进厂物料应检验合格后方可使用，检验不合格可视情况采取让步接收或作退货处理，同时需对物料做好标识。

2. 半成品检验

半成品检验主要是对混凝土、钢筋半成品和预埋类半成品质量进行检验。其中混凝土检验项目主要包含坍落度、重度、含气量、凝结时间等。钢筋半成品有受力筋、箍筋、网片、桁架等，主要检验项目包括钢筋品牌、级别、规格、工艺性能等。预埋类半成品有保温板、水电线管、金属波纹管等，主要检验品牌、型号、规格等项目。通过对半成品进行检验，可以及时发现质量问题，避免批量不良，同时防止不合格半成品流入产线使用，保证产线按照标准节拍有序生产。

3. 装模检验

装模检验是在模具组装完成后，依据工厂过程管控标准、产品工艺图等对装模质量进行检验的过程。其主要检验项目为台车面及模具外观质量、模具尺寸、预埋定位尺寸等。在流水线生产方式中，装模检验可以有效响应柔性制造、快速换模的需求，确保装模质量无异常，保证后工序的钢筋和预埋件安装等顺利进行。装模检验合格后流入下工序，检验不合格则需返工至合格方可流入后道工序继续生产。

4. 隐蔽工程验收

隐蔽工程验收在预制构件浇捣前进行，验收项目包括：钢筋品牌、规格、数量；钢筋保护层厚度；钢筋、预埋件、吊钉、吊环、灌浆套筒及预留孔洞的位置等。验收后需做好检验记录，包括验收的影像资料及关键部位特写。隐蔽工程验收是质量检验的关键环节，一旦某些质量缺陷在此环节漏检，后期返工非常困难，一些缺陷甚至无法返工而直接导致构件报废，给工厂带来重大损失，因此验收务必仔细确认。验收后如果存在不合格项，应进行整改，直至验收合格方可浇筑混凝土。部分验收项目的质量标准要求参考表8-1。

钢筋、预留预埋件检验标准及方法　　　　　　　　　　　　　　表 8-1

检验项目	标准要求
钢筋规格、等级、数量	符合图纸要求
加强筋（四周、门窗洞等）	按图纸要求放置
网片搭接	搭接宽度≥1格网片格或300mm（楼板不允许）
网片放置	不允许网片入梁，放置位置距梁底筋20mm
拉结筋	根据图纸要求放置拉结筋，不允许少放、方向反
手扎网片	四周满扎，中间呈梅花状绑扎
钢筋保护层	墙板：20±5mm；楼板：15±5mm
灌浆套筒钢筋伸出长度	−5，0mm
受力钢筋伸出	1. 直筋水平长度：−10，+10mm 2. 弯锚筋水平长度：−10，0mm 3. 弯锚端头成型尺寸：−10，+10mm 4. 弯锚端头成型方向：符合图纸要求 5. 弯曲钢筋垂直度：与板边间距≥15mm
其他伸出钢筋	−10，+30mm
箍筋	高度标准偏差最大值±5mm
桁架外露高度	−10，+10mm
预埋件外观	干净、无损坏、堵塞
吊点	1. 无遗漏；2. 垂直预埋；3. 加强方法符合工艺要求
吊环、斜支撑环	1. 无遗漏，放置与受力纵向钢筋同层； 2. 外露高度−10，+5mm
套筒	1. 爬架/灌浆套筒位置、间距：±2mm 2. 其他套筒位置、间距：±3mm
线盒	1. 位置尺寸：±3mm 2. 水平度：≤2mm 3. 相邻线盒标高差：≤3mm 4. 相邻线盒间距：90±4mm
预留孔洞	位置、形状：±3mm
波纹盲孔、灌浆、排气孔工装	1. 位置间距：±3mm 2. 安装固定牢固、波纹盲孔工装拼接无明显缝隙
剪力槽	无遗漏、破损
哈芬连接件	根据工艺图纸要求放置

5. 成品检验

预制混凝土构件脱模后进行成品质量检验。检验项目包括：外观质量，外形尺寸，预埋件、预留孔洞和预留插筋规格、数量、位置尺寸，粗糙面或键槽成型质量，混凝土强度等。经检验的预制混凝土构件应按要求做好标识，以便于追溯。对已产生的一般外观质量缺陷应修补合格，严重缺陷则需出具专门的修补方案并重新检验；对超过尺寸允许偏差且影响预制混凝土构件结构性能和安装使用功能的部位，应取得设计的认可，然后制定技术处理方案进行处理，处理完成再重新进行检验。成品质量检验是拦截不良品流出工厂的重要一环，不良漏检极易造成客诉，对公司的形象产生负面影响。

预制构件成品质量验收相关标准要求如下：

（1）预制构件外观质量、尺寸偏差及预留孔洞、预埋件、预留插筋、键槽的位置和检验方法应符合设计要求和《装配式混凝土建筑技术标准》GB/T 51231—2016 的规定。

（2）预制构件上的预埋件、预留插筋、预埋管线以及预留孔洞等的规格和数量，粗糙面或键槽成型质量，内外叶墙板之间的拉结件、保温板规格、数量、使用位置及性能应符合设计要求。

（3）预制构件的结构性能检验方法、检验参数和检验指标应符合设计要求和《混凝土结构工程施工质量验收规范》GB 50204—2015 的规定。

（4）预制构件饰面砖施工质量应符合设计要求和《外墙饰面砖工程施工及验收规程》JGJ 126—2015 的有关规定。

6. 出货检验

出货检验是在构件装车发货前对出货构件的型号、数量、构件质量、构件堆码、插销固定、保护衬垫及货柜绑扎固定等的正确性进行检查，确保构件出厂无质量问题。在构件运往工地的过程中，可能由于某些因素造成构件破损、开裂，出货检验在确保运输安全的同时，也有助于后续质量争议的处理。产品出货检验合格，则执行发货，若检验不合格，对于一般缺陷执行返工返修，在复检合格后发货，严重缺陷则进行更换构件发货。

8.5 智 能 制 造
Intelligent Manufacturing

8.5.1 智能制造战略
Strategy for Intelligent Manufacturing

制造业是国民经济的主体，可直接体现一个国家的生产力水平。在新一轮科技革命和产业变革的进程中，众多国家在国际产业分工格局重塑之际作出了剑指先进制造业的强国策略，其中具有代表性的是美国先进制造伙伴计划、德国工业 4.0 和中国制造 2025 等，且这三者都注重物联信息系统（CPS，Cyber Physical System）技术在未来工业发展中的核心地位与创新研究，并在信息化、智能化、网络化、全局化等方面投入大量资源进行布局。

美国先进制造伙伴计划（AMP，Advanced Manufacturing Partnership）的本质是基于全面互联将智能机器、高级分析与工作人员融合，引起智能化变革，提升新兴技术（如信息、纳米、生物等技术）的全球竞争力，帮助制造商降低成本、提高品质、加快产品研发速度，提供更多良好的就业机会。美国坚信通过实施先进制造伙伴计划，推进信息技术与制造业融合，可以重塑竞争优势。

工业 4.0 概念最先由德国提出，其认为将信息通信技术集成到装备制造业，主导智能制造的工业 4.0 是强化国家竞争优势的科学战略选择。德国工业 4.0 项目主要有三大主题：一是智能工厂，重点研究智能化生产系统及过程，以及网络化分布式生产设施的实现；二是智能生产，主要涉及整个企业的生产物流管理、人机互动以及 3D 技术在工业生产过程中的应用等；三是智能物流，主要通过互联网、物联网、物流网等整合物流资源，充分发挥现有物流资源供应方的效率。

中国认为互联网与工业化融合是制造业升级的关键方向，可通过在技术、产品、业务、产业等方面进行信息化和工业化高层次的深度结合，即两化融合。它利用信息技术改造提升传统产业，培育发展战略性新兴产业，以此走出一条以信息化带动工业化和工业化促进信息化的新型工业化道路。中国制造 2025 是中国实施制造强国战略第一个十年行动纲领。它明确提出了五大工程、九项战略任务和十大重点领域，其中，五大工程明确提出了智能制造工程，九项战略任务包含提高国家制造业创新能力、推进信息化与工业化深度融合、强化工业基础能力等，十大重点领域也明确了信息技术产业、各类材料与装备产业是发展重点。

8.5.2 建筑工业 4.0

Construction Industry 4.0

新型工业化是坚持以信息化带动工业化，以工业化促进信息化，即科技含量高、经济效益好、资源消耗低、环境污染少、人力资源优势得到充分发挥的工业化，而建筑工业化是新型工业化的重要板块。如表 8-2 所示，工业化的发展伴随工业革命的发生已经历了工业 1.0 到工业 4.0 四个阶段，分别是以蒸汽动力驱动机器取代人力、电力应用和工业化标准带来的社会化分工、PLC 和计算机联网应用、物联信息系统和人工智能为标志，通过技术或组织的革新，针对日益复杂的时代性工业问题进行了突破。伴随着工业化发展的进程，建筑工业化同样也显现出四个阶段，从鲜用预制构件的传统建筑时代，到构件工厂流水化生产供应，到基于 BIM 技术信息集成优化与建筑工业标准建立，到基于 CPS 应用的设计、制造与施工全流程最优解决方案。建筑工业化与工业化进程的本质都是突破人类劳动力极限、用机器替代人力、智能设备替代脑力、用物联信息系统进行智能化决策与自驱动执行的进化过程。建筑工业 4.0 是以智能制造为主导的建筑行业生产方式变革，它要解决的是基于互联网时代客户端发起的大规模定制化产品需求。

工业化与建筑工业化进程对比表 表 8-2

工业化发展进程			建筑工业发展进程	
发展阶段	标志与特点	核心变化	发展阶段	特点
机械化时代（工业 1.0）	以蒸汽机的应用为标志，用蒸汽动力驱动机器取代人力，突破人类劳动力极限，手工业从农业分离出来，正式进化为工业	技术革新	建筑工业 1.0	自建简易搅拌站或使用商品混凝土；在工地工棚进行钢筋加工；鲜用预制构件

工业化发展进程			建筑工业发展进程	
电气化时代（工业2.0）	以电力的广泛应用和工业标准建立带来的社会化大分工为标志，用电力驱动机器取代蒸汽动力，从此零部件生产与成品装配实现分工，工业进入大规模生产时代	组织革新	建筑工业2.0	预制构件广泛使用；构件生产工艺日趋成熟，便于预制构件工厂化流水生产
自动化时代（工业3.0）	以PLC（可编程逻辑控制器）和基于互联网信息技术的计算机应用为标志，从此机器在取代大部分体力劳动的同时还分担了部分脑力劳动，工业生产能力从此便超越了人类消费能力，人类进入了产能过剩时代	技术革新	建筑工业3.0	基于BIM技术的应用，逐步建立建筑工业标准，实现设计、生产与施工信息共享，整体提升了工程项目实施的各项指标
智能化时代（工业4.0）	以物联信息系统与AI人工智能应用为标志，通过信息物理融合系统将客户需求以及生产中的供应、制造、销售信息数据化、智慧化，最后达到精准、高效地提供终端用户个性化产品需求	组织革新	建筑工业4.0	基于CPS系统的应用，实现设计、生产、施工一体化整体解决方案最优化

8.5.3 PC-CPS 系统应用
Application of PC-CPS

1. 应用背景

当前的中国随着国家和各省市装配式建筑政策的出台，市场空前巨大，不同省市对装配式建筑的装配率、预制率要求不同，不同开发商采用的装配式建筑结构体系、户型等也不一样，这对预制构件工厂而言是典型的大规模定制化需求。大规模定制是集终端客户、制造企业、供应商、经销商，包括员工和环境于一体，基于先进的软件系统平台，决策出整体最优方案，即根据客户的个性化需求，以大批量生产的低成本、高质量和效率提供定制产品和服务的生产方式。

大规模生产与定制化生产是相矛盾的存在，针对建筑业的这种特性，通过模块化设计来组成标准化，是实现装配式预制构件生产通用化的有效路径。基于建筑业众多的规范与标准的关键内容，考虑设计、生产与施工的质量、成本、柔性与效率等因素，结合建筑行业的信息化技术设计出建筑工业化的标准软件，这是对建筑工业化标准的最好诠释，是建筑工业4.0实施与实现的充分条件。

2. PCmaker 系统平台

PCmaker平台由远大住工与中国建筑科学研究院共同研发，它集成了远大住工20年的装配式技术和经验，采用中国建筑科学研究院的国家科技项目成果最新BIM理念和软件技术。

PCmaker平台主要有PCmakerⅠ、PCmakerⅡ、PCmakerⅢ三款软件。PCmakerⅠ是基于BIM平台的装配式建筑正向设计软件，它通过统一的建筑工业标准，确保设计数据的有效性与连续性，基于模块化设计可以一键生成建筑模型、图纸与清单，其旨在提供装配式建筑设计整体解决方案。PCmakerⅡ则是贯通设计、生产与施工，并综合考虑造价与产业链金融，其旨在提供装配式建筑主体整体解决方案。PCmakerⅢ则是整合项目、主体、机电、设备、部品、装修、运营维护、产业链金融全业务链，其旨在提供装配式建筑行业整体解决方案。

    3. PC-CPS 智造系统

（1）PC-CPS 智造系统流程

    PC-CPS 智造系统是针对预制混凝土构件生产量身打造的整体解决方案，它是以生产为出发点，向前端设计、客户及后端施工延伸的智能管理系统，即通过构建基于数据自动流动的闭环体系，对人流、物流、信息流、资金流进行状态监测、实时分析、科学决策、精准执行，解决生产制造、应用服务过程中的复杂性和不确定性，实现资源配置和运营的按需响应、动态优化，大幅提升经营效率。

    如图 8-24 所示，在 CPS 实施时，Cyber 空间基于行业最优的设计、生产与施工技术体系，结合项目数据与行业大数据进行分析，建立全面的生产模型集，再通过对生产模型集进行虚拟仿真与优化决策，为 Physical 空间的工厂生产提供可执行的整体方案。工厂进行方案执行的同时，通过物联网技术手段全面采集过程数据，反馈至 Cyber 空间进行动态决策，通过 Cyber 与 Physical 的精准映射、虚实交互、智能干预确保执行方案的科学性与可执行性。

图 8-24　CPS 关系简图

    如图 8-25 所示，CPS 智造系统从客户端开始植入 CPS 理念，确保与客户的合作从价值认同与共赢开始。在针对项目的商务接洽中，导入自有的先进技术体系，为客户提供设计、生产与施工全流程的咨询服务，消除客户对合作的流程与技术疑问，提供成本更低、效率更高的可行性技术方案。在项目合同签订前会基于与客户共赢的原则针对项目从客户等级、项目体量、技术体系、构件标准化程度、成本与利润等诸多方面进行雷达图分析，确保项目实施的双赢。签订合同后，工厂成立项目小组，主导客户项目的导入，从设计、工厂、工地三方面聚焦打造项目数字产品。数字产品完成后便是数字制造过程，该过程主要完成项目生产模型的建立，即对所有构件进行一物一码的生成、对生产资源进行数字化定义、基于构件制作的仿真模拟结果对项目的生产组织与计划进行数字化预排，Cyber 阶段工作至此完成。在 Physical 阶段，即工厂实体制造过程，它是基于数据驱动与柔性制

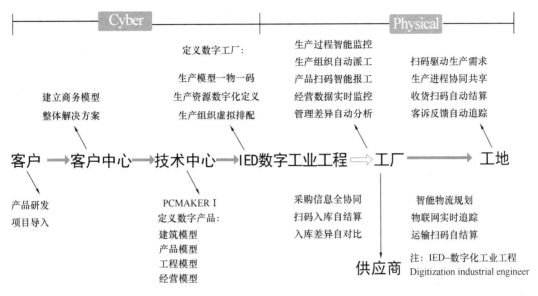

图 8-25　CPS 智造流程

造，通过供应链管理与 PC 制造管理相分离的方式，来实现对项目构件的高效率、高质量与低成本的准时交付过程。

（2）智能工厂

以远大住工为例，智造工厂建设的基本思路是根据经营管理、研发设计、工业生产、物流配送、工程施工、售后服务等装配式建筑全生命周期各环节特点，通过智能装备与信息系统的结合，打造适用于全品类 PC 构件柔性制造的智能工厂。在具体实施中的关键内容如下：

1）采用公司自主研发，涵盖各类 PC 构件制造工艺的成套智能制造装备，进行全品类 PC 构件柔性制造，产品适应性强，生产高度自动化。

2）采用以 BIM 技术为核心的 PCmaker 平台进行设计，调取自建数据库信息，对参数进行设定，快速形成符合业主单位需求的定制化产品方案。

3）通过工业生产相关系统的互联互认、云平台及大数据中心的建立，实现了经营管理、研发设计、工业生产、物流配送、工程施工、售后服务等装配式建筑全生命周期各环节的协同集成，以及生产过程动态优化、制造和管理信息的全程可视化。

4）应用移动扫码技术并与国家平台互联，不仅实现对产品全生命周期管理，更实现了产品质量可追溯；采用工业以太网技术，实现智能制造装备与管理信息系统、工厂内网与外网的互联互通；建设了网络安全体系，实现了对互联网风险的有效防范。

（3）智能生产

预制混凝土构件的智能生产是基于智能工厂和数字制造方案，采用柔性制造和物联网数据驱动技术，高效率、高品质、成本可控且精准地满足客户成套产品需求的模式。其中数字制造方案是指在 PCmaker 软件平台中对项目订单规划与管理、生产工艺、智能排产、制程控制、数据采集、智能看板、生产定额、差异分析、质量追踪等方案进行全面的预设。柔性制造主要体现在模具通用化、流程标准化、台车共享化、作业简单化等方面。物联网数据驱动技术则是通过对材料、构件、生产区域、运输工具等进行一物一码标识与扫码驱动作业，来实现从原材料到半成品、构件制作与运输及工地吊装全流程的追踪，如图8-26 所示。由此实现在实体生产中的生产工艺智能化、资材智能化、作业智能化、成本智能化和管理智能化。

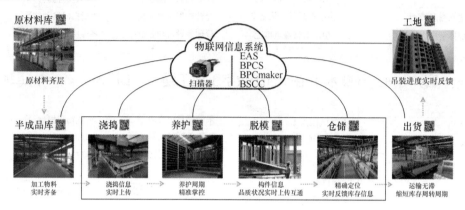

图 8-26 物联网数据驱动关系图

生产工艺智能化是指堆码装车方案、台车排摸方案、模具方案、构件生产工艺方案等工艺设计工作，可以从现有标准化方案资源库中，根据当前项目的工艺特点进行自动匹配与拉式生成，实体制造过程中的工艺问题改善同样可以通过对采集数据的分析进行决策，匹配出适用的改良工艺措施。

资材智能化是指计划信息流与物料流的匹配，可以通过 PC-CPS 系统的数据采集、分析与看板系统来进行智能管控。通过一物一码的数据驱动，系统可以自驱动向工厂下达成套的生产计划指令、跟进分析计划执行进度，提供计划达成率分析报表，同时也可以对工厂原材料、半成品、成品状态物料的数量、物理位置、成套情况进行分析，并根据岗位需求分别匹配对应的数据分析报表。

作业智能化是指在少量人工的操作下，根据收到的电子生产指令、图纸及清单进行自检后执行，并在与既定方案、参数不符或差异超出标准时进行自动停机预警，确保生产制程可控，产出成品合规。

成本智能化是指从项目成本分析与模型建立到实体生产成本发生，以及项目结案清算与存档全过程的成本数据分析与预警管控。在成本发生的每一个环节，系统都会根据定额与实际发生额进行对比分析，根据预设的提醒参数进行预警和智能干预。

管理智能化是指基于工厂实时动态数据的分析对工厂运营状态进行数字化图文报表的展示，并对可能出现的异常问题进行高亮预警展示，并提供异常分析与可选的解决方案，方便工厂各层管理者第一时间发现问题，消除问题。

本 章 小 结
Summary

1. 在预制混凝土构件工厂的规划中，选址、工厂布局、生产方式与设备系统选择、车间功能区布局是重要内容，其中主流的生产方式是固定模台生产与流水线生产，生产设备包括六大系统。

2. 预制混凝土构件工厂化生产全流程可分为生产项目导入、首件打样、量产供货三个阶段。

3. 生产工艺技术在设计、生产与施工全过程中，包括工业化设计、生产工艺设计、产品制造工艺、施工支持等阶段。工业化设计阶段侧重可行性设计，生产工艺设计阶段侧重生产执行方案设计，产品制造工艺阶段则侧重执行方案的优化设计，施工支持阶段侧重施工技术问题解决。

4. 在工厂生产执行中，生产工艺技术的重点是模具方案与生产工艺流程优化，确保构件按节拍进行标准化生产，提高工厂生产效率。构件在工艺技术的指导下，有序生产的同时还需要完善的质量管理体系来进行可靠性与符合性的监管。

5. 伴随技术、组织的革新，工业化发展经历机械化时代、电气化时代、自动化时代而来到了智能化时代，建筑工业化亦是如此，基于CPS系统的PC构件智能制造是建筑工业化的趋势。

思 考 题

8-1 请简述工厂的装配式混凝土建筑项目生产导入流程。

8-2 请简述装配式混凝土构件工厂化生产常见的生产方式与生产设备系统。

8-3 请简述装配式混凝土构件的生产工艺流程。

8-4 请简述装配式混凝土预制构件工厂生产质量管控流程。

拓 展 题

8-1 请简述建筑工业4.0下的装配式混凝土构件工厂化生产技术。

8-2 你认为该如何控制装配式混凝土构件生产成本？

第9章 装配式混凝土建筑施工技术

Construction Technology of Precast Concrete Building

本章学习目标

1. 掌握在装配式混凝土结构施工中起重设备的选择方法、吊具验算方法，熟悉其他机具选择方法。

2. 掌握常规预制构件运输和堆放的技术要求，了解常用的运输和堆放方法。

3. 掌握典型预制构件，如剪力墙、柱、梁、板的安装流程和方法，掌握套筒灌浆等构件连接方法及质量控制要求，熟悉预制楼梯的安装、外墙防水施工方法。

4. 熟悉装配式混凝土结构进场检验及分项工程验收要点。

相较于现浇式混凝土结构，装配式混凝土结构有助于提高施工质量、提升施工效率、节约劳动力。但同时，装配式结构施工对施工方法和安装精度也提出了更高要求。装配式混凝土结构施工的主要环节包括预制构件的运输与存放、预制构件安装、构件连接、外墙防水等。在装配式建筑施工中，应对施工全过程各环节涉及的材料、施工方法、施工机具等进行选择，确定质量、安全措施、质量验收方法。通过精心准备和规范作业，提高施工质量，实现安全、文明和绿色施工。

9.1 起重设备及机具
Lifting Equipment and Machinery

由于装配式结构施工的特点与需求，装配式混凝土施工涉及的设备主要包括起重设备及各种机具，机具主要包括吊具和其他机具，其他机具指灌浆设备、临时支撑、施工机具及消耗材料等。

9.1.1 起重设备选择
Selection of Lifting Equipment

装配式结构施工与现浇结构施工使用的起重设备相比，最显著的特点是起吊重量增加。现浇结构施工中起重机起吊的物件大部分是钢筋、模板和脚手架等物料及小型设备；而装配式结构施工中起重机还需起吊预制柱、预制梁、预制楼板、预制剪力墙等大型预制构件，起重机的单次起吊质量一般为 5~14t。除此之外，装配式混凝土结构还具有构件的形状多样、复杂的特点。因此，起重设备的选择是装配式混凝土结构施工中的关键问题，其主要内容是确定起重设备的类型、型号和数量。

1. 起重设备类型

装配式混凝土结构吊装工程中常用的起重设备包括塔式起重机和自行式起重机两种类型。塔式起重机（简称塔吊）是一种塔身直立，起重臂安在塔身顶部且可做360°回转的起重机。其结构特点是塔身不转动，回转支承以上的动臂、平衡臂等通过回转机构绕塔身中心线作全回转。塔式起重机根据塔身形态可分为固定式、轨道式、爬升式和附着式。自行式起重机根据行走方式分为履带式、汽车式和轮胎式。自行式起重机的起吊高度、起重量相较塔式起重机较小，其优势在于机动灵活，布置转移方便。

起重机选择应主要考虑技术因素和经济因素。技术因素包括：起重作业量，预制混凝土构件的运输路径，起重施工空间，吊装工程工期要求；经济因素包括：起重机的租赁、组装与拆卸费用，操作人员工资等。起重机选用时应综合进行技术经济比较后确定选用的类型及其组合。起重机选择的主要原则为：

（1）多层及高层民用建筑、多层工业厂房宜首选塔式起重机；施工场地不足、无铺设轨道场地的高层装配式建筑可采用内爬式塔式起重机，但对于建筑附着部分的装配式墙板和结构关联部分必须进行加强处理，并在拆除后对其附着部位进行加固及修补。

（2）低层装配式混凝土结构，如高层建筑的装配式框架结构裙房、农村低层装配式混凝土住宅等的结构吊装工程宜选用自行式起重机。

（3）大型公共建筑的大型预制构件吊装、大型塔式起重机的安装与拆卸、塔式起重机难以覆盖的吊装区域构件的吊装等宜选用履带式起重机。

（4）低层结构、外墙吊装、现场二次搬运、塔式起重机的安装与拆卸宜选用汽车式起重机。

（5）现场具有多种高度差别较大的建筑（如主楼与裙房）时，不宜盲目增大塔式起重机型号实现全覆盖，而应进行认真技术经济比较，考虑选用汽车式起重机解决塔式起重机难以覆盖的多层建筑死角部位吊装。

2. 起重机的型号

由于起重机自身特点，塔式起重机与自行式起重机型号选择略有区别。

（1）塔式起重机型号选择

塔式起重机的型号可查阅国家标准《塔式起重机》GB/T 5031—2016，通常以塔式起重机的最大工作幅度作为塔式起重机臂长的参数。由于在装配式建筑施工时，塔式起重机除了承担建筑材料、施工机具运输，还承担所有 PC 构件的吊运安装，因此一般起重能力要求高、型号较大。塔式起重机按以下主要原则选取。

应满足最高构件的吊装要求，通过其起升高度或附着高度及可爬升能力确定。塔式起重机高度 H 应满足式（9-1）的要求：

$$H \geqslant H_1 + H_2 + H_3 + H_4 \tag{9-1}$$

式中　H ——起重机的起重高度（m）；

　　　H_1 ——建筑物高度（m）；

　　　H_2 ——安全吊装高度（m）

　　　H_3 ——预制构件最大高度（m）；

　　　H_4 ——索具高度（m）。

塔式起重机回转半径应尽量覆盖整个建筑物，塔式起重机工作幅度 R 应能满足塔臂覆盖堆场构件，避免出现覆盖盲区，减少构件的二次搬运。有多种高度差别较大的建筑时，可考虑选用汽车式起重机解决塔式起重机难以覆盖的多层建筑死角部位吊装。

塔式起重机应能满足最大起重能力的要求。塔式起重机选型时应结合其尺寸及起重机载荷特点，考虑施工中最远最重的预制构件对塔式起重机起重能力的要求。塔式起重机起重力矩应满足式（9-2）的要求：

$$M \geqslant 1.3 \times (Q \times R) \tag{9-2}$$

式中　Q——起重机的起重量（t）；

　　　R——塔式起重机工作幅度（m）。

一般而言，建筑物施工高度在 70m 以下的住宅工程，可选择 QTZ63B、QTZ80 等小型号塔式起重机；对于建筑物高度在 70m 以上的住宅建筑，应首先选择 F0/23B 系列或以上的塔式起重机，此塔式起重机锚固次数少，速度快，在工程施工或抢工期间可发挥重要作用。对于建筑物高度超过 200m 的工程，建议选择爬升式塔式起重机，可随着建筑物结构的施工速度逐步爬升。

（2）自行式起重机型号选择

自行式起重机型号选择取决于三个工作参数：起重量 Q、起重高度 H 和起重半径 R。三个工作参数均应满足装配式混凝土结构吊装的要求。

自行式起重机适用的起吊重量应满足式（9-3）：

$$Q \geqslant 1.5 \times (Q_1 + Q_2 + Q_3) \tag{9-3}$$

式中　Q——起重机的起重量（t）；

　　　Q_1——预制构件的重量（t）；

　　　Q_2——吊索的重量（t）；

　　　Q_3——吊装架的重量（t）。

注：《混凝土结构工程施工规范》GB 50666 规定，预制构件在吊运、运输、安装等环节的施工验算应将构件自重乘以动力系数作为等效荷载标准值，构件吊运、运输时动力系数可取 1.5。

自行式起重机的起重高度需满足预制构件的吊装高度要求，应按式（9-4）进行验算。

$$H \geqslant H_1 + H_2 + H_3 + H_4 \tag{9-4}$$

式中　H——起重机的起重高度（m）；

　　　H_1——预制构件安装位置高度（m）；

　　　H_2——安全生产高度（m）；

　　　H_3——预制构件最大高度（m）；

　　　H_4——吊具高度（m）。

自行式起重机起重半径的确定可按以下三种情况进行：

1）当起重机可以不受限制地移动到构件安装位置附近进行作业时，对起重半径无要求，在计算起重量和起重高度后，查阅起重机性能表或性能曲线得到在此起重量和起重高度下相应的起重半径。

2）当起重机不能直接移动至构件安装位置附近吊装构件时，应根据起重量、起重高度和起重半径三个参数，查阅起重机性能表或性能曲线来选择合适的起重机型号及起重臂长。

3）当起重机的起重臂须跨过已安装好的结构去吊装构件，例如安装叠合楼板时起重臂需跨过墙体，为避免起重臂与已安装结构相碰，需求出起重机吊装该构件的最小臂长及相应的起重半径，起重机最

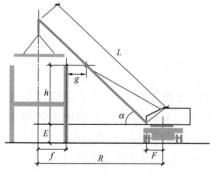

图 9-1　解析法求最小起重臂长

小臂长可用解析法（图 9-1）求出，具体计算过程按照式(9-5)进行。

$$L = l_1 + l_2 = \frac{h}{\sin\alpha} + \frac{f + g}{\cos\alpha} \tag{9-5}$$

式中　L——起重臂的长度（m）；

　　　h——起重臂底铰至构件吊装支座的高度（m）；

　　　f——起重钩需跨过已吊装结构的距离（m）；

　　　g——起重臂轴线与已吊装屋架间的水平距离（m），至少取 1m；

　　　α——起重臂的仰角（°）。

为了求得最小臂长，可对式（9-5）进行微分，并令 $\dfrac{\mathrm{d}L}{\mathrm{d}\alpha} = 0$：

$$\frac{\mathrm{d}L}{\mathrm{d}\alpha} = \frac{-h\cos\alpha}{\sin^2\alpha} + \frac{(f + g)\sin\alpha}{\cos^2\alpha} = 0$$

得

$$\alpha = \arctan\sqrt[3]{\frac{h}{f + g}} \tag{9-6}$$

将 α 值代入式（9-6）中，即可得出所需起重杆的最小长度。据此，选用适当的起重杆长，然后根据实际采用的 L 及 α 值，计算出起重半径 R：

$$R = F + L\cos\alpha \tag{9-7}$$

3. 起重设备数量

起重机械施工需要的数量需根据式（9-8）进行综合计算得出：

$$N = \frac{Q \cdot K}{A \cdot S \cdot B \cdot \varphi} \tag{9-8}$$

式中　N——起重机械需用数量（台）；

　　　Q——工程量（m²、m³、t 等）；

　　　K——施工不均衡系数，可按表 9-1 采用；

　　　A——有效作业天数（天）；

　　　S——机械台班产量定额（m²/台班、m³/台班、t/台班）；

　　　B——每天工作班数（班）；

　　　φ——机械工作系数（包括完好率和利用率等，可按表 9-2、表 9-3 采用）。

施工不均衡系数　　　　　　　　　　　　　　　　　　　　　表 9-1

项目名称	使用时间	
	年度	季度
砂浆	1.5～1.8	1.2～1.4
混凝土	1.5～1.8	1.2～1.4
钢筋	1.5～1.6	1.2～1.3
模板	1.5～1.6	1.2～1.3
吊装	1.3～1.4	1.1～1.2
机电设备安装	1.2～1.3	1.1～1.2

机械工作系数		表 9-2

机械类型	机械工作系数
≥6t/m 履带式、轨道式及塔式起重机	0.6～0.7
<6t/m 各式起重机	0.5～0.6
汽车桅杆式起重机	0.3～0.4

常用主要起重机械完好率、利用率		表 9-3

机械名称	完好率（%）	利用率（%）
履带式起重机	80～95	55～70
轮胎式起重机	85～95	60～80
汽车式起重机	80～95	60～80
塔式起重机	85～95	60～75

9.1.2 吊具选择及验算

Selection and Calculation of Lifting Appliances

装配式结构施工使用的吊具包括钢丝绳、吊索链、吊装带、吊钩、卡具、吊装架等。为保持构件平稳和受力均匀合理，根据吊挂的构件尺寸类型不同，可以选择点式、一字形、平面式和特殊式等不同形式的吊具进行吊装作业。

吊具的选择必须保证被吊构件在起吊过程中不发生变形、损坏，在起吊后不发生倾斜、转动和翻转。吊具的选择应根据预制构件的形状、重量、体积、吊点、吊装要求及现场作业条件确定。吊具应保证吊索受力均匀，吊索间夹角应不大于 60°，吊索的合力作用点应与被吊构件的重心在同一铅垂线上。当预制构件无吊点时，应通过施工力学计算确定绑扎点位置。

构件吊装前应进行吊索和吊具的验算，验算方法按如下进行。

（1）吊索验算

吊索（钢丝绳）的容许拉力按照式（9-9）计算：

$$[F_g] = \frac{\alpha F_g}{K} \tag{9-9}$$

式中　$[F_g]$——钢丝绳的允许拉力（kN）；

　　　F_g——钢丝绳的拉力总和（kN），应按照式（9-10）计算；

　　　α——钢丝绳之间的荷载不均匀系数，对 6×19、6×37、6×61 钢丝绳分别取 0.85、0.82、0.8；

　　　K——钢丝绳使用安全系数，吊索安全系数不应小于 5。

$$F_g = fA \tag{9-10}$$

式中　f——吊索强度设计值（N/mm²）；

　　　A——吊索的截面面积。

（2）吊具验算

吊具一般采用工字钢制作，构造措施需满足《钢结构设计标准》GB 50017—2017 的要求。

吊具的受力如图 9-2 所示。

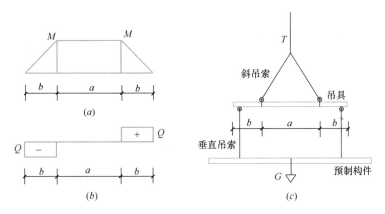

图 9-2 吊具与吊索的受力简图

(a) 吊具弯矩图；(b) 吊具剪力图；(c) 吊具及吊索示意图

吊具所受弯矩按照式（9-11）计算。

$$M = \frac{Gb}{2}$$ 　　　　　　　(9-11)

式中　M——作用在吊具上的弯矩设计值（kN·m）；

　　　G——构件重力荷载设计值（kN）；

　　　b——吊具斜拉索连接点到竖直拉索点的距离（m）。

型钢截面正应力按照式（9-12）计算：

$$\sigma = \frac{M}{\gamma_x W_{nx}}$$ 　　　　　　　(9-12)

式中　σ——作用在吊具截面上的正应力设计值（N/mm²）；

　　　M——作用在吊具上的弯矩设计值（kN·m）；

　W_{nx}——吊具截面抵抗矩（mm³）；

　　γ_x——塑性发展系数，本书取 1.0。

吊具所受剪力按照式（9-13）计算：

$$Q = G/2$$ 　　　　　　　(9-13)

式中　Q——作用在吊具上的剪力设计值（kN）；

　　　G——构件重力荷载设计值（kN）。

吊具所受剪应力按照式（9-14）计算：

$$\tau = \frac{Q S_x}{I_x t_w}$$ 　　　　　　　(9-14)

式中　τ——作用在吊具上的剪应力设计值（N/mm²）；

　　　Q——作用在吊具上的剪力设计值（kN）；

　　t_w——型钢腹板厚度（mm）；

　　S_x——型钢截面静矩（mm³）；

　　I_x——型钢截面惯性矩（mm⁴）。

吊具安全系数的选取根据《混凝土结构设计规范》GB 50010—2010（2015 年版），确定钢筋吊环抗拉强度时应考虑折减系数。折减系数可参考构件的重力分项系数取 1.2，吸附作用引起的超载系数取 1.2，钢筋弯折后的应力集中对强度折减系数取 1.4，动力系数取 1.5，钢丝绳角度对吊装环承载力影响系数取 1.4。综合以上因素，《混凝土结构设计规范》GB 50010——2010（2015 年版）中给出的最不利系数为 4.23；日本技术人员在计算吊具时，安全系数取 9。本书建议吊具与吊索安全系数不应小于 5。

9.1.3 其他设备与机具选择
Selection of Machinery and Tools

装配式混凝土结构施工的其他设备与机具包括场内运输设备及转运架、灌浆设备、临时支撑、施工机具及消耗材料。

装配式混凝土结构施工应尽量组织随吊随运，减少场内运输，若必须进行场内运输时，可选用拖板运输车，或在施工现场留置一台汽车车头用于必要时移动构件运输货架。

灌浆连接是装配式连接方式中比较成熟可靠的连接方式，在现场施工中需要运用灌浆设备来进行灌浆作业，灌浆设备主要包括灌浆料制备设备、灌浆机和灌浆检验工具等。搅拌器用于灌浆料拌制；电子秤用于称量干料和水；灌浆泵用于泵送灌浆料；截锥试模用于灌浆料流动度检测。

临时支撑设备主要用于预制构件吊装到设计位置之后，在灌浆料或后浇混凝土达到规定强度之前为预制构件提供临时支撑。临时支撑主要有竖向构件的斜支撑和水平构件的板底支撑、梁底支撑。竖向构件如预制剪力墙、预制隔墙、预制柱等通常使用斜支撑（图 9-3）来支撑固定，斜支撑可以防止竖向高耸构件失稳倾覆，并且保证竖向构件垂直度，满足安装精度。水平构件根据构件的尺寸和支撑高度选择合适的支撑类型。当叠合楼板的支撑高度不超过 3m 时一般选用独立三脚架支撑（图 9-4），独立三脚架支撑主要由三脚架、独立立杆、独立顶托、工字木四部分组成，无水平连接杆件。当支撑高度较大时一般选用稳定性较好的盘扣式支撑或键槽式支撑。盘扣式支撑由立杆、横杆、斜杆组成，承插型键槽式支撑由承插型键槽式钢管承重支架、可调丝杆代替主龙骨的水平加强杆、活动扣件、可调早拆头组成，相较盘扣式支撑减少了插销零散构配件的使用，精简了施工工艺流程，但对扣件质量及工人操作水平的要求较高。叠合梁底一般搭设满堂脚手架，在条件允许的情况下可选用单顶支撑，通过选用 U 形、Z 形等梁底夹具来满足不同尺寸梁的支撑。

图 9-3　斜支撑

图 9-4　独立三脚架支撑

施工机具指在装配式施工过程中，预制构件的吊装、连接需要用的辅助施工机具。例如焊机用于钢筋连接、连接件加固；切割机用于钢材加工；电动扳手用于紧固固定螺栓和自攻钉；电锤用于墙板引孔。

消耗材料指的是在预制构件吊装、临时固定的施工过程中使用的材料。如：连接螺栓用于墙板斜支撑固定、墙板定位件底部固定、L形连接件固定、一字连接件固定；钢垫块用于放置在竖向预制构件安装面上调整预制构件底部水平标高；墙板定位件用于将墙板与楼面连成一体，同时方便墙板就位。

9.2　预制构件的运输及存放
Transportation and Storage of Prefabricated Components

预制构件在工厂中预制完成后，需要用运输车将构件运送到施工现场，部分可能需要在现场存放。在运输过程中和现场存放时应保证构件不产生开裂、破损等问题，并能保证高效、连续施工。预制构件的运输中应解决的问题包括预制构件的运输车辆及运输架选择、起吊装车要求、运输道路要求等，应关注运输过程中对构件的振动及减振措施；存放中应确定预制构件的存储方式、确定存储货架、确定存储垫块的位置等。

在运输前，应对预制构件进行验算，根据《装配式混凝土结构技术规程》JGJ 1—2014规定：预制构件在运输短暂设计状况下的施工验算，应将构件自重标准值乘以动力系数1.5后作为等效静力荷载标准值进行验算。

9.2.1　构件的运输
Transportation of Prefabricated Components

1. 运输设备

（1）运输车辆

在实际工程中，应根据道路限高、限重情况和预制构件的尺寸来选择不同的运输车辆。工程中常用的预制构件运输车有低平板半挂运输车和专用预制构件运输车两大类，如图9-5（a）、（b）所示。两类预制构件运输车载重量在30t以内。低平板半挂运输车运输

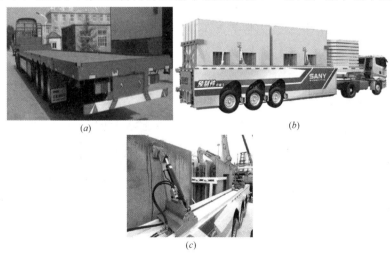

（a）　　　　　　　　　　　　　　（b）

（c）

图9-5　运输车辆
（a）低平板半挂车；（b）专用预制构件运输车；（c）专用预制构件运输车上部固定构件夹具

费用低廉，通过在平板上设计安装不同类型的车架，就可以达到运输不同类型预制构件的目的，可运输高度为3.1m以内的构件。专用预制构件运输车与普通平板运输车相比运输价格较高，但是其挂车内部采用了空腔的形式，可以运输更大尺寸的构件，且重心更低，可提高车辆行驶的稳定性，可运输高度为3.7m以内的构件，同时挂车上部有专门的夹具用于固定预制构件（图9-5b）。

（2）运输架

当采用平板运输车运输墙板类构件时，需要用运输架装载构件，如图9-6所示为靠放架及插放架。运输架一般根据构件的重量和外形尺寸进行设计制作，且尽量考虑运输架的通用性。同时，平板车上应加焊限位件来防止运输架在运输过程中移动或倒塌。采用靠放架运输构件时，构件与水平面倾斜角度宜大于80°，并且要对称靠放，每侧靠放不大于2层，构件层间上部用木垫块隔离开。采用插放架运输构件时，应采取措施防止构件发生倾倒，构件之间应设置隔离垫块。

(a)　　　　　　　　　　　　　(b)

图 9-6　靠放架及插放架

2. 运输方式

构件的运输主要有两种方法，立运法与平运法。立运法指的是在平板车上安装专用运输架，构件对称靠放或者插放在运输架上进行运输。内、外墙板和PCF板等竖向构件一般采用立运法运输。平运法指的是将预制构件叠层平放在运输车上运输，水平构件如叠合板底板、阳台板、预制楼梯、装饰板等多采用平运法运输。立运及平运示意图如图9-7所示。

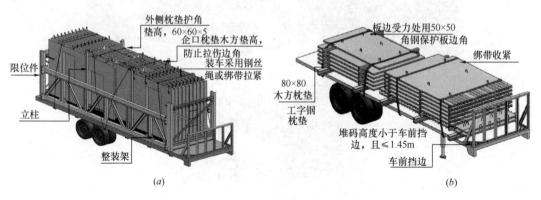

(a)　　　　　　　　　　　　　(b)

图 9-7　构件运输方式

(a) 立运法；(b) 平运法

3. 运输过程中的质量安全措施

构件从工厂生产完到运至工地现场，会产生受力状态的改变，运输中可能受到振动带来的动荷载、上部构件及配件的自重、外力撞击等荷载，因此在构件运输线路和运输方式的选择中充分考虑运输过程中的减振及安全问题，尤其是对于超高、超宽、形状特殊的大型构件，应制定专门的质量安全保证措施。

（1）运输线路规划

预制构件运输前须提前规划好运输线路，并向驾驶员交底。道路应平整坚实，道路承载力须满足载重量要求。在运输前应对部品运输路线的桥涵限高、限行进行实地勘察，以满足要求；如果有超限部品的运输，应当提前办理特种车辆运输手续。

施工现场应规划好车辆行驶路线，一般设置成环形路线（场地布置见本书第 10 章）；施工现场应设两个门保证进出，不影响其他运输构件车辆的进出，有利于直接从车上起吊构件安装，保证进出场地顺畅，同时要考虑现场车辆进出大门的宽度以及高度。构件运输车行驶道路一般采用混凝土硬化处理，或根据现场实际情况铺设钢板或路基箱，道路两侧应有排水构造设施；运输车辆若需经过地下室顶板时，须提前规划行车路线并对路线范围内地下室顶板结构进行验算和加强处理，加固处理方案需经原设计单位计算校核。在条件不许可的情况下，也可采用预制混凝土铺装或采用钢板铺装。

（2）验算构件强度

对钢筋混凝土屋架和钢筋混凝土柱子等构件，根据运输方案所确定的条件，验算构件在最不利截面处的抗裂度，避免在运输中出现裂缝。如有出现裂缝的可能，应进行加固处理。

（3）运输中的质量安全措施

预制构件运输时，为了使构件在运输过程中稳固，装卸构件方便安全，结合《装配式混凝土建筑技术标准》GB/T 51231—2016 及《装配式混凝土结构技术规程》JGJ 1—2014 的相关要求，运输构件时应注意：外墙板宜采用立式运输，外饰面应朝外；柱、梁、板、楼梯、阳台宜采用水平运输，柱如采用立放运输时应有防倾覆措施。采用水平运输的方式运输构件时，预制混凝土梁、柱构件叠放不宜超过 3 层，板类构件叠放不宜超过 6 层，楼梯叠放不宜超过 3 层；装卸构件时，应采取保证车体平衡的措施；应根据吊运顺序组织运输，最先吊运的构件应放置在最外层。

预制构件的运输车辆应满足构件尺寸和载重要求，装卸与运输时应符合下列规定：装载构件时，应采取保证车体平衡的措施；运输构件时，应有防止构件移动、倾倒、变形等的固定措施。

由于大多数预制构件的长度与宽度远大于厚度，直立放置时自身稳定性较差，因此应采用带侧向护栏或其他固定措施的专用运输架对其进行运输，以满足运输时道路不平整、颠簸情况下构件不发生倾覆的要求。

9.2.2 构件的存放

Storage of Prefabricated Components

预制构件运输到施工现场以后，常需要将预制构件临时存放供现场吊运使用。

（1）构件存放原则

构件的现场存放，应按照保证构件受力安全且便于施工的原则进行。施工单位应根据设计要求的支点位置和存放层数制订存放方案，按照构件型号、类别进行分区，对运输到现场的构件集中存放。构件应按照规格型号、吊运顺序分类存放,先吊运的构件应存放在外侧或上层,避免二次搬运。存放中应保证预埋吊件朝上,标识应向外。构件存放的高度应考虑到场地的承压力和构件的总重量以及构件的刚度和稳定性的要求。预制构件的存放方式主要有水平存放和竖向存放两种,其中竖放包括立放和靠放。构件的存放要保持平稳,底部应放置垫木或者垫块,垫木或者垫块应位于同一垂直线上。支撑垫木宜置于吊点下方,应注意避免边缘支垫高度低于中间支垫高度。

(2) 构件水平存放方法

构件水平存放方法适用于预制柱、预制梁、叠合楼板底板、屋面板、楼梯等构件,如图 9-8 所示。构件应放在指定的存放区域,存放区域地面应保证水平。构件应分型号分层码放。一般底层应放置在"H"型钢上,型钢距构件边 500~800mm,层间用木方隔开,水平存放垫块放置及要求如图 9-9 所示。梁板柱堆放高度不宜超过 2m,其中,叠合板堆放层数不宜超过 8 层,大多控制在 6 层内,预制柱堆放层数不宜超过 3 层,预制叠合梁堆放层数不宜超过 2 层。

图 9-8 构件的水平存放

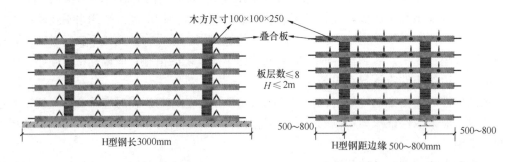

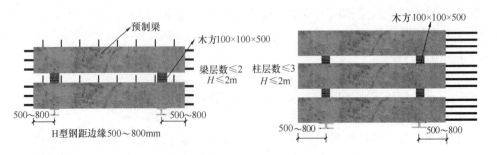

图 9-9 构件的水平存放垫块设置

（3）构件竖向存放方法

竖放法常用于墙板、飘窗等竖向构件的存放，如图 9-10 所示。对侧向刚度差、重心较高、支撑面较窄的构件，如预制内外墙板宜采用插放架进行存放。采用靠放架存放时，必须对称靠放和吊运，倾斜角度应大于 80°，并且靠放架的高度应为构件高度的三分之二以上。竖向存放也应设置垫块，垫块放置及要求如图 9-11 所示。

图 9-10 构件竖向存放

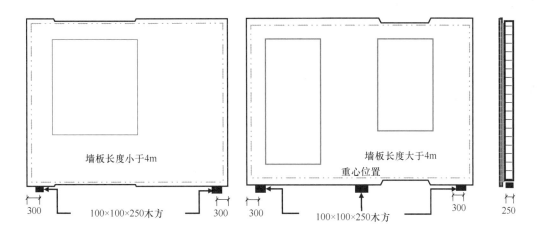

图 9-11 构件的竖向存放垫块设置

更多运输及存放相关知识，可扫描右侧二维码，观看运输及存放过程讲解。

预制构件运输及存放

9.3 预制构件吊装
Lifting Installation of Prefabricated Components

预制构件的吊装是指将预制构件用起重机吊起并安装到设计位置上的作业，其基本工序分为如下四步：准备工作，PC 构件吊运，PC 构件安装及临时固定，PC 构件调整校正及最后固定。

在吊运和安装前，要对预制构件进行验算，根据《装配式混凝土结构技术规程》JGJ 1—2014 规定：预制构件在吊运和安装短暂设计状况下的施工验算，应将构件自重标准值乘以动力系数后作为等效静力荷载标准值进行验算。构件吊运时，动力系数宜取 1.5；翻转及安装过程中就位、临时固定时，动力系数可取 1.2。

9.3.1 预制构件的吊运

Lifting Transportation of Prefabricated Components

吊运作业是指在施工现场用起重机械对构件进行的短距离运输。9.1 节已经对起重机等吊运设备作了具体的介绍，本节将主要介绍吊点布置、吊运施工方法、预制构件吊运验算及吊运注意事项。

1. 吊点布置

根据构件在空中的位置，可把吊装分为平吊、直吊和翻转等。

(1) 平吊

构件平吊指构件的轴线或中面在吊装过程中保持水平状态。结构中水平构件大多采用平吊方式吊装，如叠合板、预制梁等，而预制墙板、预制柱、预制桩等竖向构件在脱模起吊或运输装卸时也会采用平吊方式。构件平吊的关键是确定吊点位置，应考虑吊点位置能保证构件混凝土应力或钢筋应力在限制范围之内。对于叠合梁和叠合板的预制部分，往往只在梁底和板底配置有纵向钢筋，因此应严格控制吊装时负弯矩的大小，使构件上表面不得开裂。对于预制柱、预制桩，大多是对称配筋，且水平吊装时的受力与构件最终受力状态有很大区别，因此一般根据正、负弯矩相等的原则确定吊点位置。对于几何非对称或有凸出截面的构件，往往需要增加附加吊点或辅助吊线，以使吊装阶段获得均匀的支点力。可采用"紧线器"作为辅助吊线（图 9-12a）；如果构件中有小的横截面或大的悬臂端，需要设置钢结构"吊装靠梁"以提高这些区域的强度（图 9-12b）。

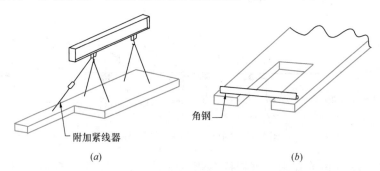

附加紧线器

角钢

(a) (b)

图 9-12 构件吊装加强措施

(a) 附加吊点；(b) 悬臂端增加靠梁

(2) 构件翻转吊和直吊

平躺制作、运输、堆放的竖向构件，如墙板、柱、剪力墙、桩等，在施工现场需要将其翻转、扶正并进行垂直吊装、就位。根据构件的尺寸、形状以及吊装设备的能力等确定翻转起吊方式。对于墙板，常用的翻转起吊的方式如图 9-13 所示。翻转起吊时，支点端可以设置砂垫以对构件加以保护。构件的翻转扶直是一个复杂的施工作业，在国外，对于大型预制构件，如多层预制外墙板等，翻转扶直往往由专业公司来完成。

2. 吊运前的准备

吊运前，事先设计好吊运线路，吊运线路应避开工人作业区域，并且吊运线路的设计应该有起重机驾驶员的参与，确定后应向驾驶员交底。

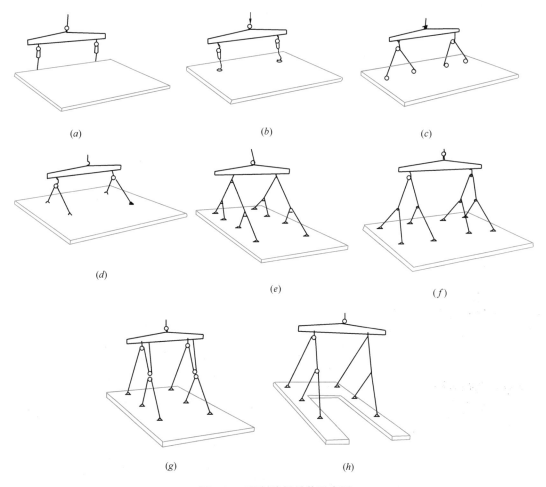

图 9-13　预制墙板吊装示意图

（a）端部两点吊；（b）单排两点吊；（c）单排 4 点吊；（d）双排 4 点吊；
（e）四排两列 8 点吊；（f）双排四列 8 点吊；（g）三排 6 点等索力吊；（h）三排两列 6 点吊

　　根据预制构件的形状、尺寸、重量和作业半径等要求选择合适的吊具和起重设备，吊索吊具的结构计算在 9.1.2 节中已有阐述。预制构件设计人员根据预制构件受力特点预先设计好吊点位置，在工厂中预制构件已预埋吊点，这里将不再考虑吊点的设计。吊运前对设备及吊具的安全情况进行复核，最后制定相关措施，确保起重设备的主钩位置、吊具及构件重心在竖直方向上重合。对于叠合板、预制楼梯等平面吊运的构件，宜用预制构件吊装梁进行吊运。

　　3. 吊运时的注意事项

　　起吊构件时要缓慢，离地 5～9cm 时停止起吊，待检查安全后再缓慢吊起。如果在吊运过程中构件出现大幅度摆动，会导致吊索、吊具受到的外力增大，吊具也会变得不牢固，增大安全隐患。因此，吊运时应控制好吊运速度来避免构件大幅度摆动。吊运高度要高于人员和设备，吊运路线下禁止人员逗留。

　　《装配式混凝土建筑技术标准》GB/T 51231—2016 中规定，吊运时应符合下列要求：

　　（1）预制构件吊运时，应根据设计要求、生产条件确定同条件养护的混凝土立方体抗压强度，除设计有要求外，构件强度不得低于同条件养护的混凝土设计强度等级值的75%。

（2）吊索水平夹角不宜小于60°，不应小于45°。

（3）应采用慢起、稳升、缓放的操作方式，吊运过程中不得偏斜、摇摆和扭转，禁止吊运构件长时间悬停在空中。

（4）吊运大型构件、薄壁构件或形状复杂的构件时，应使用分配梁或分配桁架类吊具，并且应当采取相应加固措施以避免构件变形和损坏。

9.3.2 竖向预制构件安装
Installation of Vertical Prefabricated Components

竖向预制构件包括预制剪力墙、外挂墙板、隔墙板、内墙板以及预制柱，针对不同的预制构件，其安装方法如下所示。

1. 预制剪力墙的安装

预制剪力墙是用来承受竖向和水平荷载的构件，常用的预制夹芯保温剪力墙由内叶板、保温层和外叶板组合而成（图9-14），在承受荷载的同时可以起到保温隔热的作用。

图 9-14　装配整体式夹芯保温剪力墙

预制剪力墙安装时，应先完成施工面清理，即在墙板吊装就位之前应将混凝土表面和钢筋表面清理干净，不得有混凝土残渣、油污、灰尘等，防止构件灌浆后产生隔离层影响结构性能。

预制剪力墙安装流程如下：测量放线→复核标高、抄平→预留插筋检查、调整→吊运→钢筋对位、落位→安装斜支撑→取钩→校正固定。

（1）施工面清理。

（2）测量放线。依据图纸在底板（楼板）面放出每块预制剪力墙的具体位置线，并进行有效复核。

（3）复核标高、抄平。对采用底板（楼板）面进行标高复核，并进行调整。可采用专用垫块调整预制墙板的标高及找平，垫块最薄厚度1mm。在每一块墙板两端底部放置专用垫块，并用水准仪测量，使其在同一水平标高上。

（4）预留插筋检查、调整。检查墙体竖向钢筋预留位置是否符合标准，其位置偏移量不得大于±9mm。如有偏差,需按1∶6要求先进行冷弯校正,应比两片墙板中间净空尺寸小20mm为宜,并疏整扶直,清除浮浆。

(5) 吊运。①确认构件起吊编号:吊运前先对照楼面构件编号与拖车上即将起吊的构件编号是否统一。②安装吊钩:根据墙板的大小及重量,选定合适的钢丝绳、钢梁、吊钩,并按照要求将吊钩安装在吊钉上。③安装缆风绳、起吊:安装缆风绳是为了控制构件转动,保证构件就位平稳。④距地1m静停:将构件吊离拖车至距地面1m的位置静停30秒,检查塔式起重机起升或制动有无异常。⑤距楼面500mm静停:吊装工人应校核构件吊装位置,为构件安装作准备。

(6) 钢筋对位、落位。构件垂直缓慢下降,保证柱子竖直筋包裹在叠合式剪力墙的箍筋内,并且柱子钢筋绑扎的高度应低于1m。构件缓慢落位时,观察套筒连接钢筋插入灌浆孔内,如图9-15所示,注意检查构件是否对齐其边线及端线。

图 9-15　构件落位

(7) 安装斜支撑。斜支撑安装先固定下部固定点,再固定上部固定点。上部支撑点距离墙板底部的距离不宜小于板高的2/3。斜支撑安装在竖向构件的同一侧,且不少于两道。要将撑杆的上下垫板沿缺口方向分别套在构件上及地面的螺栓上。安装时应先将一个方向的垫板套在螺杆上,然后转动撑杆,再将另一方向的垫板套在螺杆上,如图9-16所示。

预制构件的临时固定是为了保证预制构件的稳定和永久连接节点施工完成后的装配施

图 9-16　安装斜支撑

工精度。竖向构件安装就位后，其所受到的竖向荷载可以安全地传递到下层支撑结构上，因此临时固定重点考虑的是风荷载以及上层结构施工可能产生的附加水平荷载。

（8）取钩。斜支撑安装紧固完成后，确认吊钩完全取出，缓慢提升钢丝绳，避免吊钩及钢丝绳与其他构件发生碰撞。

（9）校正固定。构件安装后，应对安装位置、安装标高、垂直度、累计垂直度、平整度等项目进行复核与校正。

校正基准可按照以下原则确定：预制墙板侧面中线及板面垂直度校核时，以中线为主进行调整；对内外墙面平整度调整时，以外墙面为主控项目进行调整；山墙阳角与相邻板的校正，以阳角为基准。

偏差调整方法：通过调节斜支撑活动杆件来调整竖向构件的垂直度（图 9-17），并用 2m 长靠尺对竖向构件垂直度进行校正，确保墙面垂直度满足质量要求。根据轴线、构件边线、200mm 测量控制线，用 2m 长靠尺、塞尺对墙体轴线及竖向构件间平整度进行校正，确保墙体轴线、墙面平整度满足质量要求，外墙企口缝接缝平整、严密。校正后，将斜支撑调节螺栓锁紧、固定。

图 9-17　调节斜支撑

2. 外挂墙板的安装

外挂墙板是安装在主体结构上，起围护、装饰作用的非承重构件。有普通外挂墙板和夹芯保温外挂墙板两种类型，其施工可参照标准《预制混凝土外挂墙板应用技术标准》JGJ/T 458—2018 进行。外挂墙板的施工流程一般包括：测量放线→复核标高、抄平→预留插筋检查、调整→吊运→钢筋对位、落位→安装斜支撑→取钩→校正固定→安装墙板加固件→安装连接件及固定。其中前 8 项同预制剪力墙的安装要求一致，在此不赘述。

（1）安装墙板加固件

① 墙板加固件安装在距地 50mm 的套筒位置，每件预制墙板底部限位装置不少于 2 个，间距不宜大于 4m。

② 先安装底部 L 限位件固定，上端用 M16 螺栓拧入外挂板套筒，底部用自攻钉固定在楼面上。

③ 将螺栓/自攻钉焊接固定在 L 限位件，然后焊接钢筋连接 L 限位件上端与底部。

（2）安装连接件及固定

根据套筒位置安装墙板连接件,连接件的数量及固定方式以设计图纸为准,若设计无规定,可选择每个墙板拼缝安装 4 个,采用固定螺栓连接。

3. 预制柱的安装

预制柱作为主要的竖向承载构件,构件细长,重量较大,稳定性较差,校正和连接构造较复杂(图 9-18),质量要求较严格。

图 9-18　预制柱

预制柱在完成施工面清理后,其安装工艺流程如下:测量放线→标高复核、抄平→预留插筋检查、调整→放置水平标高控制垫块→预制柱起立→吊运→钢筋对位、落位→安装斜支撑→取钩→校正固定。

预制柱的安装工艺流程与预制剪力墙安装大致相同,只是在吊装预制柱前,需要将预制柱起立,其施工要点如下:预制柱起立之前,需要在预制柱起立的着力点下放垫两层橡胶地垫,避免起立时造成构件破损。

内墙板、隔墙板的安装流程同预制剪力墙的安装,这里不再赘述。

9.3.3　水平预制构件安装
Installation of Horizontal Prefabricated Components

常见的水平预制构件有叠合梁底梁、叠合板底板、预制楼梯、预制阳台板等,本小节主要介绍叠合梁底板、叠合板底板和预制楼梯的安装。

1. 叠合梁底梁的安装

叠合梁底梁的安装工艺流程为:测量放线→支撑系统安装→修正及调整→吊运→就位→验收取钩。

(1)测量放线。叠合梁底梁吊装前,检查柱顶标高并修正柱顶标高,确保梁底标高一致,对平面内所有需要吊装的预制梁标高、梁边线控制线进行统一弹线,以免误差累计,误差应控制在±5mm 内;根据控制线对梁端、梁侧、梁轴线进行精密调整。

(2)支撑系统安装。其基本规定为:叠合梁承受的施工荷载比较大,临时支撑顶部标高应符合设计规定，并应考虑支撑系统自身在施工荷载作用下的变形。在形成整体刚度前，支撑系统应该能够承受构件的重力荷载；在后浇混凝土强度达到设计要求后，方可拆除临时支撑。叠合梁首层支撑架体的地基必须平整坚实，宜采取硬化措施；支撑系统的间距及距离墙、柱、梁边的净距应通过计算确定；竖向连续支撑层数不宜少于 2 层且上下层支撑宜在同一铅垂线上。

夹具安装包括：根据 1m 标高线定出叠合梁底边线，根据图纸定出叠合梁就位端线，根据实际情况安装 U 形夹具或 Z 形夹具。选择安装 Z 形夹具时，用自攻钉将 Z 形夹具固定在外墙板上。每根梁下夹具不得少于 2 个，夹具距梁端不得少于 600mm。长度大于 4m 的梁底部支撑应不少于 3 个，如图 9-19 所示。

立杆安装时，支撑钢管长度为梁标高 $h-150$mm，钢管底部要安装调节顶撑。

（3）修正及调整。应复核柱钢筋与梁钢筋位置、尺寸，对梁钢筋与柱钢筋位置有冲突的，应按设计单位确认的技术方案调整。

（4）吊运。水平构件吊装与竖向构件相同，即包含确认构件起吊编号，安装吊钩，安装缆风绳、起吊，距地 1m 静停，距夹具 500mm 静停 5 个施工过程（图 9-19）。

图 9-19　叠合梁支撑及吊装

（5）就位。将叠合梁底梁缓慢落在已安装好的夹具上，此过程需要注意以下两点：根据梁底边线与梁就位端线将构件放到相应位置；叠合梁底部纵向钢筋必须放置在柱纵向钢筋内侧。

（6）检验取钩。检验包括标高、平面位置及垂直度检验，确认梁底支撑和夹具受力情况，无误并形成可靠受力后方可卸除吊索。取钩时应确认吊钩完全取出，缓慢提升钢丝绳，避免吊钩及钢丝绳与其他构件发生碰撞。

为了解更多关于叠合梁安装的相关知识，可扫描右侧二维码进行学习。

2. 叠合板底板安装

叠合楼板（图 9-20）是由预制板和现浇钢筋混凝土层叠合而成的装配整体式楼板，常用的叠合楼板有两种，分别为桁架叠合板和预应力叠合板。本小节仅介绍桁架普通叠合板的安装，预应力叠合板安装流程与之类似。

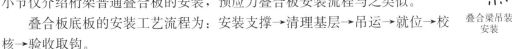

叠合梁吊装安装

叠合板底板的安装工艺流程为：安装支撑→清理基层→吊运→就位→校核→验收取钩。

图 9-20　叠合板底板

（1）安装支撑。为了施工中更方便快捷地安装构件，控制安装精度，需要提前在叠合板底板安装位置架设支撑（图 9-21），叠合板预制底板下部支架宜选用工具式支架或定型模板，叠合板预制底板边缘应增设竖向支撑；叠合板预制底板下部支撑立杆间距不大于 1500×1500mm，第一根立杆距离墙边不应大于 500mm，搭设完成后放入专用工字梁或木方支撑，木方与桁架钢筋垂直设置；顶部支撑横杆横跨两块叠合板交接部位，以确保叠合板底拼缝间的平整度；支撑立杆调节高度设置在 1400mm，方便工人进行调节高度。

（2）清理基层。预制楼板的安装面必须清理干净，避免点支撑。支座不平整或支座进深大于 40mm 时，须在支座上抹一层水泥砂浆。

（3）吊运。叠合板宜采用不少于 4 点吊运，具体操作与竖向构件一致。

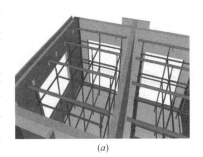

(a)

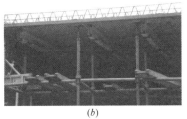

(b)

图 9-21　叠合板支撑

（4）就位。将楼板缓慢地落到正确位置，叠合板伸入梁、墙、柱的长度依据设计规定，如设计无规定时，叠合板底板端部在梁、墙、柱上的搁置长度不应小于 9mm（图 9-22）。

（5）校核。观察叠合板与梁搭接位置及与工字梁的搭接面，如有微小偏差，用撬棍进行调整，楼板安装完成后，进行高度的调整。

（6）验收取钩。楼板铺设完毕后，板的下边缘不应出现高低不平的情况，也不应出现

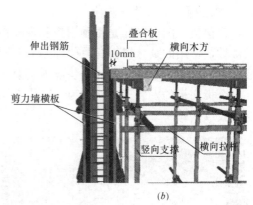

(a)   (b)

图 9-22 叠合板底板就位及墙边支撑

空隙，局部无法调整避免支座处出现的空隙应做封堵处理。验收内容包括楼板标高检查、板底拼缝高低差检查。如果在验收中发现问题，要及时调整，检查合格后取钩。

3. 预制楼梯的安装

采用预制混凝土楼梯（图 9-23）可节省现场施工时间，结构可先行施工，楼梯在结构施工后进行安装，省去了现场设计、支模、浇筑和二次修整的工序，节约了工期和工程成本。预制楼梯有不带平台板的板式楼梯和带平台板的折板式楼梯两种，本小节介绍不带平台板的板式楼梯的安装。

图 9-23 预制楼梯

预制楼梯的安装工艺流程为：测量放线→抄平（设置支撑）吊运→落位、调整→取钩→嵌缝、灌浆养护。

（1）测量放线。在吊装预制楼梯前，在安装位置测量并弹出相应楼梯构件端部和侧边的控制线，并对安装控制线、平台梁标高进行复核。

（2）抄平（设置支撑）。在楼梯段上下口进行抄平。

（3）吊运。吊运的主要操作要点包括：①确定休息平台同条件养护试块强度：楼梯吊装应在休息平台达到设计强度后进行，若未达到设计强度，应在吊装前设置支撑。②确认构件起吊编号：吊运前先对照楼面构件编号与拖车上即将起吊的构件编号是否统一。③安装吊具：预制楼梯采用水平吊装，安装吊点个数为 4，起吊前应检查吊具与梯板的 4 个预埋吊环是否扣牢，确认无误后方可缓慢起吊。④距地 1m 静停：检查钢丝绳、吊钩的受力情况，使踏步面保持水平。⑤距作业面 300mm 静停：施工人员手扶楼梯板调整方向，将楼梯板的边线与梯梁上的安装控制线对准，并将预埋螺栓与构件进行对孔。

（4）落位、调整。梯板应缓慢搁置在休息平台或其支撑上，待梯板基本就位后再用撬棍微调，直至安装位置正确，搁置面完全接触（图 9-24）。

（5）取钩。复核梯板标高是否正确，并在校正后脱钩。

（6）嵌缝、灌浆养护。预制楼梯校正就位后，应在梯板预留孔洞，封堵前对预制楼梯的平面定位、标高和外观质量等组织验收。

验收合格后，梯板上部（固定铰支）采用灌浆料对梯板预留孔洞进行封堵，封堵面应保证平整、密实和光滑；梯板下部（滑动铰支）则只在预埋螺栓的螺母垫片上方填充封堵即可，垫片下方的预留空腔用于梯板的自由滑动变形。

图 9-24　预制楼梯安装

预制楼梯的两端与平台梁之间的缝隙采用聚苯板填充。楼梯安装后，用木夹板对踏步面加以保护，避免施工中损坏踏步棱角。

更多吊装相关知识，可扫描右侧二维码进行学习。

叠合板、楼梯
吊装安装

9.4　构　件　连　接
Component Connection

预制构件安装固定就位后，施工人员开始进行预制构件的连接作业。构件连接施工是装配式施工的重中之重，通过可靠的连接技术和严格的施工流程将预制构件与主体结构连接成为一个整体以承受自身和外界荷载。构件连接主要涉及预制构件受力节点的连接和构件非受力安装缝隙的连接。

预制构件受力节点的连接技术主要采用湿连接的形式，即通过灌浆、后浇等形式用水泥基胶凝材料将预制构件连接起来，采用这种连接方式的装配式结构具有较好的整体性与抗震性能。

对于预制剪力墙、预制柱、预制楼梯等竖向构件，通常采用灌浆的方式来实现构件间纵向钢筋及混凝土的可靠连接，特别是纵向受力钢筋的连接，装配式结构纵向受力钢筋的连接与现浇结构中纵向受力钢筋通常使用的机械套筒或焊接等连接方式不同。由于钢筋已埋设到预制构件中，无法采用传统连接方式进行连接，故采用从构件表面预留的灌浆孔进行灌浆的方式实现受力钢筋的连接。按照内部构造的不同，灌浆连接可以分为灌浆套筒连接和浆锚搭接两种方式，其中灌浆套筒连接是目前应用最广泛、最成熟可靠的装配式钢筋连接方式。这两种连接方式主要是在内部构造和材料要求方面不相同，在施工方法和要求、质量检验方面均保持一致。

叠合梁、叠合楼板、剪力墙纵横墙 T 形连接部位等布筋复杂且受力集中的节点部位通常使用后浇混凝土来实现可靠连接。

除此之外，非受力安装缝隙的连接也十分重要，它关系到装配式结构的正常使用状态和耐久性。预制构件间的缝隙通常通过打胶施工来填补连接，以满足装配式结构保温、防火、防水的需要。

9.4.1 灌浆连接施工方法与要求
Method and Requirement of Sleeve Grouting

灌浆套筒连接技术适用于低层、多层及高层装配式结构的竖向构件纵向钢筋的连接。在施工时应检查灌浆套筒的材料性能（屈服强度、抗拉强度、断后伸长率、球化率、硬度等）和套筒灌浆料技术性能，技术性能应符合现行行业标准《钢筋套筒灌浆连接技术规程》JGJ 355—2015 和《钢筋连接用套筒灌浆料》JG/T 408—2013 的规定，详细性能指标见本书第 2 章。

浆锚搭接所用金属波纹管宜采用软钢带制作，性能应符合《优质碳素结构钢冷轧钢板和钢带》GB/T 13237—2013 的规定。浆锚搭接使用的灌浆料特性与套筒灌浆料类似，也为水泥基材料，但抗压强度相比较低。因为浆锚孔壁的抗压强度低于套筒，若浆锚搭接灌浆料使用套筒灌浆料相同的强度会造成性能的过剩。《装配式混凝土结构技术规程》JGJ 1—2014 给出了浆锚搭接连接接头灌浆料的性能要求，详见第 2 章。灌浆施工作业是装配式结构施工中的最重要环节之一，灌浆作业的施工质量关系到整个装配建筑的安全。套筒灌浆连接和浆锚搭接连接使用的灌浆施工工艺保持一致。

套筒灌浆施工的作业流程为：灌浆准备工作→接缝封堵及分仓→灌浆料制备及检测→灌浆→灌浆后节点保护→临时支撑拆除。

（1）灌浆准备工作及接缝封堵

在灌浆施工前应将套筒、预留孔、预制构件与下部构件间接缝内的杂物清理干净，确保连接钢筋表面干净，无严重锈蚀和黏附物，并检测钢筋位置偏差，必要时进行调整。

在准备工作完成之后进行堵缝作业，构件接缝缝隙一般高 20mm，使用专用堵缝速凝砂浆进行堵缝，沿预制构件和下部构件的接缝外侧向内进行填抹，填抹厚度为 15～20mm，以保证堵缝料不会堵住套筒孔洞。接缝封堵作业完毕后，确保堵缝砂浆强度达到要求（约 30MPa），再进行下一步施工。

灌浆不仅要将套筒或浆锚预留孔洞内灌满来连接受力钢筋，还要将构件间的接缝间隙灌满以连接混凝土，故通过封堵构件接缝外侧使得接缝处形成封闭的内部空间，以满足压力灌浆的需要，使得灌浆料不会从缝隙渗出并且能将缝隙填筑密实。

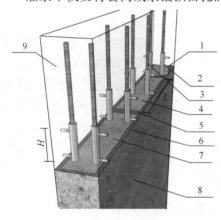

图 9-25　剪力墙分仓示意图
1—仓1；2—套筒；3—钢筋；4—仓2；
5—分仓条坐浆料；6—墙缝坐浆料；
7—仓3；8—剪力墙；9—上部剪力墙

分仓是预制剪力墙构件堵缝时独有的工序，剪力墙长宽比较大，灌浆泵的压力无法将灌浆料输送太远，为保证灌浆料能将缝隙填筑密实，用封堵砂浆将剪力墙底部缝隙分段，以便之后分别灌浆的工序叫做分仓，如图 9-25 所示。

采用电动灌浆泵灌浆时，单仓长度一般不超过 1m。清理准备工作完成后进行分仓作业，先在分仓位置两侧插入模板（通常为便于抽出的 PVC 管或钢板），分仓隔断的宽度一般为 30～50mm，然后用封堵砂浆将隔断填满，待封堵砂浆达到规定强度后抽出模板，完成分仓作业。

（2）灌浆料制备及检测

灌浆料加水拌制时，按照产品要求用电子秤分别称量灌浆料和水，先将水倒入搅拌桶，然后加入 70%～80% 干料，使用专业搅拌机均匀搅拌 1～2min 后，再将剩余干料全部加入，再搅拌 3～4min 至彻底均匀。然后静置 2～3min，将浆料内气泡排除后再使用。取部分拌制好的灌浆料倒入 40mm×40mm×160mm 三联模以制备试块，用于以后记录检测灌浆料的抗压强度。进行灌浆操作前需进行灌浆料初始流动度检验，记录相关流动度参数，确认合格后才可进行灌浆施工。

（3）灌浆作业

灌浆作业采用压力灌浆的方式以保证灌浆料能将套筒及构件接缝填筑密实。将灌浆泵枪头插入预制构件下部灌浆孔进行压力灌浆（0.8MPa 为宜），同一仓只能从一个灌浆孔灌浆，而且灌浆开始后不能中途暂停。待灌浆料从出浆孔依次流出后及时用橡胶塞堵住出浆孔，直至灌浆料从最远处出浆口流出，将其封堵，所有出浆口封堵完毕后，保持 30s 后再封堵灌浆口（图 9-26、图 9-27）。

图 9-26　灌浆作业

图 9-27　封堵出浆孔

冬期进行灌浆作业时，工作环境温度应在 5℃ 以上，并应对连接处采取加热保温措施，保证灌浆料在 48h 凝结硬化过程中连接部位温度不低于 9℃。

（4）灌浆后节点保护及临时支撑拆除

灌浆作业完成后，应及时清理预制构件外侧溢流出的灌浆料，灌浆作业完成后 12h 内应保证构件和灌浆层不受到振动和碰撞。由于灌浆料具有高强和早强的特性，采用套筒灌浆或浆锚搭接连接的预制柱、预制墙体构件一般可在灌浆作业 3 天后拆除斜支撑。

在装配式结构施工过程中，目前还存在着检测手段不完善、规范规程规定存在一定的时效性和滞后性的现象。在这种现状下，若施工质量得不到保证，可能会导致结构的整体性较现浇结构薄弱，因此装配式施工过程中尤其需要加强竖向连接质量控制。影响灌浆套筒连接质量的因素有：

（1）原材料的因素。如套筒、钢筋原材质量，灌浆料原材料质量。因此施工前应对灌浆料的强度、微膨胀性、流动度等指标进行检测。在灌浆前每一规格的灌浆套筒接头和灌浆过程中同一规格的每 500 个接头，应分别进行灌浆套筒连接接头抗拉强度的工艺检验和抽检。施工中检查套筒中连接钢筋的位置和长度必须符合设计要求。

(2) 施工因素。包括：灌浆的饱满度、施工扰动及施工误差。灌浆的饱满程度直接影响套筒与下层钢筋啮合和荷载的传递；灌浆后 24h 内，应避免后续工序提前施工造成的扰动影响，一旦浆体早期强度低，扰动后开裂，即便浆体饱满，也无法完成荷载的有效传递；施工误差方面，应避免钢筋位置偏移导致灌浆料不能均匀有效据裹钢筋；此外，灌浆时机延误、灌浆施工工序没有按标准进行操作、灌浆料的拌制不符合要求等违规操作都会产生结构安全重大隐患。灌浆施工应进行全过程质量监控，灌浆施工过程应留存影像资料。

(3) 外界因素。应加强对于环境温度的控制，灌浆料所允许最低温度为 0℃，应避免冬季施工，避免浆体冻胀破坏进而影响连接质量。

9.4.2 后浇混凝土连接施工方法与要求
Method and Requirement for Insitu Concrete

后浇混凝土施工是指预制构件安装后在预制构件连接区或叠合区现场浇筑混凝土。在装配式建筑中，基础、首层、顶层等部位的现浇混凝土称为现浇混凝土，预制构件间连接的叠合部位的现浇混凝土称为"后浇混凝土"。后浇混凝土在装配式框架结构中一般用于梁柱连接处、预制梁现浇叠合部、预制叠合板现浇层、楼板现浇连接带等部位。

预制构件结合部位和叠合梁板的后浇混凝土的强度等级应和预制构件混凝土的强度等级一致，当预制梁、柱混凝土强度等级不同时，预制梁柱节点区的后浇混凝土强度等级应符合设计要求。

1. 后浇混凝土连接施工方法

(1) 钢筋连接与锚固

后浇混凝土施工的重点是钢筋的连接，钢筋的连接方式有机械套筒连接、焊接连接、绑扎搭接、支座锚板等。预制梁现浇叠合部、纵横墙交接处的约束边缘构件区域的纵向受力钢筋一般采用机械螺纹套筒进行连接。

对于叠合楼板和剪力墙连接部位的钢筋网，如图 9-28、图 9-29 所示，除靠近外围两行钢筋的相交处全部扎牢外，中间部分交叉点可交错扎牢，但必须保证钢筋不产生位置偏移，双向受力钢筋必须全部扎牢。

图 9-28 叠合楼板后浇区域钢筋网 　　　　　　　图 9-29 剪力墙暗柱钢筋网

对于梁、柱、剪力墙暗柱的箍筋，除设计有特殊需求外，应与受力筋垂直布置。箍筋弯钩叠合处，应沿受力筋方向错开设置。

关于预制构件受力钢筋在后浇混凝土区的锚固，《装配式混凝土结构技术规程》JGJ 1—2014 规定：预制构件纵向钢筋宜在后浇混凝土内直线锚固；当直线锚固长度不足时，可采用弯折、机械锚固方式，并应符合现行国家标准《混凝土结构设计规范》GB 50010—2010（2015 年版）和《钢筋锚固板应用技术规程》JGJ 256—2011 的规定。

（2）连接面构造

预制构件与后浇混凝土的接触面需做成粗糙面或键销面以提高后浇混凝土与预制构件的黏结力并提高连接截面的抗剪承载力。经试验表明，在不计钢筋作用的条件下，粗糙面的抗剪能力是平面的 1.6 倍，键销面的抗剪能力是平面的 3 倍。《装配式混凝土结构技术规程》JGJ 1—2014 中对粗糙面和键销构造有明确规定，具体内容详见本书第 4 章。

（3）模板铺设

后浇混凝土施工中模板的铺设主要应用在梁柱连接处、预制梁现浇叠合部、预制外墙板与预制外墙板连接处、纵横墙交接处的约束边缘构件区域、预制墙体与预制连梁连接处等节点部位，与现浇结构建筑施工中的模板工程相比，支模面积相对小得多，但对模板的固定、安装的精确程度要求更高。装配式建筑施工中的模板铺设应满足以下规定：装配式混凝土结构宜采用工具式支架和定型模板；模板应保证后浇混凝土部分形状、尺寸和位置准确；模板与预制构件接缝处应采取防止漏浆的措施，可粘贴密封条。

（4）后浇混凝土浇筑

后浇混凝土浇筑的质量决定了结构连接节点的可靠程度，直接影响装配式结构的整体强度，是十分重要的施工步骤，因此对于后浇混凝土的施工质量一定要严加控制。后浇混凝土浇筑时应符合下列规定：预制构件结合面疏松部分的混凝土应剔除并清理干净；混凝土分层浇筑高度应符合国家现行有关标准的规定，应在底层混凝土初凝前将上一层混凝土浇筑完毕；浇筑时应采取保证混凝土或砂浆浇筑密实的措施；混凝土浇筑应布料均匀，浇筑和振捣时应对模板和支架进行观察和维护，发现异常情况应及时处理；对于构件接缝混凝土的浇筑和振捣，应采取措施防止模板、连接构件、钢筋、预埋件及其定位件移位。

（5）模板及临时支撑系统拆除

构件连接部位后浇混凝土的强度达到设计要求后，方可拆除模板和临时支撑系统。拆模时的混凝土强度应符合现行国家标准《混凝土结构工程施工规范》GB 50666—2011 的有关规定和设计要求。

2. 后浇混凝土连接质量控制与检验

后浇混凝土浇筑的质量决定了构件间连接节点的可靠程度，直接影响装配式结构的整体强度。后浇混凝土施工相较于现浇混凝土结构的施工，模板架设精度要求更高，对混凝土振捣的质量要求也更高。

伸出钢筋质量控制是后浇混凝土施工钢筋工程中的重要质量控制项目，伸出钢筋质量控制主要是指伸出钢筋位置和长度的误差控制。后浇混凝土施工过程中涉及很多预制构件的连接，其中的重点是纵向受力钢筋的连接。伸出钢筋的位置和长度是否符合设计要求往往影响预制构件能否精确安装到位，一方面是横向钢筋长度的误差控制，如预制梁叠合梁上的伸出钢筋需要通过机械套筒进行连接，如果伸出钢筋没有达到规定的长度，在预制梁安装后会导致钢筋无法连接，对于装配化建造来说是严重的工程问题；另一方面是竖向钢筋的长度和伸出位置的误差控制，如预制柱、预制剪力墙的安装往往需要将下部后浇构件的伸出钢筋插入预制柱、剪力墙底部的灌浆套筒孔洞内，如果在叠合板浇筑混凝土后伸出钢筋的位置与设计位置偏移或伸出长度不符合设计要求，将会导致伸出钢筋不能插入套筒孔洞，导致后面的预制竖向构件安装失败。

装配式结构预制构件的安装连接往往需要安装临时支撑，以避免预制构件在没有形成可靠连接前发生倾覆。临时支撑只有在灌浆料或后浇混凝土达到规定强度之后才能拆除，如果在构件节点没有实现可靠连接前就拆除临时支撑，将会导致严重的结构事故。

在浇筑混凝土前还应做好隐蔽工程的验收，隐蔽工程验收应包括：混凝土粗糙面的质量，键槽的尺寸、数量、位置；钢筋的牌号、规格、数量、位置、间距，箍筋弯钩的弯折角度及平直段长度；钢筋的连接方式、接头位置、接头数量、接头面积百分率、搭接长度、锚固方式及锚固长度；预埋件、预留管线的规格、数量、位置；预制混凝土构件接缝处防水、防火等构造做法。

9.5 外墙防水施工
Waterproofing Construction of Prefabricated Exterior Wall

防水问题影响着工程的质量与使用寿命，是所有建筑工程中的重点问题。现浇混凝土建筑外墙渗漏点主要出现在填充墙接缝、门窗洞口、穿墙螺孔及阴阳角等应力集中部位。装配式混凝土结构外墙板采用工厂标准化生产，混凝土密实性优于现场浇筑，同时现场吊装，无需设置穿墙螺孔，显著改善其大面积防水性能；从门窗洞来看，装配式混凝土建筑采用外挂墙板，门窗框可采用预理的方式或直接在工厂制作完成，因此门窗洞口的渗漏可以得到大幅度改善。因此对于装配式混凝土结构，关键在于解决预制外墙接缝的防水设计和施工问题。

9.5.1 外墙接缝类型及防水原理
Type of Joints in Exterior Wall and Waterproofing Principles

目前，我国装配式混凝土建筑采用的外墙有预制剪力墙和外挂墙板，无论哪种体系，均需要解决外墙接缝的防水问题。

外墙接缝可分为施工缝和安装缝。施工缝是指预制墙板与后浇混凝土的结合面，即外墙板顶面与现浇混凝土间的水平缝、外墙侧面与现浇混凝土间的竖缝。这一类接缝通过设置粗糙面确保与后浇混凝土的连接密实，防水做法与现浇混凝土结构施工缝一致。工程经验表明：对于施工缝，采用露骨料粗糙面，无需特殊附加措施即可达到良好防水效果。

安装缝是指 PC 外墙底面与水平构件如叠合梁、叠合板之间的水平缝以及 PC 构件之间的水平和竖向接缝。本节主要介绍这类接缝的做法及施工要求。

安装缝中的水平缝，防水做法一般分为三类：第一类为 PC 剪力墙与现浇混凝土（叠合梁、叠合板现浇部分）间的水平缝，一般采用高性能灌浆料填充接缝，如图 9-30 (a) 所示，对于材料的施工，在土木工程施工课程已有介绍。第二类为非承重外墙底面与现浇混凝土（叠合梁、叠合板现浇部分）间的水平缝。第三类为外挂墙板与下部构件及外挂墙板之间的水平缝。第二类和第三类防水设计可以采用构造防水（企口构造）与材料防水相结合的模式，如图 9-30（*b*）所示。

安装缝中的竖直缝，包括 PC 构件之间的竖向安装接缝、预制阳台板与墙体之间的竖向缝，是外墙防水重点关注的部位，常用做法是构造防水（现浇构件）＋材料防水（防水胶）＋空腔导水（每 3～5 层外墙竖缝楼层中间处设计导水孔），如图 9-30（*c*）所示。

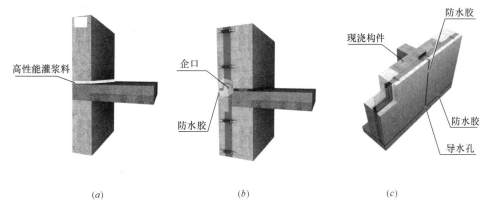

图 9-30 墙体接缝防水原理示意图
（*a*）材料防水；（*b*）构造＋材料防水；（*c*）构造＋材料防水＋空腔导水

9.5.2 外墙接缝防水施工
Waterproofing Construction of Exterior Wall Joints

对于第二类接缝，即非承重外墙底面与现浇混凝土（叠合梁、叠合板现浇部分）间的水平缝，可以采用高性能灌浆料"填充"接缝或密封胶防水，密封胶防水方式主要通过塞聚乙烯（PE）棒、施打密封胶加空腔排水实现防水效果，称为"可动"接缝。"填充"接缝和可动接缝的建议构造如图 9-31 所示。对于第三类接缝，外挂墙板与下部构件及外挂墙板之间的水平缝的防水构造可采用图 9-32 所示的"可动"接缝做法。

对于竖直安装缝，宜采用塞聚乙烯（PE）棒、施打密封胶加空腔排水得到"可动"接缝，构造如图 9-33 所示。

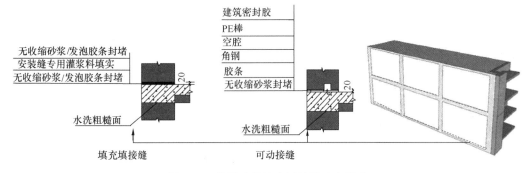

图 9-31 非承重外墙水平接缝防水做法

（1）"填充"接缝的施工要点
1）材料要求：高强度灌浆料与 9.4 节中灌浆材料的要求一致。
2）施工顺序：基层清理后，采用无收缩胶条或砂浆封堵，其后采用高强度灌浆料灌

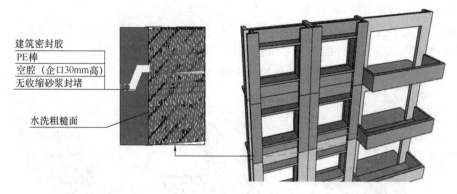

图 9-32 外挂墙板（PCF）水平安装缝"可动"接缝做法

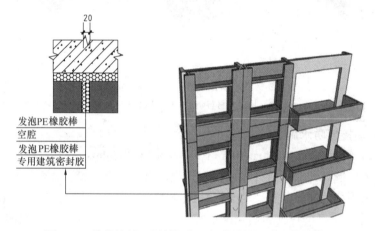

图 9-33 外挂墙板（预制阳台）竖直缝"可动"接缝做法

实水平缝与盲孔。

3）施工要点：高强度灌浆料施工方法与要求与 9.4.1 节灌浆连接施工方法一致。基层清理主要解决接缝存在的缺口、残留物、拼缝过窄及错台等问题，以免影响外墙防水密封质量。有针对性的清理措施主要有：针对墙板因运输、吊装过程碰撞出现的接缝缺口，可以通过清理缺口周围、涂刷界面剂修补平整；针对因施工引发的水泥浮浆、浮尘、异物等，应通过清理露出混凝土面；对于拼缝过窄的问题，可以通过人工机械切割的方法使拼缝达到施工要求；对于墙板制作施工过程中的位移尺寸偏差引发的错台，可采用磨光机打磨错台处高出部分。

（2）"可动"接缝的施工要点

1）材料要求：防水施工中主要的材料为背衬材料（防黏材料）及密封胶。目前常用背衬材料或防黏材料为聚乙烯（PE）棒，密封胶的类型包括聚硫、聚氨酯、有机硅、氯丁橡胶、丁基橡胶、硅烷改性聚醚（MS 密封胶）等，建筑密封胶与混凝土要有良好的黏结性，还应具有耐候性、可涂装性、环保性。建筑密封防水材料进场前，应按规范要求进行抽样，同时对相应的材料委托有资质的实验室进行二次检验。防水材料相关要求见本书2.6 节。

2）施工顺序：采用密封胶防水的施工顺序如图 9-34 所示。

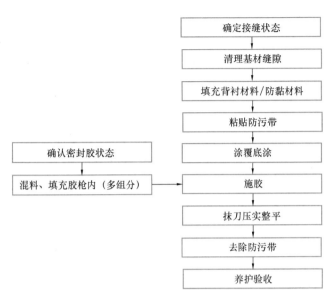

图 9-34　密封胶防水施工顺序

（3）施工要点

1）确定接缝状态：接缝宽度应满足主体结构的层间位移、密封材料的变形能力，以及施工误差、温差引起的变形要求。装配式墙板接缝宽度一般为 20 mm，在满足基材伸缩余量的前提下，最小的接缝宽度为 9mm；施工人员应根据实际的接缝宽度，选择相应的宽深比。当接缝宽度小于 9mm 时，宽深比为 $A:B=1:1$；当接缝宽度大于 9mm 时，宽深比 $A:B=2:1$。

2）背衬材料的施工要求：背衬材料主要用于控制密封胶嵌入深度以确保两面黏结，同时使密封材料与底部基层脱开，从而使密封材料有较大的自由伸缩，提高变形能力。一般设置在接缝的底部，应选择与密封材料不黏结或黏结性能差的材料。常用聚乙烯泡沫和聚氯乙烯泡沫棒，其断面直径有多种，可根据缝的宽度选择。通常情况下，背衬材料应大于接缝宽度的 25%，实现宽深比为 2:1 或 1:1（根据实际接缝宽度而定）。背衬材料嵌填时，先将背衬材料加工成与接缝宽度和深度相符合的形状（或选购多种规格的背衬材料），再将其压入到接缝里。嵌填要密实，表面应平整，不留任何空隙。对于具有一定错动的三角形接缝，应在三角形转角处粘贴密封背衬材料。填充完成后，确认接缝宽度和深度是否适合，是否与背衬材料（PE 棒）相配套。

3）粘贴防污带：防污带的作用在于防止缝槽两侧的墙面施工时被密封材料污染，保持墙面的整洁性，同时使被密封的缝槽在整体上具有"横平竖直"的观赏效果。常用的防污胶带有玻璃胶带、压敏胶带、牛皮纸等。其粘贴宽度为 15~25mm，粘贴于缝槽两侧基面。防污带不得贴入缝槽内，也不得远离缝槽，宜距离缝槽立面 1~2mm。

4）涂覆底涂：采用高压吹风机将残留在缝槽两壁和背衬材料表面的尘土杂物清理干净后，用油漆刷蘸取基层处理剂，均匀地涂刷在已清理干净的缝槽两壁基面上，不得漏涂。基层处理剂一般应选用与所用密封材料性质基本相同的密封性稀浆状材料，或将密封材料溶解于相应的有机溶剂中稀释制成，其含固量在 25%~35% 之间。

5）施打密封胶：密封胶呈拱桥形，和两侧的黏面大，而中间薄，当裂缝扩大时，嵌缝材料拉伸变形，不会与两侧剥离。密封胶施工前应确认背衬材料放置完毕、基材接缝四周粘贴防污带、底涂施工完毕且完全干燥。密封胶施工时应将胶嘴探到接缝底部，连续施工，并允许密封胶有少许外溢以避免胶体和胶条下产生空腔。当接缝大于 30mm 或为弧形缝底时，宜分两次施工。

6）抹刀压实整平：打胶完成后，可采用抹刀等工具将密封胶刮平压实。刮平时，抹刀（刮刀）应有一定的倾斜度，并应沿一个方向进行，不应来回刮抹，加强密封效果。

7）去除防污带：密封胶修刮平整后，要及时揭去防污胶带。揭去后，如墙体表面沾有少量密封材料或残留防污胶带胶粘剂痕迹，应视密封材料和胶粘剂的性质，用相应的有机溶剂或水进行仔细擦除。擦抹时，要防止溶剂损坏或溶开密封材料与墙板的黏结缝。

8）养护验收：缝槽内的密封材料应静置自然养护 2～3d，待密封材料表面干燥固化、与墙体黏结牢固、用手指碰之有硬感并不留指印时，才能清扫墙面，以防止提早清扫尘埃污染膏体表面或损坏膏体。

9.6　质量控制与验收
Quality Control and Acceptance

9.6.1　装配式建筑质量控制及验收概述
Introduction of Quality Control and Acceptance

装配式混凝土建筑中，单位工程、分部工程、分项工程、检验批的划分和验收程序应符合现行国家标准《建筑工程施工质量验收统一标准》GB 50300—2013 的规定。装配式混凝土结构部分根据装配率按照子分部工程或分项工程进行质量验收，包括预制构件进场、预制构件安装与连接等内容，按照《装配式混凝土建筑技术标准》GB/T 51231—2016 进行验收。装配式混凝土结构及混凝土结构子分部中其他分项工程应符合现行国家标准《混凝土结构工程施工质量验收规范》GB 50204—2015 的有关规定。更多质量控制及验收标准相关介绍，可扫描右侧二维码进行学习。与装配式结构密切相关的分项工程及验收方法如表 9-4 所示。

装配式建筑工程质量验收标准简介

装配式混凝土结构分项工程内容　　　　　　　　　　表 9-4

子分部工程	分项工程	主要验收内容	验收方法和依据
装配式（装配整体式）混凝土结构	预制结构分项工程	构件质量证明文件	《装配式混凝土建筑技术标准》GB/T 51231—2016
		构件进场结构性能检验	《装配式混凝土建筑技术标准》GB/T 51231—2016
		连接材料进场检验	《钢筋连接用灌浆套筒》JG/T 398—2012、《钢筋连接用套筒灌浆料》JG/T 408—2013 等

子分部工程	分项工程	主要验收内容	验收方法和依据
装配式（装配整体式）混凝土结构	预制结构分项工程	连接材料质量证明文件	《装配式混凝土建筑技术标准》GB/T 51231—2016
		预制构件外观、尺寸偏差等	《装配式混凝土建筑技术标准》GB/T 51231—2016
		临时支撑、固定措施检验	《装配式混凝土建筑技术标准》GB/T 51231—2016
		现场存放构件码放方法检验	《装配式混凝土建筑技术标准》GB/T 51231—2016
		预制构件安装、连接、外观、尺寸偏差	《装配式混凝土建筑技术标准》GB/T 51231—2016、《混凝土结构工程施工质量验收规范》GB 50204—2015
	模板分项工程	模板安装、模板拆除	《混凝土结构工程施工质量验收规范》GB 50204—2015
	钢筋分项工程	原材料、钢筋加工、钢筋连接、钢筋安装	
	混凝土分项工程	混凝土质量证明文件、混凝土配合比及强度报告	
	现浇结构分项工程	外观质量、位置及尺寸偏差	
防水工程	装配式混凝土外墙防水、屋面防水、门窗防水	防水材料质量证明文件	《装配式混凝土建筑技术标准》GB/T 51231—2016《屋面工程质量验收规范》GB 50207—2012
		防水材料进场检验	
		防水工程施工验收	
保温节能工程	装配式混凝土外墙、屋面保温	保温材料质量证明文件	《装配式混凝土建筑技术标准》GB/T 51231—2016、《建筑节能工程施工质量验收规范》GB 50411—2014、《屋面工程质量验收规范》GB 50207—2012
		保温材料进场检验	
		保温工程施工验收	

装配式混凝土建筑质量验收包括以下环节：

（1）设备及现场临时安全防护设施验收

由施工单位技术负责人组织相关人员对施工中采用的塔式起重机等水平、垂直运输设施、施工机具和工具等进行验收，由施工单位技术负责人组织相关人员包括现场监理对现场构件堆场、货架、高处作业专用操作平台、脚手架及吊篮等辅助设施、预制构件安装的临时支撑体系等进行验收，验收通过并挂牌方可投入使用。

检查要求为：预制构件临时支撑、固定措施应符合设计、专项施工方案及相关技术标准要求。检验方法采用观察、检查施工记录、施工方案、设计文件等。检查数量为全数检查。

（2）预制构件进场验收

施工单位应对每批预制构件全数进行进场质量验收，并经监理单位抽检合格方能使用。发现不合格的构件，特别是存在影响吊装安全的质量问题，应立即退场。

（3）首件制样板验收

建设单位应组织设计单位、施工单位、监理单位及预制构件生产单位进行预制混凝土构件生产首件验收，验收合格后方可批量生产。

建设单位应组织设计单位、施工单位、监理单位对首个施工段预制构件安装后进行验收，验收合格后方可后续施工。

施工单位应在施工现场设置样板区，针对装配式结构中的连接、防水、抗渗、抗震、预制楼梯板等部位做样板。样板中可将各节点部位分解，还原施工中常见问题，将详细施工过程以图片形式与实体样板对照，并说明施工重点。

（4）工序检验及分项工程验收

对于装配式混凝土结构，施工过程中主要涉及预制结构分项工程、模板分项工程、钢筋分项工程、混凝土分项工程。其中模板、钢筋、混凝土分项与现浇结构一致。在装配式结构中应着重检验的是预制构件安装和连接施工。

（5）实体工程质量验收

在装配式结构施工完成后，由监理单位组织各参建单位对装配式建筑子分部工程的质量和现场的装配率是否达到设计要求进行验收。工程实体应严格按照《装配式混凝土结构技术规程》JGJ 1—2014、《混凝土结构工程施工质量验收规范》GB 50204—2015、《装配式混凝土建筑技术标准》GB/T 51231—2016 进行验收。规范中未包括的验收项目，建设单位应组织监理、设计、施工等单位制定专项验收要求。涉及安全、节能、环境保护等项目的专项验收要求，建设单位应组织专家论证。

本节主要介绍预制构件进场验收、工序检验及分项工程验收。

9.6.2 预制构件进场检验
Entry Testing of Prefabricated Components

施工单位应对进入施工现场的每批预制构件全数进行质量验收，并经监理单位抽检合格后方能使用，这是保证施工质量的重要环节之一。进场检验不仅是对预制构件出厂检验的复核，也是为了检查构件在运输过程中是否受到损坏。进场检验可由现场监理人员和技术人员直接在运输车上进行，检验合格后可直接吊运。

预制构件进场检验主要涉及资料交付、数量与规格型号核实、外观质量检验、尺寸及偏差检验、结构性能检验五部分，其中结构性能检验是当前检验工作的难点。

1. 资料交付

预制构件进场时，工厂应提供相应的质量证明文件，包括产品合格证明书、混凝土强度检验报告及其他重要检验报告。

需要做结构性能检验的构件，应有检验报告；没有做结构性能检验的构件，进场时的质量证明文件中宜增加构件制作过程检查文件，如钢筋隐蔽工程验收记录、预应力筋张拉记录等。施工单位或监理单位代表驻厂监督时，构件进场的质量证明文件应经监督代表确认；无驻厂监督时，应有相应的实体检验报告。埋入灌浆套筒的构件，如预制剪力墙构件，尚应提供套筒灌浆接头形式检验报告、套筒进场外观检验报告、灌浆料进场检验报告、接头工艺检验报告以及套筒进场接头力学性能检验报告。

以上资料在进场检验时应当齐全，如果欠缺工厂应及时补交，否则不予验收。

2. 数量与规格型号核实

检验人员应核对进场构件的规格型号和数量，将清点核实结果与发货单对照，如果有误应及时与预制构件厂联系。如有随构件配制的安装附件，须对照发货清单一并验收。

3. 外观质量检验

预制构件在运输到施工现场的过程中，装卸和运输等环节可能造成构件的损坏，需要对预制构件的外观质量进行检验。预制构件要求全数检验。预制构件外观质量缺陷可根据其影响结构性能、安装和使用功能的严重程度，划分为严重缺陷和一般缺陷，具体规定见表9-5。

预制构件外观质量不应有缺陷，对已经出现的严重缺陷应制定技术处理方案进行处理并重新检验，对出现的一般缺陷应进行修整并达到合格。

构件外观质量缺陷分类 表9-5

名称	现象	严重缺陷	一般缺陷
露筋	构件内钢筋未被混凝土包裹而外露	纵向受力钢筋有露筋	其他钢筋有少量露筋
蜂窝	混凝土表面缺少水泥砂浆造成石子外露	构件主要受力部位有蜂窝	其他部位有少量蜂窝
孔洞	混凝土中孔穴深度和长度均超过保护层厚度	构件主要受力部位有孔洞	其他部位有少量孔洞
夹渣	混凝土中夹有杂物且深度超过保护层厚度	构件主要受力部位有夹渣	其他部位有少量夹渣
疏松	混凝土中局部不密实	构件主要受力部位疏松	其他部位有少量疏松
裂缝	裂缝从混凝土表面延伸至混凝土内部	构件主要受力部位有影响结构性能或使用功能的裂缝	其他部位有少量不影响结构性能或使用功能的裂缝
连接部位缺陷	构件连接处混凝土缺陷及连接钢筋、连接件松动，插筋严重锈蚀、弯曲，灌浆套筒堵塞、偏位，灌浆孔洞堵塞、偏位、破损等缺陷	连接部位有影响结构传力性能的缺陷	连接部位有基本不影响影响结构传力性能的缺陷
外形缺陷	缺棱掉角、棱角不直、翘曲不平、飞出凸肋等，装饰面砖黏结不牢、表面不平、砖缝不顺直等	清水或具有装饰的混凝土构件内有影响使用功能或装饰效果的外形缺陷	其他混凝土构件有不影响使用功能的外形缺陷
外表缺陷	构件表面麻面、掉皮、起砂、沾污等	具有重要装饰效果的清水混凝土构件有外表缺陷	其他混凝土构件有不影响使用功能的外表缺陷

4. 尺寸及偏差检验

预制构件不应有影响结构性能、安装和使用功能的尺寸偏差，对出现上述问题的构件应经原设计单位认可，制定技术处理方案进行处理并重新检查验收。

预制构件尺寸允许偏差及检验方法应满足表 9-6 的规定。预制构件有粗糙面时，与预制构件粗糙面相关的尺寸允许偏差可放宽 1.5 倍。

预制构件尺寸允许偏差及检验方法 表 9-6

项目			允许偏差（mm）	检验方法
长度	板、梁、柱、桁架	＜12m	±5	尺量检查
		≥12m 且＜18m	±9	
		≥18m	±20	
	墙板		±4	
宽度、高（厚）度	板、梁、柱、桁架截面尺寸		±5	钢尺量一端及中部，取其中偏差绝对值较大处
	墙板的高度、厚度		±3	
表面平整度	板、梁、柱、墙板内表面		5	2m靠尺和塞尺量测
	墙板外表面		3	
侧向弯曲	板、梁、柱		$L/750$ 且≤20	拉线、钢尺量最大侧向弯曲处
	墙板、桁架		$L/900$ 且≤20	
翘曲	楼板		$L/750$	调平尺在两端量测
	墙板		$L/900$	
对角线差	楼板		9	钢尺量两个对角线
	墙板、门窗口		5	
挠度变形	梁、板、桁架设计起拱		±9	拉线、钢尺量最大弯曲处
	梁、板、桁架下垂		0	
预留孔	中心位置		5	尺量检查
	孔尺寸		±5	
预留洞	中心位置		9	尺量检查
	洞口尺寸、深度		±9	
门窗口	中心线位置		5	尺量检查
	宽度、高度		±3	
预埋件	预埋件锚板中心线位置		5	尺量检查
	预埋件锚板与混凝土面平面高差		0，−5	
	预埋螺栓中心线位置		2	
	预埋螺栓外露长度		＋9，−5	
	预埋套筒、螺母中心线位置		2	
	预埋套筒，螺母与混凝土面平面高差		0，±5	
	线管、电盒、木砖、吊环在构件平面的中心线位置偏差		20	
	线管、电盒、木砖、吊环与构件表面混凝土高差		0，±9	

项目		允许偏差（mm）	检验方法
预留插筋	中心线位置	3	尺量检查
	外露长度	+5，−5	
键槽	中心线位置	5	尺量检查
	长度、宽度、深度	±5	

注：1. L 为构件最长边的长度（mm）。

2. 检查中心线、螺栓和孔道位置偏差时，应沿纵、横两个方向量测，并取其中偏差较大值。

5. 结构性能检验

按照我国目前国家标准《装配式混凝土建筑技术标准》GB/T 51231—2016，预制构件进场时，构件的结构性能检验应符合下列规定：

（1）梁板类简支受弯构件进场时应进行结构性能检验，其中钢筋混凝土构件和允许出现裂缝的预应力混凝土构件应进行承载力、挠度和裂缝宽度检验；不允许出现裂缝的预应力混凝土构件应进行承载力、挠度和抗裂度检验；对大型构件及有可靠应用经验的构件，可只进行裂缝宽度或抗裂度和挠度检验。

（2）对于不可单独使用的叠合板预制底板，可不进行结构性能检验。对叠合梁构件，是否进行结构性能检验、结构性能检验的内容或指标应根据设计要求确定。

（3）不做结构性能检验的预制构件，应采取以下措施：施工单位或监理代表应驻厂监督生产过程；当无驻厂监督时，预制构件进场时应对其主要受力钢筋数量、规格、间距、保护层厚度及混凝土强度进行实体检验。

9.6.3 分部分项工程质量验收

Quality Acceptance of Sub-section and Sub-project in Construction

装配式混凝土结构工程应依据《建筑工程施工质量验收统一标准》GB 50300—2013的相关规定进行验收，随着装配率的提升，装配式混凝土结构占的比重越来越大，验收中可按混凝土结构子分部工程进行验收。预制结构部分应按分项工程验收，混凝土结构子分部工程中其他分项工程应符合现行国家标准《混凝土结构工程施工质量验收规范》GB 50204—2015 的有关规定，装配整体式混凝土结构的节能工程的质量验收应符合现行国家标准《建筑节能工程施工质量验收规范》GB 50411—2014 的有关规定。

装配式混凝土结构工程的质量验收满足以下要求：

（1）采用的主要材料、半成品、成品、建筑构配件、器具和设备应进行进场检验。凡涉及安全、节能、环境保护和主要使用功能的重要材料、产品，应按各专业工程施工规范、验收规范和设计文件等规定进行复验，并应经专业监理工程师检查认可。

（2）各施工工序应按施工技术标准进行质量控制，每道施工工序完成后，经施工单位自检符合规定后，才能进行下道工序施工。各专业工种之间的相关工序应进行交接检验，并应记录。

（3）对于项目监理机构提出检查要求的重要工序，应经专业监理工程师检查认可，才能进行下道工序施工。

（4）当专业验收规范对工程中的验收项目未做出相应规定时，应由建设单位组织监理、设计、施工等相关单位制定专项验收要求。涉及结构安全、节能、环境保护等项目的专项验收要求应由建设单位组织专家论证。

（5）隐蔽工程在隐蔽前应由施工单位通知监理单位验收，并形成验收文件，验收合格后方可继续施工。

（6）工程施工质量验收均应在施工单位自检合格的基础上进行。

（7）参加工程施工质量验收的各方人员应具备相应的资格。

1. 原材料检验与试验

装配式混凝土结构涉及的原材料包括灌浆料、钢筋套筒、钢筋套筒灌浆连接接头、坐浆料、防水材料、保温材料、常规混凝土结构所用材料，相应的检验方法应依据表9-6所列标准进行。装配式建筑应重点对灌浆料、钢筋套筒灌浆连接接头等进行检查验收，主要规定如下：

（1）钢筋套筒灌浆连接及浆锚搭接连接用的灌浆料强度应满足设计要求及《钢筋连接用套筒灌浆料》JG/T 408—2013的规定。检查数量按批检验，以每层为一检验批；每工作班应制作1组且每层不应少于3组40mm×40mm×160mm的长方体试件，标准养护28d后进行抗压强度试验。检验方法包括检查灌浆料产品合格证、强度试验报告、型式检验报告。

（2）预制构件底部接缝坐浆强度应满足设计要求。检查数量按批检验，以每层为一检验批；每工作班同一配合比应制作1组且每层不应少于3组边长为70.7mm的立方体试件，标准养护28d后进行抗压强度试验。检验方法包括检查坐浆材料强度试验报告及评定记录。

（3）在灌浆前每一规格的灌浆套筒接头和灌浆过程中同一规格的每500个接头，应分别进行灌浆套筒连接接头抗拉强度的工艺检验和抽检。检验方法为按规格制作3个灌浆套筒接头，抗拉强度检验结果应符合Ⅰ级接头要求。施工中检查套筒中连接钢筋的位置和长度必须符合设计要求。

2. 施工工序及分项工程检验

装配式混凝土结构的主要工序包括安装与连接工序，安装后的装配式混凝土结构应进行结构构件位置和尺寸允许偏差检验，连接主要针对灌浆连接、后浇混凝土连接进行检验。主要规定包括：

（1）装配式混凝土结构的尺寸偏差

装配式混凝土结构的尺寸偏差及检验方法应符合表9-7的规定。

装配式混凝土结构构件位置和尺寸允许偏差及检验方法　　　　　　表9-7

项目			允许偏差（mm）	检验方法
构件轴线位置	竖向构件（柱、墙板、桁架）		8	经纬仪及尺量检查
	水平构件（梁、板）		5	
构件标高	梁、柱、墙、板底面或顶面		±5	水准仪或拉线、尺量检查
构件垂直度	柱、墙板	≤6m	5	经纬仪或吊线、尺量
		>6m	9	
构件倾斜度	梁、桁架		5	经纬仪或吊线、尺量检查

项目			允许偏差（mm）	检验方法
相邻构件平整度	梁、楼板下表面	外露	3	2m靠尺和塞尺量测
		不外露	5	
	柱、墙板侧表面	外露	5	
		不外露	8	
构件搁置长度	梁、板		±9	尺量检查
支座、支垫中心位置	梁、板、柱、墙板、桁架		9	尺量检查
墙板接缝	宽度		±5	尺量检查

（2）装配式混凝土结构连接及接缝检验

装配式混凝土结构的连接包括灌浆连接和后浇混凝土连接，主要检验项目包括：

钢筋采用套筒灌浆连接及浆锚搭接连接时，预制构件钢筋连接用套筒产品的质量合格证明文件，其品种、规格、性能等应符合现行国家标准和设计要求；全数检查灌浆施工质量检查记录、有关检验报告；灌浆应饱满、密实，所有出口均应出浆；灌浆要有专项质量保证措施、全过程要有质量监控，48小时内温度不得低于9℃，有施工质量检查记录，灌浆料要留置标养试块强度报告及评定记录。施工前应在现场制作同条件接头试件，套筒灌浆连接接头应检查其有效的型式检验报告，同时按照500个为一验收批进行检验和验收，不足500个也应作为一个验收批，每个验收批均应选取3个接头做抗拉强度试验。如有1个试件的抗拉强度不符合要求，应再取6个试件进行复检。复检中若仍有1个试件的抗拉强度不符合要求，则该验收批被评为不合格。

装配式混凝土结构采用后浇混凝土连接时，按批检验构件连接处后浇混凝土强度，强度应符合设计要求。

当钢筋采用焊接连接、机械连接时应有连接施工记录和平行试件，钢筋的连接方法及检验方法应符合《装配式混凝土建筑技术标准》GB/T 51231—2016及相关标准的规定。

构造防水及防水施工方面，应按批检查外墙板接缝的防水性能是否符合设计要求，每个检验批应至少抽查一处，抽查部位应为相邻两层四块墙板形成的水平和竖向十字接缝区域，面积不得少于9m²，检查现场淋水试验报告。

3. 装配式混凝土结构子分部工程验收

装配式混凝土结构子分部工程验收应满足如下条件：

（1）预制构件安装及其他分项工程质量验收合格；

（2）观感质量验收合格；

（3）质量控制资料完整，符合要求；

（4）结构实体验收满足设计或标准要求。

根据国家标准《建筑工程质量验收统一标准》GB 50300—2013组织验收，验收时按照《混凝土结构工程施工质量验收规范》GB 50204—2015的有关规定提供文件和记录，应提供的资料包括：

（1）工程设计文件、预制构件安装施工图和加工制作详图；

（2）专项施工方案及监理细则的审批手续、专家论证意见；

（3）预制构件、主要材料及配件的质量证明文件、进场验收记录、抽样复验报告；

（4）预制构件安装施工验收记录，连接构造节点的隐蔽工程检查验收文件；

（5）钢筋套筒灌浆型式检验报告、工艺检验报告和施工检验记录，浆锚搭接连接的施工检验记录；

（6）现浇混凝土部位的隐蔽工程检查验收文件，包括监理旁站记录、隐蔽验收记录及影像资料；

（7）现浇混凝土、灌浆料、坐浆材料强度检测报告；

（8）外墙保温、防水施工质量检验记录，外墙保温、防水等检测报告；

（9）装配式结构分项工程质量验收文件；

（10）装配式结构实体检验记录；

（11）装配式混凝土结构工程重大质量问题的处理方案和验收记录；

（12）装配式混凝土结构的其他文件和记录。

本 章 小 结
Summary

1. 装配式混凝土结构吊装工程中常用的起重设备包括塔式起重机和自行式起重机两种类型。起重机选择应主要考虑技术因素和经济因素。起重设备的选择主要是确定起重设备的类型、型号和数量。塔式起重机按照起吊高度满足最高构件的吊装要求、工作幅度满足覆盖堆场构件、满足最大起重能力三方面要求，通过计算选择；自行式起重机起重量、高度和半径均通过计算确定。装配式混凝土结构吊装吊具应进行验算。

2. 预制构件的运输应解决问题包括预制构件的运输车辆及运输架选择、起吊装车要求、运输道路要求等，应关注运输过程中对构件的振动及减振措施。构件的运输主要有两种方法，立运法与平运法。运输中应做好运输线路规划、构件强度验算、制定运输中的质量安全措施。

3. 存放中应确定预制构件的存储方式、确定存储货架、确定存储垫块的位置等。构件的现场存放，应按照保证构件受力安全且便于施工的原则进行。预制构件的存放方式主要有水平存放和竖向存放两种，底部应放置垫木或者垫块，其位置应根据构件存放中的受力特点确定。

4. 预制构件的吊装是指将预制构件用起重机吊起并安装到设计位置上的作业，其基本工序分为如下四步：准备工作，PC构件吊运，PC构件安装及临时固定，PC构件调整校正及最后固定。

5. 防水问题影响着工程的质量与使用寿命，是所有建筑工程中的重点问题。对于装配式混凝土结构，关键在于解决预制外墙接缝的防水设计和施工问题。外墙接缝可分为施工缝和安装缝。安装缝中的水平缝，可以采用构造防水（企口构造）与材料防水相结合的模式；安装缝中的竖直缝常用做法是构造防水＋材料防水＋空腔导水。

6. 装配式混凝土建筑质量验收包括设备及现场临时安全防护设施验收、预制构件进场检验、工序检验及分项工程验收、实体工程质量验收。在装配式结构施工完成后，由监理单位组织各参建单位对装配式建筑子分部工程的质量和现场的装配率是否达到设计要求进行验收。工程实体应严格按照《装配式混凝土结构技术规程》JGJ 1—2014、《混凝土结构工程施工质量验收规范》GB 50204—2015、《装配式混凝土建筑技术标准》GB/T 51231—2016 进行验收。装配式混凝土结构子分部工程验收应满足：预制构件安装及其他分项工程质量验收合格，外观质量验收合格，质量控制资料完整、符合要求，结构实体验收满足设计或标准要求。

思 考 题

9-1 装配式混凝土结构施工时，选择起重机械应考虑哪些因素？

9-2 吊装安全验算应包含哪些内容？如何验算？

9-3 竖向构件与水平构件运输方法是否相同？运输水平构件和竖向构件各有哪些要点？

9-4 竖向构件吊装施工时，临时支撑按照什么原则进行设置？通过哪些措施来保证支撑的安全性？

9-5 叠合板现浇混凝土施工前，隐蔽工程检查应包括哪些内容？

9-6 施工现场预制构件钢筋套筒连接要注意哪些问题？如何保证其质量？

9-7 外墙接缝有哪几种类型，宜分别采取什么防水方法？

9-8 简述密封胶防水施工顺序和施工方法，并思索外墙防水的改进措施。

9-9 预制构件进场检验的主要内容有哪些？

9-10 装配式混凝土结构质量验收包含哪些环节？思考如何完善施工方法及施工质量检测方法。

拓 展 题

9-1 装配式混凝土结构吊装施工中有哪些力学问题？应如何进行分析？

9-2 装配式混凝土构件运输中的危险工况有哪些？可采取哪些措施改善构件运输过程中的受力？

第 10 章　装配式混凝土建筑施工组织

Construction Organization of Precast Concrete Building

本章学习目标

1. 熟悉装配式混凝土建筑施工组织的内容。
2. 熟悉施工准备工作的内容，掌握设备、材料准备计划的编制方法。
3. 掌握施工流向和施工顺序的确定方法，掌握施工方法和施工机械的选择方法，能够进行施工方案的编制。
4. 掌握装配式混凝土建筑施工进度计划和资源需用量计划的编制方法。
5. 掌握施工平面布置的要点、施工各阶段场地规划原则，能够进行施工平面图设计。

10.1　装配式混凝土建筑施工组织概述
Introduction

装配式混凝土建筑施工组织设计是以装配式混凝土建筑的施工项目为对象编制，用以指导施工的技术、经济和管理的综合性文件。装配式混凝土建筑施工需要设计院、预制构件厂、施工企业、材料供应方和监理密切配合，有诸多环节制约影响，必须制订周密的施工方案以保证施工的顺利进行。

在全装配式混凝土结构或以装配式混凝土为主的工程中，装配式混凝土结构工程施工组织设计可以按照单位工程施工组织设计要求编制。在装配率较低的结构中，装配式混凝土结构施工组织设计更类似于分部分项工程作业设计，该分部分项工程作业设计一般是与单位工程施工组织设计的编制同时进行，并由单位工程的技术人员负责编制。

装配式混凝土结构施工组织设计应突出装配式结构的特点，科学论证施工部署的科学性、施工工序的合理性，应能表明施工技术的先进性、可行性、经济性；应能使现场管理人员科学合理指导现场，有效协调现场人、机、料、法、环等要素。

装配式混凝土建筑施工组织设计内容宜包含工程概况、编制依据、施工准备、施工方案、施工进度计划与资源需用量计划、施工现场平面布置、安全文明及绿色施工措施（可包含于施工方案内）等。其中核心内容是施工方案的编制，施工方案是制订施工进度计划和进行现场平面布置的基础。可扫描右侧二维码查看更多装配式建筑工程施工组织相关介绍。

装配式建筑
施工组织脉
络讲解

1. 工程概况

工程概况是指装配式混凝土建筑工程项目的基本情况。其主要内容包括：

（1）工程基本信息。包括工程名称、规模、性质、用途、开竣工日期、建设单位、设计单位、监理单位、施工单位、工程地点、施工条件、建筑面积、结构形式等。

（2）装配式结构主要信息。应为重点说明内容，应在本部分说明装配式结构的特征，为其生产要素的安排奠定基础。本部分应包括：装配式结构体系形式、工艺特征、工程难点、关键部位等；装配式构件的设计总体布置情况，预制构件的安装区域、标高、高度、截面尺寸、跨度情况等。

（3）工程环境条件和技术条件。主要包括：场地供水、供电、排水、道路，从运输地到工地的道路桥梁状况，预制构件供应条件，与安装密切相关的雨、雪、风等气候条件。

2. 编制依据

与工程建设有关的法律、法规和文件；国家现行有关标准和技术经济指标；工程所在地区行政主管部门的批准文件，建设单位对施工的要求；工程施工合同或招标投标文件；工程设计文件；工程施工范围内的现场条件、工程地质及水文地质、气象等自然条件；与工程有关的资源供应情况；施工企业的生产能力、机具设备状况、技术水平等。

3. 施工方案

施工方案应确定施工流向、施工顺序、施工机械和方法，其中施工机械和方法包括预制构件运输与存放方法、安装与连接施工方法等，并说明保证质量、安全、绿色施工的措施。其中，安装与连接施工是装配式混凝土结构最为关键的一个环节，由于构件之间的接缝数量多且构造复杂，接缝的构造措施及施工质量对结构整体的抗震性能影响较大，使装配整体式剪力墙结构抗震性能很难完全等同现浇结构，因此在施工方案中必须依据工程特征，利用相关技术文件进行计算、验算，明确构件安装与连接施工方案。预制构件运输与存放做法可参考《装配式混凝土结构技术规程》JGJ 1—2014，以保证预制构件的质量。

需要注意的是，由于存在大量的施工力学问题和节点处理问题，装配式混凝土结构施工方案中应进行计算和验算，并提供计算书及相关图纸。施工验算项目及计算内容宜包括：设备及吊具的吊装能力验算，临时支撑系统强度、刚度和稳定性验算，支撑层承载力验算，模板支撑系统验算，外脚手架安全防护系统设计验算等。附图宜包括：安装流程图、主要类型构件的安装连接节点构造图、各类吊点构造详图、临时支撑系统设计图、外防护脚手架系统图、模板支撑系统图等，并为施工平面布置中的吊装设备布置及构件临时堆放场地布置提供依据。

4. 进度计划

编制进度计划的目的是对施工承包合同所规定的施工进度目标进行再论证，并对进度目标进行分解，确定施工的总体部署，并确定为实现进度目标的里程碑事件的进度目标，作为进度控制的依据。装配式混凝土建筑施工还具有交叉作业较多、工序之间配合要求高、资源供应更为复杂等特点，因此进度计划编制要求更为明确和详细，除了整体进度计划，还应编制构件生产计划、构件安装进度计划、结构单层进度计划等针对分项工程甚至工序的进度计划。

5. 施工平面布置

施工场地布置是装配式混凝土建筑施工方案及施工进度计划在空间上的全面安排，即把投入的各种资源、材料、构件、机械、道路、水电供应网络、生产、生活活动场地及各种临时工程设施合理地布置在施工现场，使整个现场能有组织地进行文明施工。对于装配式结构，施工平面布置应解决的主要问题是起重设备选择与布置、场内道路规划、构件堆放场地规划。其中设备的布置是施工现场全局的中心环节，应首先确定。

10.2 装配式建筑施工准备
Construction Preparation of Prefabricated Building

10.2.1 技术准备
Technical Preparation

技术准备是施工准备的核心。任何技术的差错或隐患都可能引起人身安全和质量事故，造成生命、财产和经济的巨大损失，因此必须认真地做好技术准备工作。

1. 熟悉、审查施工图纸和有关的设计资料

在施工图完成后，由项目工程师召集各相关岗位人员汇总、讨论图纸问题。设计交底时，施工方向设计方进一步了解设计意图，与设计方互动，切实解决和有效落实现场碰到的图纸施工问题，切实加强与建设单位、设计单位、预制构件加工制作单位、监理单位以及相关单位的联系，及时加强沟通与信息联系，向施工人员做好技术交底，按照三级技术交底程序要求，逐级进行技术交底，特别是对不同技术工种的针对性交底。

2. 场外技术准备

场外做好随时与预制构件相关厂家沟通，准确了解各个预制构件厂的地址，准确预测构件厂距离本项目的实地距离，以便于更准确联系预制构件厂确定发送预制构件的时间；实地确定各个厂家生产预制构件的类型，实地考察预制构件厂的生产能力，根据不同的生产厂家实际情况，做出合理的整体施工计划、预制构件进场计划等；考察各个厂家之后，再请预制构件厂相关人员到施工现场实地了解情况，了解预制构件运输线路，了解现场道路宽度、厚度和转角等情况；实行首件验收制度，具体施工前和监理部门派遣质量人员去预制构件厂进行质量验收，将不合格预制构件排除、有问题预制构件进行工厂整改、有缺陷的预制构件根据质量要求进行修补或报废。

3. 编制施工组织设计

《装配式混凝土建筑技术标准》GB/T 51231—2016 要求，"结合设计、生产、装配一体化的原则整体策划，协同建筑、结构、机电、装饰装修等专业要求，制定施工组织设计。""施工组织设计应体现管理组织方式吻合装配工法的特点。"对于装配式混凝土建筑，应制订涉及质量安全控制措施、工艺技术控制难点和要点、全过程的成品保护措施等内容的专项方案，并通过审核。施工组织设计的主要要求为：

（1）按照大型预制构件或其他整体部品的运输安装要求，进行并完成工地现场道路和场地设计。

（2）根据最大预制构件重量、位置和施工现场情况确定起重设备型号及安装位置。

（3）设计车辆停靠位置、卸车、堆放方法。

（4）设计吊装方法、校正方法、加固方式、封模方式、灌浆操作、养护措施、试块试

件制作、检验检测要求等。

（5）在不能从运输车上直接吊装的情况下，设计预制构件场内堆放位置、编制堆放方案。

4. 对装配式混凝土建筑施工管理人员、技术人员和施工人员做好培训工作

根据装配式混凝土建筑工程的特点和具体项目的实际情况，配置项目施工组织的机构和专业技术管理人员、专业施工作业人员，落实职责分工。所配备的人员应具备装配式建筑施工岗位所需要的基础知识和技能。

（1）专业技术管理人员培训。装配式建筑施工管理人员除了培训组织施工的基本管理能力外，应当使他们熟悉装配式建筑施工工艺、质量标准和安全规程，有非常强的计划管理意识。

（2）专业施工作业人员培训。专业施工人员包括塔式起重机操作员、信号工、安装工、灌浆工岗位。这四类岗位均应经专业培训，并经考试合格后，方可持证上岗。

在施工过程中，塔式起重机操作员应严格按信号工的指令进行操作，信号工在保证安全的情况下才能发布指令，指令必须清晰；安装工应熟练掌握不同构件的安装特点和安装要求，施工操作过程中，要与塔式起重机操作员和信号工严密配合，严格遵守相应的岗位标准和操作规程，才能保证构件的安装质量和施工安全。灌浆工应熟练掌握灌浆料的性能和配制要求，严格按照灌浆料的配合比进行浆料配制，熟练掌握灌浆料的使用性能及灌浆设备的机械性能，严格执行灌浆工的岗位标准和操作规程。

10.2.2 设备、材料准备
Preparation of Equipment and Materials

设备与材料准备包括预制构件运输车准备、吊装设备、其他设备及材料准备。

（1）运输车与吊装设备准备

运输车与吊装设备型号、规格等需与工程实际相结合选择，具体要求已在本书第9章介绍。所选择的运输车与吊装设备选择确定之后，应以表格形式进行汇总。样表见表10-1。

需要指出的是，在基础及地下室（正负零）以下塔式起重机及交通组织与正负零以上塔式起重机及交通组织通常是不一样的，应根据施工阶段、工艺拆板图、工期要求等进行运输车与吊装设备选择，分别确定各个阶段运输、吊装设备。

施工运输、吊装设备汇总表　　　　　　　　　　　　　　表 10-1

序号	设备名称	型号	单位	数量	进场时间	出场时间
1						
...						

（2）吊具、其他机具和材料准备

吊具设备通过计算选择好后，可以以表格形式进行汇总，如表10-2所示。主要施工机具配备有：直螺纹套丝机、钢筋弯曲机、钢筋切断机、钢筋调直机、钢筋电焊机、平板振捣器、电锯、电动套丝机等，以表格形式进行汇总。可与吊具汇总填入表10-2。

序号	设备、机具名称	型号	额定功率	数量	检测周期	检测时间	使用时间
1							
...							

（3）主要仪器设备准备

主要仪器设备有：水准仪、全站仪、钢卷尺、盒尺、塔尺、架盘天平、砝码、回弹仪、压力表、温湿度控制仪、干湿温度计、游标卡尺等，以表格形式进行汇总。样表如表 10-3 所示。

主要仪器需用量计划　　　　　　　　　　　　　表 10-3

序号	器具名称	型号	单位	数量	检测周期	检测时间	使用时间
1							
...							

（4）材料准备

主要是预制构件的准备，应确定其名称、工程部位、数量等必要信息，样表如表 10-4 所示。材料主要有：预制构件、坐浆料、灌浆料、灌浆胶塞、灌浆堵缝材料、机械套筒、调整标高螺栓或垫片、临时支撑部件、固定螺栓、安装节点金属连接件、密封胶条、耐候建筑密封胶、发泡聚氨酯保温材料、修补料、防火塞缝材料等。样表见表 10-5。

预制构件明细表示例　　　　　　　　　　　　　表 10-4

序号	构件编号	安装位置*轴—*轴	楼层	性质							尺寸			重量	备注
				外墙	内墙	剪力墙	填充墙	梁	叠合板	楼梯	长	宽	高或厚		
1															
...															

主要材料需用量计划　　　　　　　　　　　　　表 10-5

序号	编号	名称	楼号、层数	数量	备注
1					
...					

10.3　装配式建筑施工方案
Construction Scheme of Prefabricated Building

装配式建筑施工方案应确定施工流向、施工顺序、各个分项施工方法和机械选择。各个分项包含预制构件运输、预制构件存放、预制构件吊装、套筒灌浆专项、后浇混凝土。装配式混凝土建筑工程还需要有钢筋工程施工方案、模板工程施工方案、混凝土工程施工方案、脚手架及防护施工方案等。本节主要描述重难点部位的施工工艺流程及技术要点。

10.3.1 施工流向和施工顺序
Construction Flow and Sequence

合理划分施工段、安排施工流向是保证装配式混凝土结构施工质量和进度的前提，也是进行现场有效组织管理的保证。装配式混凝土结构一般以一个单元为一个施工段，从建筑的中央单元安排流水施工，若有高低跨时，宜先高后低安排流水施工。

施工顺序包括总体施工部署、各个分项（工序）施工顺序，可根据工程实际，确定如图 10-1 所示的施工顺序，作为进度计划（10.4 节）的编制依据。

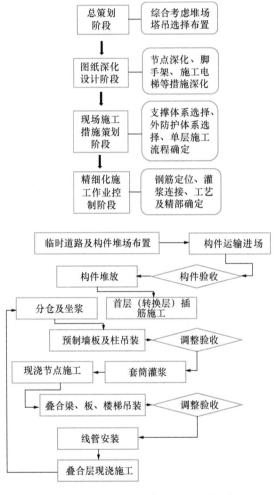

图 10-1 施工部署和单层施工顺序示例

10.3.2 分项施工方案
Construction Scheme of Sub-divisional Work

常规装配式混凝土结构施工包含的主要工作如图 10-2 所示，针对装配式结构施工的主要工作和施工阶段应着重编制构件运输方案、预制构件存储方案、预制构件吊装方案、构件连接方案。

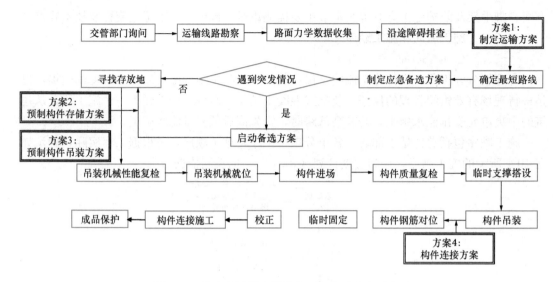

图 10-2　装配式混凝土结构主要工作及方案示意图

1. 预制构件运输方案

构件运输的准备工作主要包括：制定运输方案、验算构件强度、清查构件及察看运输路线。其中关键是确定预制构件运输方案。运输方案的主要内容有选择运输车辆、确定构件主要运输方式及运输架、确定合理的运输半径、确定运输路线。

（1）选择运输车辆

常用的运输车辆见 9.2.1 节，目前，运输市场上重型运输工具以半挂车为主，有低平板、仓栅、高低板、集装箱式等，尺寸规格有 10m、11m、15m、13m、16m、17.5m、17.8m 等。选择运输车辆需要根据运输构件实际情况、装卸车现场及运输道路的情况，施工单位或当地的起重机械和运输车辆的供应条件以及经济效益等因素综合考虑确定。一般而言，3.1m 以内的构件以半挂车运输为主，更大、更高的构件可考虑选用重心更低的专用运输车。运输车辆确定后应将所采用的全部运输车辆的车辆长、车辆宽、载重量、最小转弯半径采用表格的方式进行统计。

（2）确定构件主要运输方式及运输架

构件的运输方式包括立运和平运，对于内、外墙板和 PCF 板、飘窗等竖向构件多采用立式运输方案，运输时应在低盘平板车上安装专用运输架，构件对称靠放或者插放在运输架上。柱、梁、叠合板底板、阳台板、预制楼梯、装饰板等多采用平运法运输。运输时的要求及质量保证措施见本书 9.2 节。运输架应根据构件的重量和外形尺寸进行设计制作，且尽量考虑运输架的通用性。

（3）确定合理的运输半径

根据运输距离、运费、运量等数据可以确定单位构件的运距和运费，将其与构件销售价格进行比较，可以较准确地测算出运输成本与销售单价比例，以此为参数进行方案对比，可以确定出合理的运输半径作为选择预制构件厂的依据。

（4）确定运输路线

运输线路应按照客户指定的地点及货物的规格和重量确定，并确保运输条件与实际情况相符。运输线路应通过实地考察，分析沿途桥梁、桥洞、电缆、车道的承载能力，确定通行高度、宽度、弯度和坡度、上空障碍物，并分析路况对于运输构件的影响，在分析中，应充分考虑运输中可能受到振动带来的动荷载、上部构件及配件的自重、外力撞击等荷载，分析外部荷载带来的构件内力，从减少构件运输内力角度出发进行优化。基于以上分析，制定出合理的运输路线。

2. 构件的存储方案

构件的存储方案主要包括：确定预制构件的存储方式及存储架、计算构件的存储场地和相应辅助物料需求。

（1）确定预制构件的存储方式及存储架：根据预制构件的外形尺寸，对预制构件进行分类，叠合板、楼梯、梁、柱、阳台等采用水平方式存放，内外墙板、PCF板、飘窗等采用竖向方式存放。若使用存储架堆置，应根据预制构件的重量和外形尺寸，设计制作存储架，存储架应进行力学计算满足承载力要求，且尽量考虑运输架的通用性。

（2）计算构件的存储场地需求：根据项目包含构件的大小、方量、存储方式、调板、装车便捷及场地的扩容性情况，划定构件存储场地，计算出存储场地面积需求。预制构件的存放场地宜为混凝土硬化地面或经人工处理的自然地坪，周边设置排水设施，应满足平整度和地基承载力要求，避免因地面不平而损坏构件或出现挠度变形。

（3）计算相应辅助物料需求：如预制构件存放时与刚性搁置点之间应设置柔性垫片；外墙板、内墙板相邻构件间需用柔性垫片分隔开；构件边角或者索链接触部位的混凝土应采用柔性垫衬材料保护等。因此存储方案应根据构件的大小、数量、存储方式计算出相应辅助物料，如存放架、型钢、木方等规格及数量。

3. 预制构件吊装方案

对于装配式结构施工作业流程，由于不同的项目和不同的施工单位所选用的建筑平面、施工机械布置、施工人员等差异，致使不同工程对作业流程难以统一，因此现行规范对装配式结构施工作业流程及预制构件吊装施工流程没有严格规定。一般而言，预制构件吊装专项施工方案所涉及的内容应包括：

（1）塔式起重机选型、塔式起重机布置及附墙。塔式起重机选型时除应按照本书9.1节考虑技术要求外，还应考虑进出场费、安拆费、月租金、作业人员工资等经济因素。

（2）预制构件吊装及临时支撑方案。预制构件吊装方案应确定吊装流程、施工方法与机具、质量控制措施，参照本书9.3节确定；装配式结构的支撑应根据施工过程中的各种工况进行设计，应具有足够的承载力、刚度，并应保证其整体稳固性。预制构件连接方案可根据本书9.4节确定。

（3）现浇混凝土部分钢筋绑扎及混凝土浇筑方案。装配式混凝土结构中所涉及的钢筋工程、模板工程及混凝土工程应参照现浇混凝土施工要求确定。

（4）构件安装质量及安全控制方案。

（5）成品保护方法和措施。预制构件在运输、堆放、安装施工过程中及装配后应做好成品保护，应根据施工特征确定各阶段成品保护方法，如采用柔性垫片、现场预制构件堆放处2m内不应进行电焊及气焊作业、门窗框采用槽型木框保护等全覆盖、半覆盖措施，以免对面层、边角造成损坏。

4. 构件连接专项方案

构件连接方案包括套筒灌浆施工方案、后浇混凝土施工方案等。

套筒灌浆施工方案的主要内容有灌浆材料要求及检验、灌浆作业基本施工步骤、施工方法和灌浆作业注意事项、套筒灌浆质量控制与检验。

后浇混凝土施工方案的主要内容有：后浇混凝土部位确定、后浇混凝土材料要求及检验、后浇混凝土施工方法与施工要求、后浇混凝土作业注意事项、后浇混凝土质量控制与检验。具体技术方案可依据本书 9.4 节构件连接技术确定。

10.4 施工进度计划与资源需用量计划
Construction Schedule and Resource Plan

10.4.1 施工进度计划的编制
Compilation of Construction Schedule

施工进度计划是将项目所涉及的各项工作、工序进行分解后，按照工作开展顺序、开始时间、持续时间、完成时间及相互之间的衔接关系编制的作业计划。通过进度计划的编制使项目实施成为一个有机的整体，同时，进度计划也是进度控制管理的依据。由于装配式混凝土建筑的大部分结构构件是委托给专业生产企业生产并运到现场的，所以预制构件和其他材料的供给安排等在装配式混凝土结构施工进度编制中就显得尤为重要。

1. 编制依据

装配式混凝土进度计划编制是根据国家有关设计、施工、验收规范，依据工程项目施工合同、单位工程施工组织设计、预制构件生产企业生产能力、施工进度目标、专项拆分和深化设计文件，结合施工现场条件、有关技术经济资料进行编制的。其中，设计、施工、验收规范主要包括《装配式混凝土结构技术规程》JGJ 1—2014、《装配式混凝土建筑技术标准》GB/T 51231—2016、部分省市地方规程等。

2. 编制程序

收集编制资料，确定进度控制目标，根据具体工程招标投标文件要求、工程项目预制装配率、预制构件生产厂家的生产能力、预制构件的最大重量和数量、其他现浇混凝土工程量、后浇混凝土工程量、拟用的吊装机械规格数量、所需劳动力数量、工程拟开工时间编制预制构件安装的施工工艺流程，编制施工进度计划和必要的说明书。

3. 编制具体内容

施工现场应按照项目部单位工程施工进度计划的控制点，制定专门的预制构件安装进度计划。一般应包括下列内容：进度计划图表，可选择采用双代号网络图、横道图，其图表中宜有资源分配，进度计划说明，主要内容有进度计划编制依据、计划目标、关键线路说明、资源需求说明。在编制中应注意以下要点：

（1）编制的专项施工计划中主要包括各分项工程工序之间的逻辑关系，预制构件及材料采购规格、数量，预制构件及材料分阶段运抵现场的时间，预制构件的安装同后浇混凝土之间的衔接工序。

（2）基础施工阶段：基础开挖阶段计划应充分考虑在拟建建筑物四周留出足够堆放预制构件的、经硬化的场地和运输道路，安装的塔式起重机位置及进场时间；基坑支护方案应充分考虑预制构件及运输车辆对基坑周边的附加荷载的不利影响。编制施工进度计划的作用是科学控制施工进度，便于所需预制构件及其他材料的分批采购，合理安排劳动力，动态控制施工成本费用。

（3）主体施工阶段：主体施工阶段计划应充分考虑塔式起重机的吊装时间和效率，还有预制构件的吊装、绑扎钢筋、后浇混凝土支模、混凝土成型的计划时间，后浇混凝土内部水电暖通、弱电预留预埋时间。编制施工进度计划的作用是科学控制施工进度，预制构件吊装同钢筋绑扎、模板支护等合理穿插工序，预制构件中预留预埋同后期水电暖通、弱电穿线穿管配合衔接时间，土建专业同设备专业合理穿插工序，合理安排劳动力，动态控制施工成本费用。

（4）装饰装修施工阶段：装饰装修施工阶段计划应充分考虑部品就位时间，合理安排主体结构同装饰装修施工时间，内部水电暖通、弱电系统末端设施安装同装饰装修部品安装合理穿插工序时间，现场部分湿作业装饰时间，编制施工进度计划的作用是科学控制施工进度，合理安排劳动力和资源供应，能够保证顺利竣工。

施工进度计划是施工现场各项施工活动在时间、空间上先后顺序的体现。合理编制施工进度计划必须遵循施工技术程序的规律，根据施工方案和工程开展程序去组织施工，才能保证各项施工活动的紧密衔接和相互促进，充分利用资源，确保工程质量，加快施工速度，达到最佳工期目标。

4. 进度计划的形式

装配式混凝土结构的进度计划除了应包含单位工程进度计划外，为便于施工、保证施工效率、加快施工进度，还宜编制混凝土子分部工程进度计划、分项工程进度计划、构件安装进度计划等，如单层混凝土结构施工，可以采取表 10-6 所示的单层进度计划表。

装配式结构单层进度计划表示例 表 10-6

序号	分项（工序）	劳动量	工作班数	1	2	3	4	5	6	7
1	墙下坐浆									
2	预制墙体吊装									
3	灌浆连接									
4	竖向钢筋绑扎									
5	竖向构件支模									
6	吊装叠合梁底梁									
7	吊装叠合板底板									
8	叠合楼面钢筋									
9	电气配管预埋预留									
10	浇筑竖向构件及叠合板									
11	吊装楼梯									
12	防水施工									

10.4.2 资源需用量计划的编制
Compilation of Resource Plan

在装配式混凝土建筑中，为了明确各种技术工人和各种物质的需要量，在确定了单位工程施工进度计划以后，还需根据施工图样、工程量计算资料、施工方案、施工进度计划等有关技术资料，进行劳动力需要量计划，各种主要材料、构件和半成品需要量计划及各种施工机械的需要量计划的编制工作。这不仅是做好劳动力与材料的供应、调度、平衡和落实的依据，也是施工单位编制月、季生产作业计划的重要依据之一。

1. 劳动力需要量计划的编制

（1）根据装配式混凝土建筑工程的总体施工计划确定各专业工种。

（2）根据装配式混凝土建筑工程的结构形式与安装方案确定操作人员数量。多栋建筑可以采用以栋为流水作业段编制；独幢建筑采用以区域划分为流水作业段编制；单体建筑较小无法采用区域划分流水段时，可采用按工序流水施工编制，尽量避免窝工。

（3）装配式混凝土建筑安装工程一般包括的工种有：测量工、起重司索工、信号工、起重机操作员、监护人、安装校正加固工、封模工（模板工）、灌浆工、钢筋工、混凝土工、架子工、电焊工、电工等。

工种和人员数量确定后，填写劳动力需用量计划，如表10-7所示。

劳动力需用量计划 　　　　　　　　　　　　　　　　　　　　　　　　表10-7

序号	工种名称	最多人数	日期			
			11月	12月	1月	…

2. 主要材料需要量计划的编制

根据装配式混凝土建筑工程施工图样的要求，确定配套材料与配件的型号、数量，常规使用的主要材料包括灌浆料、浆锚料、坐浆料、钢筋连接套筒、密封胶、保温材料等；主要配件包括橡胶塞、海绵条、双面胶带、各种规格的螺栓、钢垫片、模板加固夹具等。

材料与配件计划制订步骤为：

（1）根据材料与配件型号及数量，依据施工计划时间以及各施工段的用量制定采购计划。

（2）根据当地市场情况，确定外地定点采购与当地采购的计划。

（3）外地定点采购的材料与配件要列出清单，确定生产周期、运输周期，并留出时间余量。

（4）对于有保质期的材料，要按施工进度计划确定每批采购量。

（5）对于有检测复试要求的材料，必须考虑复试时间与使用时间的相互关系。

制订了材料需求量计划后，应汇总填入主要材料需要量计划参考表，如表10-8所示。

主要材料需要量计划参考表 　　　　　　　　　　　　　　　　　　　　表10-8

序号	名称	规格	单位	数量	计划进场时间	备注
1						
…						

3. 预制构件需要量计划的编制

依据装配式混凝土建筑工程施工计划要求，根据确定的吊装顺序和时间，编制装配式混凝土建筑预制构件的进场计划，主要包括以下内容：

（1）确定每种型号构件的模板制作、安装、钢筋入模、混凝土浇筑、脱模、养护、检查、修补完成具备运送条件的循环时间。

（2）依据装配式混凝土建筑安装计划所要求的各种型号构件的计划到场时间，以及各种部品部件的生产及到场时间，确定构件及部品部件的加工制作时间点，并充分考虑不可预见的风险因素。

（3）计划中必须包含构件及部品部件运输至现场、到场检验所占用的时间。

（4）根据装配式混凝土建筑安装进度计划中每一个施工段来组织生产和进场所需构件及部品部件。

（5）在编制装配式混凝土建筑预制构件进场计划时，要详细列出构件型号，对应型号的具体到场时间要以小时计。

（6）每种型号及规格的预制构件应在计划数量外有备用件。

（7）对于在车上直接起吊并采取叠放装车运输的构件，应根据吊装顺序逆向装车。

制订了预制构件需要量计划后，应汇总填入构件需用量计划，如表 10-9 所示。该计划应根据工程进度进行动态调整，如可采取每三天更换预制构件需用量计划。

预制构件需用量计划（应为动态计划）   表 10-9

序号	编号	名称	规格	楼号、层数	数量	进场时间
1						
...						

4. 施工设备需用量计划的编制

机具设备是装配式混凝土建筑工程施工过程中非常重要的环节，须在前期准备工作中完成。主要机具设备有：起重机设备、高空作业设备、浆料调制设备、灌浆机械、吊装工具、预制构件安装专用工具、可调节支撑系统、封模料具、安全设施料具等。具体工程按施工专项方案编制专用机具设备计划，填入施工设备、机具需用量计划。如表 10-2 所示。

10.5 施工平面布置
Plane Arrangement of Construction

施工平面布置应包含的项目有：

（1）装配式建筑项目施工用地范围内的地形状况；

（2）全部拟建建（构）筑物和其他基础设施的位置；

（3）项目施工用地范围内的构件堆放区、运输构件车辆装卸点、运输设施；

（4）供电、供水、供热设施与线路，排水排污设施，临时施工道路；

（5）办公用房和生活用房；

（6）施工现场机械设备布置图；

（7）现场常规的建筑材料及周转工具；

（8）现场加工区域；

（9）必备的安全、消防、保卫和环保设施；

（10）相邻的地上、地下既有建（构）筑物及相关环境。

对于装配式建筑，现场布置方案的主要内容是塔式起重机选型布置、构件堆场布置、现场道路布设。垂直运输设备的位置直接影响搅拌站、加工厂及各种材料、构件的堆场和仓库等位置和道路，临时设施及水、电管线的布置等。因此，它是施工现场全局的中心环节，应首先确定。

10.5.1 起重设备布置
Arrangement of Lifting Equipment

塔式起重机应具有安装和拆卸空间，自行式起重机应具有移动式作业空间和拆卸空间。

塔式起重机的位置确定原则包括：应满足塔式起重机覆盖要求、群塔施工安全距离要求、塔式起重机和架空边线的最小安全距离、满足塔式起重机基础设施的要求、便于附墙、便于安装和拆除。

起重机布置与建筑结构有很大关系，若为核心筒高层建筑，起重机一般中心布置，若是其他较长建筑，一般是边侧中间布置。塔式起重机型号选好以后，考虑最大起重幅度和起重量以保证塔式起重机幅度范围内所有构件的重量符合起重机起重量，如图 10-3 所示。塔式起重机位置的布置需注意，相邻塔式起重机施工时，应有 2m 的安全距离（图 10-3）；同时应确定塔式起重机和架空线边线的安全距离。

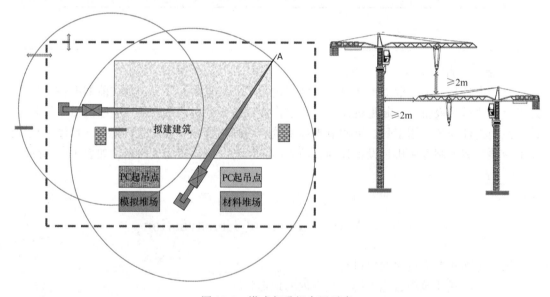

图 10-3　塔式起重机布置示意

10.5.2 场内道路规划
Planning of Site Road

场内道路规划应满足运输构件的大型车辆的宽度、转弯半径要求和荷载要求、路面平整。一般车辆转弯半径及需求如图 10-4 所示。常用运输车辆一般采用平板车，宽度不超过 3m，车长 16～20m，道路宽度要满足会车通行的要求，通常设计宽度为 8～10m，道路的转弯半径要根据最大构件运输车辆的要求设计，常规要求半径不小于 15～18m。道路宜设置成环形道路，当没有条件设置环形道路时需设置不小于 12m×8m 的回车场。

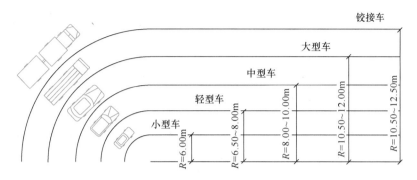

图 10-4　机动车最小转弯半径

10.5.3　构件堆放场地规划
Planning of Components Storage Area

装配式建筑的安装施工计划应考虑构件直接从车上吊装，以减少二次转运和存放，减少起重机工作量。日本的建造工程吊装计划细分到每天每小时作业内容，构件运输的时间与现场构件检查、吊装的时间衔接得非常紧凑，施工现场很少有专用的构件存放场地，一般都是来一车就吊装一车，效率非常高。考虑国内实际情况，施工车辆在一些时间段限行，在一些区域限停，工地不得不准备构件临时堆放场地。施工现场预制构件临时堆放场地的要求如下：

临时存放区域应与其他工种作业区质检设置隔离带或做成封闭式存放区域，尽量避免吊装过程中在其他工种工作区内经过，影响其他工种正常作业。应该设置警示牌及标识牌，与其他工种要有安全作业距离。

构件堆放场地应尽可能设置在起重机的幅度范围内；堆放场地的布置应方便运输构件的大型车辆装车和出入；如果构件存放到地下室顶板或已经完工的楼层上，必须征得设计方的同意，楼盖承载力应满足堆放要求；场地布置应考虑构件之间的人行通道，方便现场人员作业，道路宽度不宜小于 600mm；场地设置要根据构件类型和尺寸划分区域，分别存放；构件临时场地应避免布置在高处作业下方；堆放场地应设置分区，根据构件型号归类存放。堆场具体要求见本书 9.2 节。

10.6　装配式混凝土建筑施工中的安全问题
Security Issues in the Construction of Precast Concrete Building

装配式混凝土建筑的推广和应用，给施工现场的安全管理带来了新的挑战。装配式建筑施工具有一定的特殊性，导致施工中的安全隐患问题较多。一般的风险源有：吊装构件大、重，（吊耳、索具）高空作业频繁（起重、人员安全），气候影响带来的风险；构件临时固定、校正，吊装技术要求高，可能发生偏移、碰撞；临时支撑不牢可能造成碰撞，大风造成整体倒塌等；高空和临边作业多，如灌浆、校正、填缝作业；接缝质量可能带来渗漏问题等。装配式建筑安全施工措施应当根据装配式建筑施工特点来制定。本小节主要列举装配式混凝土建筑施工中的安全施工要点，与现浇混凝土结构一致的部分仍应参照相关标准及规程，结合工程特点确定。

10.6.1　安全管理责任体系
Responsibility System of Safety Management

装配式建筑施工除了要遵循相应的建筑工程的建设法规、标准要求外，工程参建各方还应针对装配式建筑的工程特点进一步建立健全施工现场安全管理体系和安全制度，对履行过程认真监管。及时提出施工过程的隐患，监督实施"定责任人、定整改措施、定整改完成时间"。对不能及时消除的、危及安全施工的重大隐患，坚决实行"一票否决制"。

装配式建筑施工除了要遵循已有的建筑工程的规范标准外，工程参建各方还应针对装配式建筑的工程特点，建立健全针对施工各个过程，特别是关键部位、危险程度较高的施工环节，制定现场安全管理制度和突发意外的应急方案，进行学习交底，适时演练，检查其可操作性、针对性。制定现场安全管理制度和突发意外应急方案，应由单位负责人组织相关人员进行调整，并保证施工者知晓。

施工单位安全管理责任包括：

（1）施工单位应依据相关规范，通过安全生产管理体系的外审。

（2）施工单位应及时编制装配式建筑施工的质量、安全专项方案，并按规定履行审批手续。

（3）对于采取新材料、新设备、新工艺的装配式建筑专用的施工操作平台、高处临边作业的防护设施等，其专项方案应按规定通过专家论证。

（4）施工总包单位应针对交叉施工的环节，在分包合同中明确总分包责任界限，以有效落实安全责任；并协调督促各分包单位相互配合，有效落实施工组织设计及专项方案的各项内容。分包单位应服从总包单位的总体施工调度安排，特别是吊装分包单位应加强和其他分包单位的协调配合。

（5）现场从事预制构件吊装的操作工人须持建筑施工高处作业的特种工种上岗证书。

（6）施工单位应大力推进 BIM 技术的运用，以达到工序、工艺、设施设备符合质量、安全的相关要求。

（7）施工总包单位应根据施工现场构件堆场设置、设备设施安装使用、因吊装造成非连续施工等特点，编制安全生产文明施工措施方案，辨识危险源及重大安全隐患的规避、消除措施，保证严格执行。

10.6.2　施工准备阶段安全措施
Safety Procedures of Construction Preparation Stage

（1）装配式混凝土结构施工单位应具备相应的资质，并建立完善的质量和安全生产管理体系。

（2）采用新材料、新设备、新工艺的装配式建筑专用的施工操作平台、高处临边作业的防护设施及超过一定规模的危险性较大的分部分项工程施工专项方案应按规定进行专家论证。

（3）方案制定中应充分考虑安全。在施工的各个阶段方案中均应制定安全措施，预制构件的运输时间、次序和线路应满足施工组织的要求；构件起吊前应制定具体的安装顺序、吊装路线和构件防撞措施计划；核实现场环境、天气、道路状况等满足吊装施工要求。

（4）设备准备阶段安全检查。检查并复核吊装设备及吊具处于安全操作状态；起重吊装设备的选型应根据构件的重量、起吊高度、吊装半径及周边环境确定；汽车起重机进行作业的场地和行走道路的承载力、平整度及安全距离应符合要求；通过吊钩起重吊装时，钢丝绳的安全系数应符合方案要求；固定在预制墙板上的脚手架，应对墙板的强度和刚度进行验算。

10.6.3 施工各阶段安全措施要点
Key Points of Safety Procedures in Construction Stages

1. 运输阶段安全措施

在运输阶段，应通过制定详细的运输方案、设计制作运输架、验算构件强度、清查构件、察看运输路线、与交通部门沟通等措施保证安全。

在方案阶段，施工单位应根据装配式建筑施工特点，结合 PC 件运输特性，编制专项运输方案，经论证审批实施；在运输前，施工方与运输方应签订安全运输协议，明确依据安全运输法律、法规，明确预制构件运输、车辆设备等安全职责，制定意外、坏损责任认定范围；在出厂阶段，应保证装车规范，装车后构件放置安全、合理；大型异形预制构件，应有紧固措施、高宽度标识及夜晚运行必要的反光标识；在运输阶段，应遵守交通法规，严禁超高、超载违章。具体规范运输要求见本书 9.2 节。

2. 存放阶段安全措施

（1）施工场地应划出专用堆放场，并设置专用围挡措施。装配式混凝土构件进入现场后，应堆放在专用的堆放场，不与其他材料设备混放。

（2）预制构件堆场应进行详细规划。预制构件堆场选址应综合考虑垂直运输设备起吊半径、施工便道布置及卸货车辆停靠位置等因素，便于运输和吊装，避免交叉作业。堆放场一般设在靠近预制构件的生产线及起重机起重性能所能达到的范围内，堆场吊装上方及半径应无电线影响起吊；堆场有足够的构件堆放架、操作平台、脚手架及吊篮等辅助设施；堆场标有制度牌和责任人，堆放架有限载验收提示牌。

（3）安全计算。涉及堆场加固、构件吊点、塔式起重机及施工升降机附墙预埋件、脚手架拉结等，需设计单位核定。

（4）安全措施验收。堆场、构件堆放架、操作平台、临时支撑体系必须由施工方、监理方组织验收。

3. 预制构件安装阶段的安全措施要点

吊装阶段是装配式混凝土建筑安全事故的高发阶段，应在以下方面保证吊装阶段的安全。

（1）吊装方案应有专项安全方案。施工单位的结构吊装专项方案中，在构件进场检查、吊装、定位校准、节点连接、防水、混凝土现浇等方面应着重描述安全控制措施，应包括吊点检查、预制吊装、高处作业的安全防护、作业辅助设施的搭设、构件安装的临时支撑体系的搭设等方面的安全要求。

（2）人员安全。施工单位应做好人员资质审核及技术交底工作。起吊司机、履带式起重机司机、塔式起重机司机以及指挥、司索均属于特种作业人员，必须经专门的培训并考核合格，持《特种作业操作证》方可上岗作业。施工前，总包应编制审批专项吊装方案，并由负责人对相关人员技术交底，对可能发生的危害和应急预案进行交底，并确定安全责任人值守，根据危险源级别安排旁站。

（3）机械安全

通过计算确定吊车的地基处理方法及塔式起重机的附着装置，并应在起重量允许范围内起吊。施工作业使用的专用吊具、吊索、定型工具式支撑、支架等，应进行安全验算，使用中进行定期、不定期检查，确保其安全状态。

（4）吊装令制度。具备吊装安全生产条件后方可发布吊装令，开始吊装作业。

（5）安全技术规范。各类人员应遵守安全职责及依据《建筑施工起重吊装工程安全技术规范》JGJ 276—2012 开展吊装作业。

10.6.4 临边及高处作业防护
Protection for Edge-near Operation and Working at Height

在装配式建筑施工中，有将近 25%～30% 的可能发生高空临边坠落风险。对于装配式结构施工而言，为了凸显装配式建筑不设外架的特点，高处作业及临边作业的安全隐患变得尤为突显。施工人员进行外挂板吊装时，安全绳索常常没有着力点，无法系牢，增大了高空坠落的可能性，严重危及人身安全。

为了防止登高作业事故和临边作业事故的发生，可在临边搭设定型化工具式防护栏杆，搭设过程中应当严格按照《建筑施工高处作业安全技术规范》JGJ 80 的规定要求，攀登作业所使用的设施和用具结构构造应牢固可靠，使用梯子必须注意，单梯不得垫高使用，不得双人在梯子上作业，在通道处使用梯子设置专人监控，安装外墙板使用梯子时，必须系好安全带，正确使用防坠器，如图 10-5 所示。也可采用外挂脚手架，其架体由三角形钢牛腿、水平操作钢平台及立面钢防护网组成。

预制构件吊装就位后，工人到构件顶部的摘钩作业往往也属于高处作业。采用移动式升降平台开展摘钩作业，既方便又安全；当采用简易人字梯等工具进行登高摘钩作业时，应安排专人对梯子进行监护。更多建筑施工安全知识可扫描右侧二维码查看，将针对装配式建筑防护工程进行讲解。

装配式建筑
防护工程

图 10-5 装配式混凝土结构施工防坠落措施

10.6.5 基于智慧建造的安全管理
Safety Management Based on Intelligent Construction

随着互联网技术的发展，将智能技术与智慧应用进行有机结合的"智慧型"工地将逐步在全国建筑施工中进行推广应用，助力实现绿色建造和生态建造，并有效提高施工安全水平。

智慧建造的特点是：可以实现实景化施工策划、参数化临建场布及算量、智慧化进度管理、实时化质量管理、多样化安全管理、信息化劳务管理、物流化物料管理、智能化设备管理、全方位环境及能耗管理。

在设备安全方面，通过运用智能化检测系统和传感器，实现塔式起重机防碰撞监控、运行监测、吊钩可视化、施工电梯监控等功能，保障施工现场大型机械设备安全作业。

在安全管理方面，管理人员通过现场二维码巡更点自动定位，在移动端发布巡更信息及整改命令，实现现场安全信息化管控；施工危险区域设置报警装置，配合红外感应器进行提醒、报警，提高施工人员警觉性；在钢筋车间、临边防护等区域设置防拆报警系统，防止安全围栏违拆；运用变形监测系统，对施工模架数据实时收集分析及时预警，预防事故发生；通过 VR 技术把安全教育从以往"说教式"转变为"体验式"，让工人切实感受违规操作带来的危害，强化安全防范意识。

装配式施工管理应有个循序渐进的施工进步过程，需要在施工的过程中不断总结，不断改进。装配式施工组织和管理需要相关方从项目建议、方案设计、制作构件、运输、现场测量、吊装、连接等各道工序适应提高技术力量和安全管理水平，以适应建筑业的工业化、规模化和标准化进程，并在此进程中提高质量和安全管理水平。

本 章 小 结
Summary

1. 装配式混凝土建筑施工组织设计内容宜包含工程概况、编制依据、施工准备、施工方案、施工进度计划与资源需用量计划、施工现场平面布置、安全文明及绿色施工措施（可包含于施工方案内）等。

2. 装配式建筑施工准备包括技术、设备和材料准备三个方面。技术准备包括熟悉、审查施工图纸和有关的设计资料、场外技术准备、编制施工组织设计、人员培训；设备与材料准备包括预制构件运输车准备、吊装设备、其他设备及材料准备。

3. 装配式建筑施工方案应确定施工流向、施工顺序、各个分项施工方法和机械选择。各个分项包含预制构件运输、预制构件存放、预制构件吊装、预制构件连接专项。

4. 装配式混凝土结构的进度计划除了应包含单位工程进度计划外，为便于施工、保证施工效率、加快施工进度，还宜编制混凝土子分部工程进度计划、分项工程进度计划、构件安装进度计划等。

5. 装配式混凝土建筑现场布置方案的主要内容是塔式起重机选型布置、构件堆场布置、现场道路布设。垂直运输设备的位置直接影响搅拌站、加工厂及各种材料、构件的堆场和仓库等位置和道路，临时设施及水、电管线的布置，是施工现场全局的中心环节。

6. 装配式建筑施工具有一定的特殊性，导致施工中的安全隐患问题较多。装配式建筑施工除了要遵循相应的建筑工程的建设法规、标准要求外，工程参建各方还应针对装配式建筑的工程特点进一步建立健全施工现场安全管理体系和安全制度，对履行过程认真监管。

7. 准备阶段、施工运输阶段、存放阶段、吊装阶段方案中均应有专项安全措施，保证人员、设备和施工安全，并专门制定临边及高处作业防护措施，今后的发展应尝试将智能技术与智慧应用进行有机结合，提高现场的精益建造和安全管理水平。

思 考 题

10-1 装配式混凝土结构施工组织设计包含的内容有哪些？

10-2 装配式混凝土结构施工方案包含的主要内容有哪些？应如何编制各阶段方案？

10-3 装配式混凝土结构施工进度计划如何编制？

10-4 为什么说资源需用量计划是装配式混凝土结构施工中重要的方面？资源需用量计划应包含哪些内容？

10-5 装配式混凝土结构施工中的安全措施有哪些方面？

拓 展 题

10-1 如何进行装配式混凝土结构施工方案的技术经济评价？

10-2 装配式混凝土建筑施工如何实现"智慧建造"？

第11章 BIM技术在装配式混凝土建筑中的应用

Application of BIM Technology in Precast Concrete Building

本章学习目标

1. 了解BIM的相关概念，熟悉其与装配式混凝土结构设计的联系。
2. 了解当前常用的BIM软件，掌握BIM软件在装配式建筑设计的应用。
3. 掌握BIM软件在装配式建筑施工阶段的应用，了解其在装配式建筑中的发展趋势。

BIM建筑信息模型（Building Information Modeling）是以建筑工程项目的各项相关信息数据作为模型的基础，通过建立建筑模型和建立数字信息仿真模拟建筑物所存储的数据信息。本章介绍了BIM的定义与BIM技术在装配式混凝土建筑中的应用，针对BIM的发展及现存优缺点，展望了BIM的良好前景。

装配式建筑是设计、生产、施工、装修和管理"五位一体"的体系化和集成化的建筑，而不是"传统生产方式＋装配化"的建筑，用传统的设计、施工和管理模式进行装配化施工不是建筑工业化。装配式建筑的核心是"集成"，BIM方法是"集成"的主线。这条主线串联起设计、生产、施工、装修和管理的全过程，服务于设计、建设、运维、拆除的全生命周期，可以数字化虚拟、信息化描述各种系统要素，实现信息化协同设计、可视化装配、工程量信息的交互和节点连接模拟及检验等全新运用，整合建筑全产业链，实现全过程、全方位的信息化集成。

11.1 常用 BIM 软件介绍
Introduction of Usual BIM Softwares

目前市面上的BIM软件达到数十种，满足了建筑行业不同需求。对于装配式建筑的结构设计主要有欧特克的Revit、Naviswork，特科拉的TEKLA，本特利的Bentley，中国建筑科学研究院PKPM，CSI的SAP、ETABS，清华的斯维尔，广联达的GCL等，BIM软件的选择如图11-1所示。下面就其中几个主要的软件进行介绍。

Revit是当前BIM在建筑设计行业的领导者。Revit系列软件包括Revit Architecture，Revit Structure，Revit MEP，Revit One box以及Revit Lt等，分别为建筑、结构、设备（水、暖、电）等不同专业提供BIM解决方案。Revit作为一个独立的软件平台，有三类不同的软件：（1）以建模为主辅助设计的BIM基础类软件，如美国Autodesk公司的Revit软件；匈牙利Graphisoft公司的ArchiCAD软件等；（2）以提高单业务点工作效率为主的BIM工具类软件，如利用建筑设计BIM设计模型，进行二次深化设计、碰撞检查以及工程量计算的BIM软件等；（3）以协同和集成应用为主的BIM平台类软件，如美国

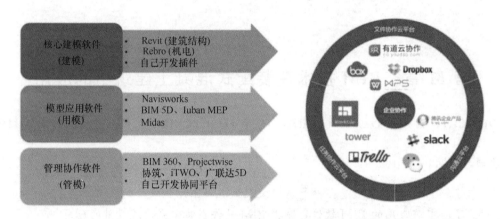

图 11-1　BIM 软件的选择

Autodesk BIM360 软件、Bentley 公司的 Projectwise、Graphisoft 公司的 BIMServer 等，国内有广联达公司的广联云等应用了不同于 CAD 的代码库及文件结构。这些软件应用于民用建筑市场有明显的优势。如 Revit 可以基于自身的文档管理模块、构件库模块、构建信息管理模块、叠合梁深化设计及验算模块和其他模块完成对叠合梁的深化设计及验算。

　　PKPM 是中国建筑科学研究院建筑工程软件研究所研发的工程管理软件。中国建筑科学研究院建筑工程软件研究所是我国建筑行业计算机技术开发应用的最早单位之一。PKPM-BIM 软件能实现装配整体式混凝土框架结构的三维建模及模型转化、预制构件拆分设计、结构整体性分析计算、预制率统计、碰撞检查、算量统计、预制构件施工图出图等，并结合 BIM 能初步实现各专业协同工作问题。

　　Tekla 公司拥有钢结构设计、绘图及制造的丰富经验，是目前在国内多数厂商使用的专业软件，其软件涵盖概念设计、细部结合设计、制造、组装等整个设计流程的建筑信息模型系统，Tekla Structures 是一款多模块集成化的钢结构深化设计软件，自引入中国以来，在多项国家大型项目中都有用到该软件。应用 Tekla 进行装配式建筑的工艺深化设计，其工艺设计图实施上基本满足以下要求：构件尺寸"零误差"，预埋误差小，设计精度高，参数化修改设计，一体化集成各专业，协调多专业多角度考虑问题。

11.2　BIM 在装配式混凝土建筑设计阶段的应用
Application of BIM in the Design Stage of Precast Concrete Building

11.2.1　应用目的及意义
Application Purpose and Significance

　　相比于现浇建筑，装配式建筑需要对建筑结构体系进行预制构件的拆分，以达到工厂生产，现场组装的目的。传统的二维设计方法无法在构件拆分阶段充分考虑构件的可生产性、可运输性、可吊装性及安装性。

　　在装配式建筑的设计、生产、运输、施工过程中，主体结构的预制构件拆分设计是深化设计工作开展的第一步，拆分后的单个构件为实现全过程管理提供基础支撑。拆分设计方式决定后续各个阶段的协调性和可操作性，设计阶段应进行详细的策划，实现装配式建筑中结构合理的工业化拆分。

装配式建筑设计应同时充分考虑与装饰装修设计、现场施工安全措施及现场施工设备关系，门窗、栏杆等二次设计和精装修设计应提前进行，相应点位需在预制构件图中定位并预留预埋。

BIM 是建筑三维模型信息化管理、协作和展示的平台，也可以把它当作一个实现三维可视化信息模型的工具，从策划投标到设计建设、再到废弃或者再利用，BIM 贯穿项目的全过程。随着建筑产业化需求的增加以及我国政策的不断推进，装配式建筑这种用预制构件在工地上装配而成的建筑在我国迅速发展，装配式建筑的建造速度快，通过工厂预制构件，运输到施工现场拼装，大大地节约了建造成本。基于 BIM 的装配式结构设计，是通过面向预制构件 BIM 模型构建、模型分析优化和 BIM 模型建造应用三个阶段完成的设计方法。

11.2.2 设计阶段操作流程

Operational Process in Design Stage

BIM 技术操作总流程如下：

（1）收集数据，并确保数据的准确性。

（2）依照设计要求或者二维设计图纸建立各专业模型。

（3）校验各专业模型准确性、完整性、专业性及设计信息是否满足模型深度要求。各阶段模型深度要求详见附录。

（4）按照统一的命名方式命名文件，分别保存模型。

（5）将各专业阶段性模型等成果提交项目参建单位确认，并按照参建单位意见完善各专业设计成果。

在项目的不同阶段，不同利益相关方通过 BIM 软件在 BIM 模型中提取、应用、更新相关信息，并将修改后的信息赋予 BIM 模型，反映各相关方的协同作业，以提高设计、建造和运行的效率和水平。如图 11-2 所示。

1. 方案设计阶段

针对装配式建筑设计、生产、施工环节，优化建筑布局，达到受力合理、连接简单、施工方便、少规格、多组合的目的，并制定相应装配式方案设计专篇。在方案设计阶段，BIM 技术操作流程如下（图 11-3）：

（1）收集数据，确保数据准确性。

（2）方案模型建立。

（3）审查模型是否满足要求。

（4）方案阶段 BIM 技术应用。

（5）按统一命名规则命名文件，保存模型文件。

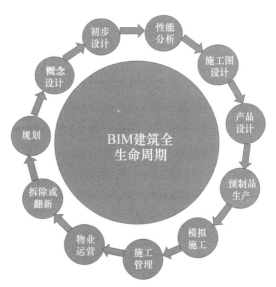

图 11-2　建筑全生命周期图

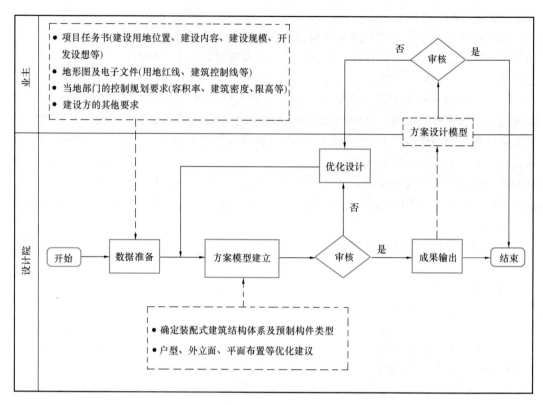

图 11-3　方案设计阶段 BIM 操作设计流程图

2. 初步设计阶段（总体设计阶段）

针对装配式建筑设计、生产、施工环节，在方案阶段的优化基础上，对细部节点、连接构造等进行优化，完成装配式相应工作。在初步设计阶段，BIM 技术操作流程如下（图 11-4）：

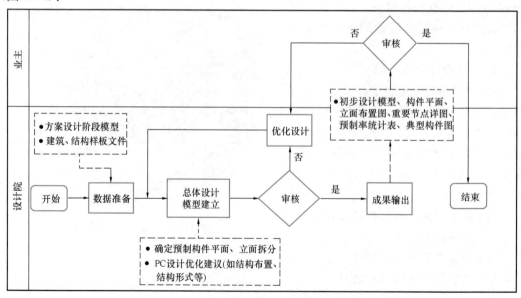

图 11-4　初步设计阶段 BIM 操作设计流程图

（1）收集方案阶段模型或二维图纸，并确保数据准确性。

（2）明确结构自动拆分标准，如预制板厚、内外板高差、尺寸限制、重量限制、节点标准等。

（3）预制构件拆分。应采用模块与模块组合的设计方法，遵循少规格、多组合的原则，具体可参考《装配式混凝土建筑技术标准》GB/T 51231—2016 有关规定。

（4）根据方案阶段模型或者二维图纸创建相关专业模型 。

（5）检查模型是否满足行业规范及模型深度要求。

（6）按照统一命名规则命名文件，分别保存模型文件。

3. 施工图设计阶段

在设计单位施工图设计基础上，提供装配式结构总说明、平面布置图以及详图节点连接构造，并协调水电暖各专业完成所有施工图送审。在施工图设计阶段，BIM 技术操作流程如下（图 11-5）：

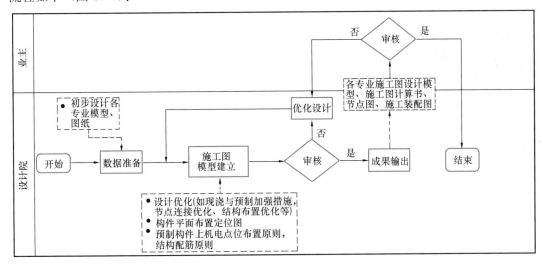

图 11-5　施工图设计阶段 BIM 操作设计流程图

（1）收集数据，并确保数据准确性。

（2）明确预制构件上机电点位布置原则，结构配筋原则。

（3）深化初步设计阶段的各专业模型，达到施工图模型深度要求，并按照统一命名原则保存模型文件。

（4）将各专业阶段性模型等成果提交给建设单位确认，并按照建设单位意见调整完善各专业设计成果。

4. 深化设计阶段

预制构件的设计思路：先设计轮廓，然后布置钢筋，随后放置预埋件，最后检查碰撞。BIM 软件中设计出模型并不难，难点在于复杂构件的快速建模。对于预制构件模型建议造型复杂、重复率低、连接烦琐的构件，不宜直接对此进行构件拆分和设计建模，宜从设计源头出发，优化并简化预制构件，复杂造型及节点宜结合新材料、新型连接节点等技术，使其适合装配式建筑的生产和施工。从而能提高设计效率并增加模型的准确性，为后端方便实施提供真实的物料信息。在深化设计阶段 BIM 技术操作流程如下（图 11-6）：

（1）收集各专业模型。

（2）建立预制构件深化设计模型，达到预制构件深化设计深度要求。

（3）输出预制构件平、立面布置图，节点详图，埋件图，配筋图，模板图，工程量清单等成果。

（4）按照统一命名规则命名文件，分别保存成果文件。

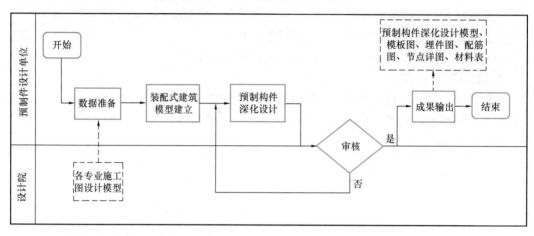

图 11-6　深化设计阶段 BIM 操作设计流程图

11.2.3　数据传递与交付

Data Transfer and Delivery

1. 数据传递与交付原则

保证数据能准确且即时被全流程管理的下游单位使用，保证数据交付是结构化和易于执行的。

（1）预制构件设计单位在 BIM 交付时必须保证交付的准确性，符合双方合同规定的具体内容和设计要求，同时符合现行的设计规范，满足设备加工使用。各专业以模型为基础交付的施工图纸，要进行必要的修改和标注，以达到图纸交付的要求。

（2）以结构化模型数据为主的交付物在交付时要进行交付审查，以达到交付的标准，在项目实施之初就应确定交付物的审查方法和流程，交付审查过程中要特别关注模型的信息内容和模型深度是否一致。

（3）交付物在交付中必须考虑信息的有效传递。根据交付物的使用目的，确保能使几何数据信息和非几何数据信息为应用者有效使用，如：转换成浏览模型以供可视化应用，转换成分析模型以供性能分析使用，输出二维施工图纸供交付图纸使用，输出统计、计算表格以辅助提高工程量计算的准确性。

（4）在交付要求中需确定文件保存和交换的具体格式的通用性，以利于各阶段使用。

（5）在交付要求中要注重知识产权的划定，并应在合同或约定中详细确定。

（6）将预制构件的预装配模型数据导出后进行编号标注，从而生成预制加工图及配件表，经施工单位审定复核后送厂家加工生产。

2. 数据交付

（1）导出模型

BIM 模型需导出各种格式，如：DWG、IFC、PDF（2D/3D）、3DMAX、SketchUP、CPI 等，以便于将设计好的预制构件模型导入项目管理软件、用于 3D 展示、动画制作等工作。预制构件设计后形成的 BIM 模型深度非常高，而企业经营活动中各环节所需的深度是不一致的，因此可将模型输出为两种：精细模型和轮廓模型。

1）精细模型：包含预制构件的所有信息。用于采购、生产和物流，提供准确物料信息和轮廓尺寸。

2）轮廓模型：只包含预制构件的轮廓及相关属性，不包括钢筋、预埋件。用于计划、项目管理、现场安装，提供预制构件基本轮廓和预制构件属性。

（2）出生产图

预制构件的出图类型分为构件生产图和构件安装图。设计好的预制构件套用合适的出图布局，生成该构件的生产图，包括各种立面、剖面、尺寸标注、标签、大样图、统计表、图签。

（3）出物料信息

预制构件的材料，可以分为三大类：

1）第一类为主体材料，包括：混凝土、保温材料、减重材料、外饰面材料。

2）第二类为钢筋，包括：钢筋条、钢筋网和钢绞线。

3）第三类为预埋件，包括：符号预埋件、线性预埋件、面预埋件。

BIM 模型导出的物料文件需包含每个预制构件的详细物料信息，并且统计单位与采购单位一致，与 ERP 系统对接，用于项目物料管理。

物料文件还需包含：项目名称、合同编号、楼栋号、楼层号、构件物料编码、名称、轮廓尺寸、重量等基本信息，用于包装和运输环节。

（4）出加工数据

BIM 模型与工业化生产线结合应用，可实现预制构件的数字化和自动化制造。从预制构件模型中输出的机器加工数据包括两类：钢筋加工数据、自动化生产数据。

1）钢筋生产：BIM 模型中的钢筋信息输出为钢筋数据文件，将此文件导入钢筋加工数控机床即可自动加工某个预制构件所需要的钢筋。

2）自动化生产：BIM 模型输出 PXML/Unitechnik 格式数据，将此数据导入工业控制软件，可进行生产管理，与自动化的预制件生产设备对接，则能实现预制构件的全自动化生产。

BIM 与装配式
建筑设计

更多关于 BIM 与装配式建筑设计的相关知识可扫描右侧二维码进行学习。

11.3　BIM 在装配式混凝土建筑施工阶段的应用
Application of BIM in the Construction Stage of Precast Concrete Building

11.3.1　应用目的和意义
Application Purpose and Significance

根据施工方案的文件和资料，在技术、管理等方面定义施工过程附加信息，并添加到施工作业模型中，构建施工过程演示模型。该模型应当能够演示工程实体、现场施工环境、施工机械的运行方式、施工方法和工序、所需临时及永久设施安装的位置等。

利用建筑信息模型的可视化功能，准确、清晰地向施工人员展示和传递建筑设计意图。

可通过 4D 施工过程进度模拟，帮助施工人员理解、熟悉施工工艺和流程，并识别危险源，避免由于理解偏差造成施工质量与安全问题。

可通过 5D 施工过程成本模拟，为装配式建筑项目成本核算（使用数量、人机料等采购类型及价格）提供预判与核对依据。

预制装配式建筑可有效促进节能减排，提升建筑质量，提高安全水平和劳动生产效率，全面推动建筑产业升级。

11.3.2 BIM 技术操作流程
BIM Technical Operation Process

（1）收集数据，确保数据准确性。

（2）建立施工作业模型。

（3）输出相应的设备、材料信息。

（4）输出预制构件安装、设备安装工艺等信息。

11.3.3 数据传递与交付
Data Transfer and Delivery

（1）物料管理

在物料进场前，通过收集到的准确数据建立 BIM 施工模型，进行初步的现场物料仓库、料场的布置，减少不必要的工期、用工浪费。

（2）场地布置

根据施工方案文件和资料，在技术、管理等方面定义施工过程附加信息，并添加到施工作业模型中，构建施工过程演示模型。该演示模型应当表示工程实体和现场施工环境、施工机械的运行方式、施工方法和顺序、所需临时及永久设施安装的位置等。

（3）三维模型技术交底

依据 BIM 模型选定最优装配方案，并进行施工模拟，并把装配顺序更新到 BIM 模型中。通过组织各施工段工长和现场施工人员召开交底会议，利用可视化模拟演示对工人进行技术交底，这种方式工人更容易理解，既保证了工程质量，又避免了施工过程中容易出现的返工和窝工等现象，同时也有利于生产单位安排预制构件的生产加工和预制构件运输单位进行运输安排。

（4）施工模拟

施工仿真模拟通过直观的三维模型动画，结合相关的施工组织来指导复杂的施工过程。BIM 技术从最大程度上解决了施工中可能遇到的碰撞问题，实现了各专业和预制构件间的协调，减少了不必要的损失。

（5）预制构件验收的 BIM 应用

预制构件运输到现场后，通过扫描电子标签，可以查阅结构性能检测报告，外观质量缺陷和尺寸偏差的允许值，预埋件、补筋、套筒与预留孔洞的规格、位置和数量等设计要求，吊装预埋件的位置等构件验收信息。

11.3.4 BIM 在装配式混凝土建筑装配阶段中的优势与价值
Advantages and Value of BIM in the Assembly Stage of Precast Concrete Building

(1) 实现 BIM 技术的装配式建筑吊装的施工流程

首先，进行施工场地的模拟。运用 BIM 技术的可视化对施工现场机械设备的使用、预制构件与模板的安排进行模拟。工作人员需要依照实际的预制构件需求进行装车、运输与卸装，按照吊装及节点支模的时间考虑等进行预制构件的吊装和支护模拟。

其次，对施工进行模拟。运用 BIM 技术进行详细的施工模拟，再对预制构件的安装与节点相连接等工程的关键性工序进行事先的演练，提早得知施工过程中可能遇到的问题。再依据工程的特点对整个施工区域划分安装区域。

最后，安装区域水平方向的划分一般是依据模拟结果、周围的环境以及结构形式来确定的。装配式建筑工程运用 BIM 技术来进行施工方案的优化，最终确定最优的施工方案，装配式建筑就是把传统的建筑工程拆开划分为一个个的预制构件，将预制完成的混凝土建筑构件拼装成整体，再用吊装技术进行安装，具有技术先进性，如图 11-7 所示。

图 11-7　现场吊装的施工图

(2) 实现 BIM 技术装配式建筑进度管控

BIM 技术在建筑工程施工进度预测与管理中的应用思路总体可分为信息采集、信息组织和进度控制三个环节。将采集来的信息进行编码、存储，建立 BIM 模型，并进行进度预测。在此进度预测的基础上，结合进度控制节点进行建筑工程施工进度控制，力求按施工进度预测情况完成各阶段的任务。主要运用于以下三个方面：

1) 工厂生产的进度追踪控制。预制装配式建筑项目中的很多构件都是交由工厂进行加工处理的，在生产过程中如果进度没有达到阶段目标要求，则需要及时调整生产效率。通过工厂生产的追踪控制能够保持施工现场和工厂的信息互通，确保总进度的顺利进行。

2) 施工现场项目进度追踪控制。施工作业进度需要实时进行更新，必要时还需在该系统中取消或增加某些项目，信息的及时性能够确保更加高效地分享资源，同时有利于缩小工程费用、实际工期和进度计划之间的偏差。

3) 项目进度分析和控制。主要包括 3 个方面：即资金使用情况分析，一般使用剖析表和直方图等；资源使用分析，主要的分析手段是曲线图和剖析表等；具体进度情况分析，多使用关键路径分析等措施。

（3）实现 BIM 技术装配式建筑绿色材料的管理

在项目施工活动中，对所需的材料开展信息化管理，按照 IFC 标准管理层结构，架构基于 BIM 技术的绿色建筑材料管理体系，体系从上至下依次是应用管理阶段、信息交换阶段、BIM 结构层和基础信息层。

1）应用管理层

在这一环节上，要以 BIM 技术三维结构为依据，达到对施工项目活动结构、设计结构、施工结构和绿色建筑材料结构的有效管理，与此同时还要对项目工程在后期发展和维护过程中的所有信息数据进行有效管理。

2）数据交换层

体系利用 BIM 技术手段，构建网络信息传递平台，建立"云"服务平台，它能够在绿色建筑工程项目全寿命周期内，对绿色建筑材料进行协同管理，达到数据共享和管理。另外，将笔记本和手机等终端仪器作为载体，为以 BIM 技术手段为基础的信息交换活动的开展提供了一定的辅助性作用。

3）BIM 模型层

对该类建筑材料管理的 BIM 结构，更要重视建筑材料中心、绿色建筑材料中心的三维结构和施工手段方案，并展开结构模拟。按照绿色建筑活动对建筑材料的具体需求，该类结构模型以绿色建筑材料的相关结构模型为准则，以达到材料管理的需求。

管理者通过 BIM 技术结构的有效利用对绿色建筑材料的使用年限进行有效的管理，该类建筑材料使用周期管理活动中所涉及的材料数据与性能标准，须达到在同一载体上对 BIM 基础信息进行统一管理的标准。BIM 建筑材料的资料库的建设能为工程后期的管理与维护工作提供信息资料支持，为其他施工活动的有效开展提供依据，并形成循环性的信息反映，最终构成一个信息数据丰富完善的 BIM 数据中心。

（4）提高施工现场的工作效率

装配式建筑的吊装工艺复杂，施工的机械化程度比较高，我们可以在装配施工之前运用 BIM 技术对施工流程进行模拟和优化，从而加快施工现场的工作效率；也可以模拟施工现场的安全突发事故，完善施工安全管理规范，排除安全隐患，从而避免安全事故的发生。

（5）加快装配式建筑模型试制过程

在落实了装配式建筑设计方案后，在保证施工进度和质量的前提下，设计人员需要将 BIM 建筑模型中的各种构件信息与预制构件生产厂商共享，生产厂商可以直接获取建筑构件的尺寸、材料、预制构件内钢筋的等级等参数信息，所有设计数据及参数可以通过条形码的形式直接转换为加工参数，实现装配式建筑 BIM 模型中的预制构件设计信息与装配式建筑预制构件生产系统直接对接，提高装配式建筑预制构件生产的自动化程度和生产效率；还可以通过 3D 打印的方式，直接将装配式建筑 BIM 模型打印出来，从而极大地加快装配式建筑的试制过程，并可根据打印出的装配式建筑模型校验原有设计方案的合理性。

11.4 BIM 在装配式混凝土中应用的工程案例
Engineering Case of BIM Application in Precast Concrete

(1) 工程案例一——雅礼洋湖中学项目

雅礼洋湖中学教学楼初中部为地上 5 层，总建筑面积 8998m²，采用装配式整体框架结构，三明治夹心外挂墙板、叠合梁、叠合板、预制隔墙、预制楼梯。预制率为 50%。如图 11-8、图 11-9 所示。

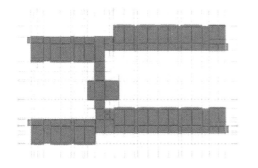
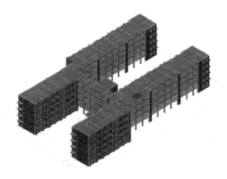

图 11-8　平面图

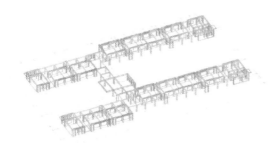
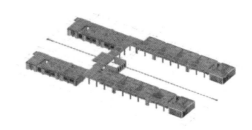

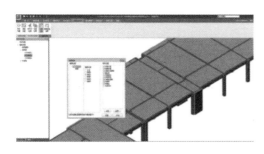
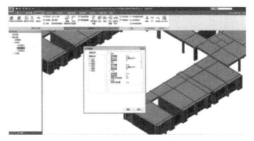

图 11-9　构件深化图

(2) 工程案例二——西雅韵项目

西雅韵项目包括地下一层，地上 31 层，单体建筑面积 10284.60m²。采用装配整体式剪力墙结构，三明治夹心外挂墙板、叠合梁、叠合板、叠合阳台、预制空调板、预制梁带隔墙、预制隔墙、预制楼梯。预制率为 46.1%。如图 11-10、图 11-11 所示。

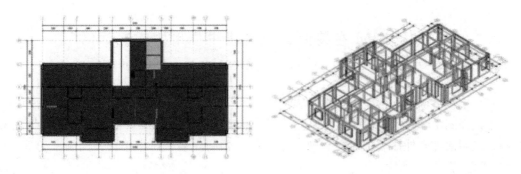

图 11-10　平面图

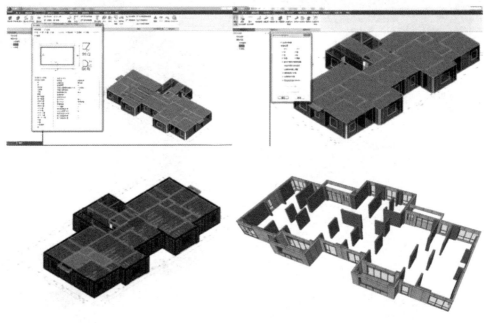

图 11-11　构件深化图

11.5　BIM 在装配式建筑中的发展趋势
The Development Trend of BIM in Prefabricated Buildings

结合行业发展历史和趋势，对于未来装配式建筑智慧建造的发展趋势，可以简单归纳为四点：集成化、精细化、智能化、最优化。

（1）集成化。一方面是应用系统一体化，包括应用系统使用单点登录、应用系统数据多应用共享、支持多参与方协同工作；另一方面是生产过程一体化，包括设计-生产-施工一体化，可以采用 EPC 模式、集成化交付模式等。

（2）精细化。一方面是管理对象细化到每一个部品部件。可借鉴制造业的材料表，在装配式建筑中也可以形成材料表，根据材料表在现场进行装配即可；另一方面是施工细化到工序，通过严格的流程化、管理前置化降低风险，做到精益建造。

（3）智能化。在管理过程中，智慧建造，就要通过系统取代人，至少是部分取代，包含代替人去决策，或者辅助人的决策。其中，用到的数据包括 BIM 数据、管理数据等。另外是作业层，可以有全自动化工厂及现场作业，实现智慧化，如在现场作业可能用到 3D 打印，在工厂里面普遍采用机器人，人工将会大量减少。

（4）最优化。一是最优化的设计方案，设计对于建筑全生命期至关重要；二是最优化的作业计划，无论是进行生产还是施工，构件生产、施工都需要最优化，特别是在构件生产阶段，要实现柔性生产，动态调整作业计划；三是最优化的运输计划，以求达到最短运输路径。

符合以上四点的发展趋势，并结合自身的特点，积极响应国家政策条例，是装配式建筑智能化的发展之路。

本 章 小 结
Summary

1. BIM 建筑信息模型是以建筑工程项目的各项相关信息数据作为模型的基础，通过建立建筑模型和建立数字信息仿真模拟建筑物所存储的数据信息。装配式建筑是设计、生产、施工、装修和管理"五位一体"的体系化和集成化的建筑，核心是"集成"。BIM 方法是"集成"的主线。

2. BIM 技术及相关软件在装配式混凝土建筑设计和施工阶段具有广泛的应用。通过 BIM 这个信息共享平台，多专业协同设计与多阶段协同深化为后续工作打下良好基础，提高了设计效率。

3. BIM 技术在装配式混凝土建筑装配阶段运用的工程案例，为其他装配式建筑混凝土工程提供参考与借鉴。同时 BIM 技术在该装配式混凝土建筑中应用效果良好，促进了建筑产业化与信息化的发展。

思 考 题

11-1　BIM 技术的定义与发展是什么？

11-2　BIM 在装配式混凝土建筑设计阶段的过程是什么？

11-3　BIM 在装配式混凝土建筑装配阶段的过程是什么？

拓 展 题

11-1　BIM 在装配式混凝土建筑设计阶段的主要应用有哪些？

11-2　BIM 构件是如何进行优化设计的？

11-3　BIM 在装配式混凝土建筑装配阶段中的优势有哪些？

11-4　谈谈你对智慧建造的理解。

第 12 章　装配式混凝土建筑的建设项目管理体系

Construction Management System of Precast Concrete Building

本章学习目标

　　1. 重点掌握装配式混凝土建筑全产业链的特征、整合与配置，了解其与传统建筑产业链的异同。

　　2. 掌握装配式混凝土建筑的参与主体及责任管理。

　　3. 掌握装配式混凝土建筑在承包模式和施工合同上的选择，掌握在成本、进度、质量、风险四方面对装配式混凝土建筑重点管控的内容。

　　4. 了解装配式混凝土建筑的可持续性。

　　装配式混凝土建筑从生产工艺、生产要素、生产力都与传统建筑业模式不同，必然导致生产组织流程和建设管理模式上的变革。虽然当前的技术手段还不足以去颠覆和替代传统建筑业及其生产链条上的各种业态，但是它带来的变化是有目共睹的。装配式混凝土建筑以预制构件为主要的结构材料，在设计中，它的设计标准、设计流程与传统建筑设计有区别；在采购环节，除了建筑所需的原材料，预制构件也成为一种特殊的建筑材料，它的生产和采购会对工程的承发包模式、成本及合约管理的内容带来变化；在施工环节，"预制＋装配"是装配式混凝土建筑的主要方式，它与现浇工艺差异较大，带来的人工、机械的配置和组织也完全不同等。受装配式混凝土建筑发展带来的技术升级与专业分工改变的影响，建筑产业链也有明显的变化，各参与主体在建设管理的角色、职责也随之变化，本章内容就是基于建设项目管理体系的视角，来介绍符合装配式混凝土建筑典型特征的组织模式、各个参与方职责变化及关键管控要点等重要内容。

12.1　装配式混凝土建筑全产业链的特征
Characteristics of Whole Industry Chain of Precast Concrete Building

12.1.1　建筑业产业链的定义
Definition of Construction Industry Chain

　　建筑产业链描述的是建筑产品所涉及的利益相关者为了最终完成建筑产品销售和维护所经历的价值增加的活动过程，它涵盖了建筑从原材料生产、建造、维护到拆解再利用的寿命周期的所有过程。

12.1.2 传统建筑产业链和装配式混凝土建筑全产业链对比分析

Contrastive Analysis of Traditional Construction Industry Chain and Precast
Concrete Building Industry Chain

传统建筑产业链是以技术研发、规划设计、建筑安装、市场销售、物业管理、拆除与报废的各个相关企业为载体，以实现价值增值为目标的动态集合。产业链上各节点企业之间严重脱节，不能充分发挥企业耦合一体化的协同效应，产业链上企业的生产效率、技术水平和集成化程度都比较低，基本是劳动密集型、粗放式的发展。建筑工程建设周期长，资源利用率不高，不能与环境协调共同发展。

装配式混凝土建筑全产业链贯通建筑项目全寿命周期，甚至超越了全寿命周期，并以自身特点为依托，集成各相关企业的优势，有效衔接产业链各节点。装配式混凝土建筑全产业链是包含从技术研发、技术咨询、规划设计、工厂化生产、构件运输、构件吊装与现场施工、室内外装修、市场销售、物业管理、拆除及报废到最后的建筑垃圾资源化处理各个阶段相关企业，以实现价值增值为目标的动态集合。秉承可持续发展和循环经济的理念，装配式混凝土建筑全产业链上各个阶段都坚持环保、节能、节地、节材、节水的"四节一环保"政策，从而构建"绿色"的装配式混凝土建筑全产业链，如图 12-1 所示。其中，上游包括技术研发、技术咨询、规划与整体设计；中游包括构件部品工厂化生产、构件吊装与现场施工、室内外装修；下游包括市场销售、物业管理、拆除及报废、建筑垃圾资源化处理。产业链上中下游的企业之间一体化发展，进行物质、能量、信息的循环交换，共同追求经济效益、环境效益、社会效益的最大化。

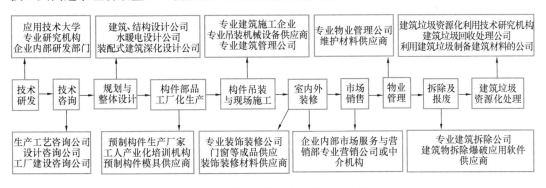

图 12-1　装配式混凝土建筑全产业链

传统建筑产业链与装配式混凝土建筑全产业链的共同之处，在于产业链各个环节的上一节点是下一节点的投入，下一节点是上一节点的产出，并且产业链都含有技术研发、规划设计、市场销售、物业管理、拆除及报废等环节。装配式混凝土建筑全产业链是传统建筑产业链的优化与扩展，二者的区别主要表现在以下几个方面。

1. 装配式混凝土建筑产业链追求"四节一环保"

传统建筑业的生产成本高、工期长、机械化程度低、手工操作频繁，其粗放式发展决定了产业链各节点企业单纯追求利益的最大化，忽略了与环境协调共同发展。而装配式混凝土建筑产业链追求可持续发展与资源的循环利用，每一节点都全面系统地考虑节能、节地、节水、节材和环保，追求一体化综合效益最优。

2. 装配式混凝土建筑产业链纵向一体化程度更高

基于装配式混凝土建筑自身的特点，技术咨询、构件部品工厂化生产、构件吊装与现场施工、建筑垃圾资源化等环节延伸了其产业链。与传统建筑产业链相比，装配式混凝土建筑产业链纵向一体化程度更高，技术、信息、资金、管理等能够有效集成与整合，产业链内还有许多动态增值链。

3. 装配式混凝土建筑产业链外延发展

装配式混凝土建筑产业链还存在若干外延链，各相关企业不再是单向性发展，而是延伸至各行各业，追求全产业链一体化。

12.1.3 装配式混凝土建筑产业链特征分析
Characteristic Analysis of Precast Concrete Building Industry Chain

装配式混凝土建筑不仅是建筑构件的预制，还是全产业链的协同设计、协同生产、协同装配、共同发展，只有做到设计标准化、构件部品化、施工机械化、管理信息化、运行智能化才能够做到效益的最大化，品质更佳，成本更低，工期更短，安全性更高，其中管理信息化贯穿于项目建设运维全过程（如图12-2所示）。

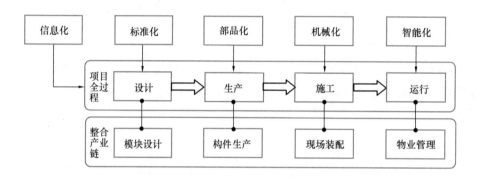

图 12-2　装配式混凝土建筑产业链特征

（1）设计标准化——要求设计标准化与多样化相结合，构配件设计要在标准化的基础上做到系列化、通用化；

（2）构件部品化——采用装配式结构，预先在工厂生产出各种构配件运到工地进行装配，各种构配件实行工厂预制、现场预制和工具式钢模板现浇相结合，发展构配件生产专业化、商品化，有计划有步骤地提高预制装配程度；建筑材料节约化，积极发展经济适用的新型材料，重视就地取材，利用工业废料，节约能源，降低费用；

（3）施工机械化——这是新型建筑工业化的核心，即实行机械化、半机械化和改良工具相结合，有计划有步骤地提高施工机械化水平；

（4）管理信息化——运用计算机信息化手段，从设计、生产到施工现场安装，全过程实行科学化组织管理，这是新型建筑工业化重要保证；

（5）运维智能化——通过集成的 BIM 技术和感知世界的物联网技术，动态监控建筑的运行状况，为用户提供智慧型的管理模式，这是工业化建筑得以持久健康运行的重要条件。

这五个特征在设计、生产、施工、运行等过程中对技术和管理都提出了新要求和标准。本书前 11 章是从技术变革的视角来介绍，本章则是围绕着管理变革的内容来梳理知识点，同时装配式混凝土建筑的产业链的管理、资源整合的方式方法随之产生了变化。

12.1.4 装配式混凝土建筑产业链的整合与配置

Integration and Configuration of Precast Concrete Building Industry Chain

基于装配式混凝土建筑管理的产业链系统优化配置主要包括装配式混凝土建筑的设计、构件生产、建筑施工、信息协同、利益相关者之间利益分配等内容。

1. 装配式混凝土建筑的设计

在设计阶段，基于装配式混凝土建筑的产业链整合路径的重点在于优化设计方案，即在产业链整合的基础上，通过比较不同的建筑方案，系统性地归纳出适用于装配式混凝土建筑的相关建筑参数、定型构件、构件节点做法等，以实现设计最优化。

具体整合路径表现为形成装配式建筑体系下统一的设计标准。必须尽快制定统一的设计规范以及与之配套的设计软件和建筑标准设计图集，从而促进装配式混凝土建筑产业链在设计阶段的有效整合，满足装配式混凝土建筑部品集成化发展的要求。

2. 装配式预制构件的生产

装配式混凝土建筑产业链整合的重点主要是预制构件生产厂的选址布局、构件生产和运输方案的优化、预制构件大规模定制化生产等。其中预制构件大规模定制化生产的内容包括产业链上游与设计单位之间的构件设计方案协调优化、产业链下游对预制构件的定制化需求与规模化生产要求之间的协调。此外，对个性化要求较高、小批量生产的预制构件供应订单，还应通过产量与成本的敏感性分析等手段，合理确定最低订单生产量，将生产成本超支风险控制在合理范围内。

具体整合路径表现为制定并推广标准化构件目录，实行以通用体系为主、专用体系为辅的建筑构件标准化途径。在通用体系下，充分利用构件定型标准化的特点，采取依据部品使用年限和权属实行标准化接口等措施，进一步提高预制构件的通用性。

3. 装配式混凝土建筑的施工

在施工阶段，不同于传统建设过程的运送原材料、设备和建材到现场采用现浇的方式，建筑工业化倾向于在工厂中生产预制构件而现场组装的方法。这种生产方式的变革带来现场预制构件施工人员和机械配置的变化，现场构件施工质量以及安装质量检查验收程序等方面的改变。

施工验收阶段产业链具体整合路径表现为形成统一的预制装配体系下的质量验收标准。现有标准《混凝土结构工程施工规范》GB 50666—2011 第 9 章的技术规定既考虑了传统装配式结构的施工控制水平，也考虑了新型装配式住宅的高质量要求，可广泛适用于装配式结构的施工全过程。

4. 装配式混凝土建筑的信息管理

装配式混凝土建筑产业链的整合配置还应加强对产业链信息流的管理和优化。以BIM、RFID 等技术为信息载体，通过建立预制构件以及部品全寿命周期的信息管理系统，实现装配式混凝土建筑产业链信息的实时管理，同时提高产业链上各个行为主体之间的信息传递效率，促进项目各方的利益平衡，从而促进产业链纵向管理流程的整合和完善。

基于 BIM 的产业链整合路径主要体现在产业链全寿命周期过程协同、多主体目标协同、多主体项目协同三个方面。其中，过程协同是装配式混凝土建筑产业链多方主体实施目标协同的载体，其基础是信息协同。

5. 产业链上利益相关者之间的利益分配

装配式混凝土建筑产业链的优化整合还应有效协调产业链上各个利益相关者之间的利益分配。装配式混凝土建筑产业链上的参与主体较多，且分工更加细致和专业，强调产业链参建主体的技术集成，要求不同参与主体在各个环节相互合作、相互协调，从而形成了更加复杂的利益关系。在利益协调过程中，应在保障各主体平等的前提下，综合考虑各主体承担的责任风险比例，保障利益主体付出与回报相互匹配，合理制定利益分配系数。同时，为避免利益冲突，应制定标准统一的利益分配办法，秉持公开透明的原则进行合理的利益分配，掌握有效的沟通和信息资源共享方法，有效促进各主体之间利益协同。

12.2 装配式混凝土建筑的参与主体及其责任管理关键点
Participants and Key Points of Responsibility Management of Precast Concrete Buildings

在装配式混凝土建筑项目的生产流程中会面临很多主体，包括：政府、业主、施工单位、设计单位、构件供应商、监理单位。这些主体也会由于装配式混凝土建筑在生产流程和生产方式上的变化，在过去传统的管理活动上增加管理内容和职责。

12.2.1 政府对装配式混凝土建筑的管理
Management of Government for Precast Concrete Buildings

目前，我国处于装配式混凝土建筑发展初期，普遍存在一些问题，主要表现为：大多数开发建设单位消极被动；装配式混凝土建筑项目设计没有实现集成化协同设计，而被边缘化、后期化；施工企业利益受损，积极性不高；政府管理系统协同性不强；缺乏有经验的设计、研发、管理人员和技术工人。这些问题都需要政府通过以下五个方面的管理手段来逐渐完善解决。

1. 技术与标准层面

国家行业主管部门应制定出装配式混凝土建筑通用的强制性标准、强制性标准提升计划以及技术发展路线图。地方政府应建立或完善地方技术标准体系，制定适合本地区的装配式建筑部品部件标准。并开展技术培训，通过行业协会组织培养技术、管理和操作环节的专业人才和产业工人队伍。

2. 政策和法律

国家行业主管部门应制定有利于装配式混凝土建筑市场良性发展的建设管理模式和有关政策措施，如奖励和支持政策。同时，对不适应装配式混凝土建筑发展的法律、法规和制度进行修改、补充和完善。地方政府应制定适合本地实际的产业支持政策和财税、资金补贴政策。

3. 行业管理

地方政府应制定装配式混凝土建筑工程的监督管理制度并实施，重点关注对工程的质量和安全的监管。制定质量监管制度措施，对每个环节进行质量检查。在设计环节，强化设计施工图审查管理；在构件制作环节，实行驻厂监理，并定期抽查；在构件运输和堆放环节，加强对运输配备、构件摆放和保护措施的检查，并合理设计进场顺序，减少现场装卸和堆放；在预制构件安装环节，监督监理公司，并抽查施工现场的吊装情况和安装情况；在验收环节，进行全面验收和检测。

4. 行政审批管理

地方政府的各相关部门应依照各自职责做好对装配式混凝土建筑项目的支持和建设各环节的审批、服务和验收管理工作。

5. 发展与规划管理

编制本地装配式混凝土建筑发展规划，并推进相关产业园区建设和招商引资等工作，打造产业集群，形成产业链齐全、配套完善的产业园区格局，促进建筑行业转型升级，实现装配式混凝土建筑行业高质量发展。支持和鼓励本地企业投资建厂和利用现有资源进入装配式领域，开展试点示范工程建设。通过开展国际合作、经验推广以及技术培训等工作和举办研讨会、交流会或博览会等活动来促进装配式混凝土建筑项目的推广与发展。

12.2.2 业主对装配式混凝土建筑的管理
Management of Owners for Precast Concrete Buildings

业主是推动装配式混凝土建筑发展的动力，同时业主也应是装配式项目管理的主导方。在装配式混凝土建筑中，更应强调业主与各方的合作，相关参与方的信息依赖大大增强。但是，目前装配式混凝土建筑体系产业链尚不完善，相关配套资源地区分配不均，从事或熟悉装配式混凝土建筑的设计、生产、施工、监理、检测等企业数量不多，从业人员不足，经验欠缺，给业主在设计生产、质量控制、监督检测、招标投标、施工管理等方面进行有效实施和管理带来了较多的困难。

1. 对设计环节的管理

设计对整个装配式混凝土建筑的影响很大，设计质量决定着工程质量。业主作为整个工程项目的发起方，应对设计环节进行重点管控。在设计阶段，业主提出的设计需求要具有可实现性，并考虑到全寿命周期的管理。在此基础上，通过引入 BIM 技术，实现全过程集成化的信息管理。进行统筹设计时，应将建筑、结构、装修、设备与管线等各个专业以及制作、施工各个环节的信息进行汇总，对预制构件的预埋件和预留孔洞等设计进行全面细致的协同设计，以保证设计质量。

2. 对招标投标环节的管理

在招标投标环节中，业主不但要选择满足要求的工程承包商，还要选择满足要求的构件供应商等，这都是完成整个装配式混凝土建筑的必要条件。

（1）业主对装配式混凝土建筑工程总承包单位的选择

工程总承包模式是适合装配式混凝土建筑建设的组织模式，业主通过招标投标选择装配式混凝土建筑工程总承包单位时要更加注重承包商的实力和经验，业主应首选具有一定的市场份额和良好的市场口碑，有装配式设计、制作、施工丰富经验的总承包单位。

（2）业主对构件制作单位的选择

我国已取消预制构件企业的资质审查认定，从而降低了构件生产的门槛。业主选择构件制作单位时一般有三种形式：总承包方式、工程承包方式和业主指定方式。选择的构件制作单位要有一定的构件制作经验、足够的生产能力、完善的质量控制体系、基本的生产设备及场地、实验检测设备及专业人员等。

3. 对施工环节的管理

装配式混凝土建筑的施工阶段包括工厂预制和现场安装两个阶段，业主对于施工环节的管理也应从这两个方面进行。在构件预制和现场安装的各个环节对质量进行把控，同时协调好施工承包商与预制构件商及其他承包商的关系，明确各方的工作界面，以保证施工环节的顺利开展。

12.2.3　施工单位对装配式混凝土建筑的管理
Management of Construction Department for Precast Concrete Buildings

装配式混凝土建筑的工程施工管理与传统现浇建筑工程施工管理大体相同，同时也具有一定的特殊性。对于装配式混凝土建筑的施工单位管理，不但要建立传统工程应具备的项目进度管理体系、质量管理体系、安全管理体系、材料管理体系以及成本管理体系等，还应根据装配式混凝土建筑的施工特点，有针对性地开展管理工作。

1. 对构配件的管理

当前，国内构配件的生产还存在一定的不足，包括：经验、规模、质量及运输等。鉴于装配式混凝土建筑对构配件的质量要求较高，施工企业应注重对制造商的选择，确保制造商具备相应的资质，能够遵循设计要求进行生产；还应对构配件的运输过程进行控制，注意对运输距离、车辆的选择，强化运输中对构配件的保护，以减少损坏；在构配件进场时，还应对构配件进行检测，符合标准后方可入场，同时加强对构配件的仓储管理，做好防护保养工作，保证构配件的施工质量。

2. 对人员的管理

装配式混凝土建筑施工中，人员因素对施工的影响巨大。若施工人员对构件的功能了解不足，则会引起位置安装错误、参数设置不合理等问题；另外，若管理人员的综合素质不高，则会影响施工管理效果，不能有效进行施工管控，最终造成质量隐患。故应从多角度提高人员素质，针对不同岗位的人员分层培训。对于施工人员，应从施工过程入手，增强其对装配式技术的了解，加强其对构件的熟悉程度，做好技术交底、安全保障等工作，确保其在施工过程中能严格遵守设计规范施工；对于管理人员，应对管理意识和管理方法进行优化，制定严格的管理考核制度进行监督，确保其熟悉装配式混凝土建筑的施工管理，避免粗放式管理的存在。

3. 对施工准备的管理

在进行装配式混凝土建筑施工中，有效的前期准备工作，会直接关系到装配式混凝土建筑的施工质量。故在施工准备阶段，应对影响施工的因素进行全面调查，制定相应的施工组织设计方案，特别要注意对施工进度的设置、对构配件的预先筛查等。

4. 对施工设备的管理

装配式混凝土建筑施工中，需要借助各类设备的配合，因此设备是保障装配式混凝土建筑施工的基础。在具体的施工过程中，施工企业应严格管理施工设备，结合装配式混凝土建筑的施工需求，明确施工所需要的设备类型，保障设备的配置齐全；在使用设备前，应对设备的性能进行测定，排除安全隐患，还应加强对设备的维护保养，制定完善的维护保养责任制度，确定好设备的运行维护周期，从而减少因设备而造成的施工进度、成本、质量等问题。

5. 建设信息化的监管体系

对于装配式混凝土建筑的施工管理，施工企业还应建立信息化的监督管理体系，实现对施工现场质量安全的监督管理。可以借助互联网、应用物联网、计算机、BIM 等技术建立装配式混凝土建筑工程的全过程管理数字化监管平台。将装配式混凝土建筑工程的施工建设作为其主要控制要点,实现对施工过程信息、施工材料、设计图纸、重点安装施工过程以及工程质量检验等数据的收集管理,做到实际管理工作中对质量安全问题的及时追溯解决。

12.2.4 设计单位对装配式混凝土建筑的管理
Management of Design Department for Precast Concrete Buildings

装配式混凝土建筑设计具有精细化流程、精细化成本、一体化配合、模数化设计、信息化技术五个特征。在设计管理的过程中,需要设计单位对建筑设计进行统筹管理,对各方进行组织协调;把控好设计进度,从时间维度上对装配式混凝土建筑的设计进行前置管理;加强对设计质量的管控。

1. 组织协调

装配式混凝土建筑设计是一个有机的整体,不能将其"拆分",而应将其更紧密地统筹。建筑、结构、水电、设备各个专业互相配合;设计、制作、安装各环节互动;运用信息化技术手段进行一体化设计。装配式混凝土建筑的设计应由建筑师和结构设计师主导,而不是常规设计之后交由拆分机构主导。即使有些环节委托专业机构参与设计,也必须在设计单位的组织领导下进行,纳入到统筹范围之内。不仅需要建筑师组织好各个专业的设计协同和系统部品部件的集成化设计,还需要设计人员与制作厂家、安装施工单位的技术人员密切合作与互动,从而实现设计的全过程统筹。

2. 设计进度管理

装配式混凝土建筑的设计管理在时间维度上需要前置管理。具体体现为:关于装配式的考虑要提前到初步设计阶段;装配式混凝土建筑设计需要避免两阶段依次设计,即先现浇结构设计,后预制构件拆分设计,而是应在施工图之前确定拆分方案;预制构件设计的策划分析需要在方案设计阶段之前完成,并指导方案设计;装修设计要提前到建筑施工图设计阶段,与建筑、结构、设备管线各专业同步进行,而不是在全部设计完成之后才开始;同制作、施工环节人员的互动和协同应提前到施工图设计之初,而不是在施工图设计完成后进行设计交底的时候才接触。

3. 设计质量管理

装配式混凝土建筑设计深度和精细程度的要求更高,一旦出现问题,往往无法补救,造成巨大损失和工期延误。因此必须保证设计质量,其中,结构安全是设计质量管理的重中之重。由于装配式混凝土建筑的结构设计与机电安装、施工、管线铺设、装修等环节需要高度协同,专业交叉多、系统性强,应当重点加强管控。此外,必须满足规范、规程、标准、图集的要求。同时需要根据不同的项目类型特点,制定统一的技术管理措施和质量管理体系。建议采用 BIM 技术等提高工程建设一体化管理水平,从而可极大地提升设计的质量和工作效率。

12.2.5 构件供应商对装配式混凝土建筑的管理
Management of Component Suppliers for Precast Concrete Buildings

由于装配式混凝土建筑预制构件与传统的材料设备存在较大差异,构件供应商的管理也具有一定特殊性,应根据装配式混凝土建筑的要求和预制构件的材料特点,有针对性地开展管理工作。

1. 进度管理

进度管理的主要目的是按合同约定的时间交付质量合格的产品，主要内容包括：前期根据合同约定和施工现场安装顺序与进度要求编制生产计划，生产过程中按实际进度检查分析，并及时制定调整计划或采取补救措施解决影响生产进度的问题。

2. 质量管理

构件制作工厂应当建立完善的质量管理体系和制度，制定落实措施，包括各作业环节的操作规程和各类构件制作相应技术方案等，并宜建立质量可追溯的信息化管理系统，保证预制构件的生产质量。

3. 成本管理

目前我国装配式混凝土建筑成本较高，其主要原因包括以下几点：一是社会因素，市场规模小，导致生产摊销费用高；二是由于结构体系不成熟，或是技术规范相对审慎所造成的成本高；三是未能形成专业化生产，产品品种多、数量少，无法形成规模效益。降低制作企业生产成本，主要通过降低建厂费用、优化前期设计、降低模具成本、制定合理工期、建立健全并严格执行管理制度等措施，实现对制作企业生产成本的有效控制。

12.2.6 监理单位对装配式混凝土建筑的管理
Management of Supervision Department for Precast Concrete Buildings

不论是在传统建筑还是在装配式混凝土建筑的施工过程中，监理单位都承担着重要的责任，需要监理方在施工的各道工序和各个环节展开巡视、检查和验收，并严格把关。装配式混凝土建筑在工程施工实施阶段，项目监理应严格按设计文件、规范和标准，对构配件的进场验收、堆放、吊装、安装、连接、固定、成品保护等各道工序进行质量巡查，并强化过程控制和质量验收，对关键部位和关键工序实施跟踪旁站，进行记录和把关。

1. 前期准备工作

在前期准备阶段，监理应熟悉施工图纸，参加设计交底、图纸会审等会议，明确施工所用技术、设备等，发现问题时及时提出相关意见和建议；同时，应严格审查施工组织设计方案，检查施工设备，把控预制构件的安装流程，明确各分项工程的施工方法和步骤，检查构配件的运输、堆放、储存过程，审查质量保障、安全文明等施工措施。

2. 构件进场的监理验收控制要点

构配件进场时，总包单位、监理单位和制造商三方按设计文件及构件质量验收标准，查验相关质量保证资料，对构件进场的数量、规格及质量进行验收。检查的内容主要包括构件的强度、几何尺寸、门窗洞口尺寸、埋件位置及实体重量等。对存在质量问题的构件，要求制造商到场返修或进行退场处理。

3. 巡视检查施工现场构件堆放及成品保护

在检查构件堆放及成品保护时，监理方应检查预制构件堆场设置的墙板竖向存放钢质支架是否具有足够的稳定性，以及底部柔性保护措施、构件间分隔的设置情况，还应查验嵌入构件的铝合金窗框是否具有良好的保护措施，要确保窗框不受外力冲击；对边缘较窄的构件，起吊前应要求施工单位进行加固处理，防止起吊过程中发生断裂；构配件应分类堆放，除墙板应竖向独立存放外，其他构件堆放，防止堆放过高或支点垫设位置不当，造成构件断裂损失，影响工程进度。

4. 构件吊装的质量控制

构件的吊装是关系装配式混凝土建筑最终施工质量的关键环节，因此监理应加强监管力度。在吊装准备阶段，总监理工程师应审查构件吊装专项施工方案，重点审查构件安装的施工顺序和工艺流程；审查构件安装施工测量是否符合质量控制要求；审查分项工程施工方法是否符合规范的规定，以及是否有保证施工安全和质量的技术措施。在吊装过程中，监理方应重点关注施工楼层安全围护系统的设置及水平挑网的搭设，安排专职安全监理对构件吊装进行专项巡检，着重对施工有关人员、安全防护措施、施工机械设备、吊装施工顺序、构件连接情况、人员操作情况等多个方面进行巡检，以确保吊装过程的安全。

5. 构件安装的质量控制及监理措施

在安装过程中，监理方应加强对标高、平面位置的轴线控制与复核，及时对构件连接件数量、支撑及紧固进行巡视检查，发现问题及时予以校正，要求总包单位加强对构件安装质量的控制，认真执行施工质量"三检制"，以确保安装的质量。监理工程师应在构件安装过程中，加强过程控制，进行事中检查巡视，发现质量问题和安全问题及时提出整改指令，督促施工方落实整改，并在施工方自检合格的前提下，组织验收并签署验收手续。

6. 现浇混凝土施工质量控制要点

在装配式混凝土建筑的施工中，除了预制构配件的安装外，还有大量的现浇施工作业。因此，监理方也应多关注现浇作业的管理。搭建模板时，应查验模板工程专项施工方案是否合理；钢筋绑扎时，应查验钢筋的品种、规格、数量、间距、连接方式等内容；浇筑混凝土时，应查验混凝土的强度等级、配合比、坍落度等情况，重点控制外墙板底部、窗口两侧、剪力墙侧面、叠合板与现浇梁结合部位的混凝土的胀模和漏浆；检查对预制板和模板的浇水湿润及墙、柱、底部和叠合板表面的接浆处理；关注混凝土浇筑的振捣、表面收光处理及养护情况。

12.3 装配式混凝土建筑的目标管控
Target Control of Precast Concrete Buildings

装配式混凝土建设管理的管控目标主要有承包模式、合同模式、成本管理、风险管理、质量管理和可持续性管理。装配式混凝土的建设管理与传统现浇建筑的建设管理相比，在内容和流程上均有不同。各参与主体应结合装配式混凝土建筑的特殊性开展管理，而不能照搬原有的管理方法和措施。可扫描右侧二维码了解更多成本优化内容。

装配式建筑结构设计中的成本优化建议

12.3.1 装配式混凝土建筑的承包模式
Bidding Model of Precast Concrete Buildings

1. 装配式混凝土建筑的生产组织模式的特征

近年来，我国装配式混凝土建筑发展速度日益加快，但在技术层面和管理组织模式上仍然存在许多欠缺。从我国装配式住宅发展的实践来看，常见的产业链主体组织关系模式包括以房地产开发企业为核心、以建筑施工企业为核心、以大型建材生产企业为核心和以设备生产企业为核心等多种产业链主体组织关系模式。从采购和承包视角来看，我国房屋建筑工程在长期发展中，形成了设计与施工相分离的生产组织模式。设计方和施工方往往只考虑自身承担的设计、施工部分的工作，而不会从项目整体进行考虑。这样的组织模式必然会引起后续大量的变更工作，协调工作量增大，管理成本上升；甚至还会出现责任主体不明晰，相互推诿的情况，大大影响了工程的进度、质量、造价、安全等。

装配式混凝土建筑的生产方式由施工现场现浇转变为在工厂生产预制构件、现场装配。构件的工厂化使装配式混凝土建筑具有了一定的商品属性。同时，构件的设计工作必须与后续装配施工工作相互协调，才能保证现场装配时生产的构件能够按照施工方案准确无误地进行安装。这样的差异使得装配式混凝土建筑的组织模式具有与传统建筑不一样的特点。一方面，其需要高质量的设计工作，需要在项目前期就充分考虑到与暖通、电气、安装等各专业的协作和构件生产、装配时的施工协调工作，进而深化设计，减少设计缺陷，以减少后期的变更工作和由此带来的工程造价的增加。另一方面，其需要从建设项目全局进行考虑，将构件设计标准化，并配合数字化管理，将设计、构件生产、施工安装、装修、后期维护等环节进行有效的交叉融合。

2. 装配式混凝土建筑的承包模式选择的原则

装配式混凝土建筑的组织模式对设计工作的质量和全局管理要求很高，因此在选择组织模式时需要坚持协同性、集成性、系统性三大原则。

协同性原则要求总承包商结合分包商、专业分包商、构件供应商等多方建立起多层级的产业协作体系，并主导生产过程中的设计、生产、施工等环节，发挥沟通协调机制，使产业链上的各企业更好地进行配合。集成性原则要求基于 BIM 的装配式混凝土建筑项目集成管理模型对装配式混凝土建筑的设计、采购、生产、施工和运维全生命周期信息进行整合、优化、存储。系统性原则要求总承包商利用"系统工程"的理论和方法，从系统的角度出发，对系统中的每一个子系统进行管理和控制，以达到"系统最优"。

3. 装配式混凝土建筑的承包模式类型

在我国装配式混凝土建筑的市场上，现目前最普遍存在的还是传统的设计-招标-建造模式（DBB 模式），这种模式已经不能适应装配式混凝土建筑的发展。基于协同性、集成性、系统性的原则，推荐装配式混凝土建筑选择设计施工一体化模式（DB 模式）、设计采购施工总承包模式（EPC 总承包模式）、集成项目交付模式（IPD 模式）。以下对装配式混凝土建筑现采用的 4 种模式进行介绍。

（1）传统的项目管理模式——DBB 模式

DBB 模式即设计-招标-建造模式（Design-Bid-Build），在这种模式下业主与设计单位、施工单位、供货商、监理单位分别签订合同。首先由业主委托建筑师或咨询工程师进行前期的各项工作，待项目评估立项后开展设计工作，在设计阶段完成后编制施工招标文件，并通过招标方式选择施工承包商和供货商。项目严格按照设计—生产—施工的顺序进行，建设周期长。

这种模式长期地、广泛地在世界各地采用，应用比较成熟，业主也可自由选择咨询方、设计方、监理方，并且各方均熟悉使用标准的合同文本。但这不符合装配式混凝土建筑通过构件工厂化生产实现设计-施工一体化的特点，不建议采用。

（2）设计施工总承包——DB模式

DB模式即设计-施工一体化模式（Design-Build），在这种模式下业主将设计和建造的任务同时发包给同一项目总承包商，由承包商负责组织项目的设计和施工工作。业主主要关注产品是否符合需求，而不是参与设计与施工之间的关系协调。其中项目的主要参与方为业主、设计施工总承包商、监理单位和构件供货商，监理单位负责对承包商进行监督管理，并对业主负责，业主对项目有一定的控制权。

这种模式很大程度上避免了设计、施工相互割裂引起的设计变更等问题，适用于设计施工总承包企业不负责构件生产的情形，此时设计师必须依据构件生产商要求的尺寸和性能进行详细设计，确保构件的可施工性。

（3）EPC总承包模式

EPC模式即设计-采购-施工总承包模式（Engineering，Procurement and Construction），业主与总承包商签订合同，业主只需表明意图和要求，总承包商负责项目的设计、生产、施工全过程工作。由总承包商分别与分包商和供货商签订合同，总承包商处于核心地位，统筹管理各参与单位，整合全产业链资源，实现设计、生产、施工的一体化管理。

《国务院办公厅关于大力发展装配式混凝土建筑的指导意见》中明确规定，装配式混凝土建筑原则上应采用工程总承包模式，可按照技术复杂类工程项目招标投标。在EPC模式下，设计、构件采购以及现场装配均由总承包商来承担，保证了各个环节工作之间的有效衔接，总承包商仅对业主负责，权责明确，避免了不必要的纠纷。同时，节约大量的人力、物力成本，使工程成本降低。EPC模式实现了建设项目高度组织化，降低了建造成本，减少了资源浪费，响应了建筑产业化发展和绿色建筑的本质要求。

（4）集成项目交付模式（IPD模式）

IPD模式即集成项目交付模式（Integrated Project Delivery），该模式通过对项目实施流程，各流程作业实施者及其工作任务的整合，实现了工程项目建设过程的集成化建设；并通过多方协议对各方责任、风险以及奖惩方式进行集成化安排，从而激励所有参与者致力于项目总目标、团结协作、充分利用并分享自身的技能与知识，使得项目建设全过程的绩效获得最大化提升，为业主创造价值、减少浪费，获得最优的项目结果。

IPD模式要求项目主要参与方在项目早期通常是项目设计开始之前就参与到项目之中，共同实施决策。这使得项目开展的每一个计划安排都汇集了所有参与者的知识与专业技能，大大提升项目策划工作的有效性。此外，在IPD项目中加入BIM平台，可以帮助各参与方早期介入项目并进行交流合作、帮助业主对项目进行物业管理和设备管理等，实现更高的工程效率。因此，IPD模式＋BIM技术将成为装配式混凝土建筑发展的最终趋势。

12.3.2　装配式混凝土建筑的施工合同类型
Types of Construction Contracts for Precast Concrete Buildings

在我国传统的建设工程项目中，建设工程施工合同分为单价合同、总价合同和成本加酬金合同三大类。

在装配式混凝土建筑项目中，推荐采用总价合同的形式。合同的价格应该在充分争议的基础上确定，除招标文件或工程总承包合同中约定的调价原则外，一般不予调整。业主按照初步设计提交的工程量清单作为招标文件的报价清单，工程总承包商按照这个清单进行报价，并充分考虑自己的风险因素。合同约定承包商为了达到所发包工程的性能要求及操作安全和便利要求所进行的深化及优化，任何设备、材料及相应安装施工标准的提高，增加的设备和材料，只要是一个有经验的承包商在投标时能够预见或者应该预见的，将不视为变更。基于此，工程总承包商将充分考虑施工中的风险，将其纳入报价中，这有助于工程顺利施工，按时或提前竣工。

12.3.3 装配式混凝土建筑的成本管控
Cost Management of Precast Concrete Buildings

成本管控是装配式混凝土建筑管控的三大目标之一，成本也一直是企业关心的重点，成本问题一直是装配式混凝土建筑的重点研究问题。本小节将从装配式混凝土建筑的成本构成、增量成本分析、装配式混凝土建筑成本与传统建筑成本对比及装配式混凝土建筑成本影响因素和经济效益展开。

1. 装配式混凝土建筑的成本构成

装配式混凝土建筑的成本是形成整个装配式项目的全部费用，即是在考虑资金时间价值的情况下，建筑物从策划、设计、建造、使用直到拆毁的整个寿命周期过程中所发生的总成本。

表 12-1 反映了装配式混凝土建筑从决策立项到设计、建设、竣工验收、运营维护乃至回收处置等阶段的成本的投入。

装配式混凝土建筑的成本构成表　　　　　　　　　　　表 12-1

阶段	成本项	详　述
建设准备	建设用地费	土地出让费用、拆迁安置、基础设施投入
	开办费	开发补助、规划增益、地役权
设计阶段	设计费	建筑设计，包含暖通工程、给水排水工程等
	咨询费用	付给造价咨询公司的费用
建设阶段	招标投标费用	进行总承包、分包、供应商等招标投标活动
	主体及配套设施	基础及临时设施费
		场地准备
		下部结构
		上部结构
		装饰装修
		预制构件的安装
		建筑设施
		室外工程
	预制费用	预制构件（如楼梯、横梁、圆柱、阳台、整体式厨房）的设计、生产及运输
	移交费用	建筑整体运行及移交
	其他费用	税费、其他法定费用

阶段	成本项	详　述
运营及维护	运行费	一般支持服务包括租金、设备管理费、保管清洁
	维护重置费	装修、定期检修、更换部件
	设备管理费	选择设备、正确使用、维护修理设备以及更新改造设备
	设备移交	设备移交
	其他	运营时涉及的其他费用
处置阶段	报废场地清理	废弃物、余物拆除清理费
	报废管理	报废建筑物废弃物管理费用
	报废移交	报废建筑物废弃物移交费用

2. 装配式混凝土建筑的增量成本

装配式混凝土建筑相较于传统建筑各个成本项存在差异，本书中将总成本有所增加的，称为正增量成本，总成本有所减少的，称为负增量成本，二者统称为增量成本。其成本增量分别出现在以下几个阶段，具体如表12-2所示。

（1）建设前期主要变化的成本是：构件初始成本的摊销、生产成本；

（2）设计阶段的主要变化的成本是：PC构件的设计费用、设计咨询费用；

（3）施工阶段的主要变化成本是：运输费用、PC构件施工费用、现浇部分差异、人工费、变更成本、措施费等；

（4）运营阶段的主要变化成本：由于传统现浇建筑与装配式混凝土建筑在竣工验收后期运营中的工作内容基本一致，但由于装配式混凝土建筑产品质量的提高，大修次数可能减少，所以维修费用可能会减少。

装配式混凝土建筑的增量成本表　　　　　　　　　　表 12-2

阶段	成本项	建造方式	
		传统建造住宅	装配式住宅
前期	土地费	√	√
	三通一平费	√	√
	勘察测量费	√	√
	招标投标费	√	增加
	生产成本		√
	初始构件摊销		√
设计阶段	方案设计	√	√
	初步设计	√	√
	施工图设计	√	√
	PC构件设计费		√
	设计咨询费		√

阶段	成本项		建造方式	
			传统建造住宅	装配式住宅
实施阶段	机械费		✓	增加
	人工费		✓	减少
	材料费		✓	减少
	变更成本		✓	减少
	运输成本		主要用于运输材料	主要用于运输构件和构件
	扣减 PC 构件单方成本			✓
	PC 施工费用			✓
	措施费	脚手架	✓	减少
		模板	✓	减少
		机械进出场	✓	增加
运营阶段	维修费用		✓	减少
	行政性收费		✓	✓
	销售费用		✓	✓

3. 装配式混凝土建筑与传统建筑的成本对比

在装配式混凝土建筑成本与传统建筑成本的对比中,对于不同项目,由于前期建设用地其他费用中所包含的开办费没有可比性,故不多加比较。对于后期运营维护费用与处置成本,装配式混凝土建筑在运营维护阶段更环保节能,在报废处置阶段也产生较少的建筑垃圾。理论上,运营维护成本及报废处置成本较传统现浇式建筑有所降低。但由于我国装配式混凝土建筑发展时间不长,第一批装配式混凝土建筑尚未到达报废阶段,因此这几项同样不在成本比较的范围内。

装配式混凝土建筑成本主要在于对建设成本的分析。包括招标投标费用、设计成本、预制构件所产生的费用(包括预制构件的设计、生产、运输费用)、建筑主体及其配套设施的成本(包括基础及场地整理、上部结构、下部结构、建筑设施及安装装配等所产生的费用)。其中由于采取不同的建造方式而引起的成本最大差异的部分就是上部结构以及预制构件的生产、运输、装配等成本,下面通过选取不同案例对比,对这部分内容进行重点分析。

案例数据取自沈阳市 2012~2015 年间建成的预制装配式混凝土建筑及类似规模的现浇式建筑,在保证其装配式混凝土建筑发展水平情况下,对其进行费用比较,如表 12-3所示。其中,案例 1-A~案例 1-D 均为预制率不同的预制装配式混凝土建筑,案例 1-E 及案例 1-F 为现浇式建筑。

同一城市项目费用详解 表 12-3

工程	单位	案例 1-A	案例 1-B	案例 1-C	案例 1-D	案例 1-E	案例 1-F
建筑面积	m²	12547	7542.24	7036	4713.56	14166	13251
预制率	%	11	37	60	65	0	0

工程	单位	案例1-A	案例1-B	案例1-C	案例1-D	案例1-E	案例1-F
1 钢混工程	元/m²	519	214	138	299	407	434
2 预制组件	元/m²	155	664	1226	1435	0	0
3 楼板工程	元/m²	23	27	62	13	41	29
4 砖砌体工程	元/m²	37	25	3	1	30	25
5 屋面、防水	元/m²	44	37	47	32	34	37
6 抹灰	元/m²	74	58	55	71	136	105
7 措施和其他	元/m²	261	207	125	113	300	306
上部结构费用	元/m²	1113	1232	1656	1964	948	936

注：预制组件中包括预制构件的生产、运输、装配等成本。

关于装配式混凝土建筑上部结构总成本，从预制装配式混凝土建筑之间（案例1-A～案例1-D）横向来看，上部结构成本分别为每平方米1113元、1232元、1656元及1964元，并随着预制率的增加而增加。而现浇式建筑的上部结构成本分别为948元与936元，显著低于预制装配式混凝土建筑。其主要原因在于预制构件的生产、安装、设计和运输费用的增加。预制率越高，预制组件的费用也就越高，而且其增幅在表中最大。预制率65%的案例1-D更是每平方米增加了1435元。

4. 装配式混凝土建筑成本的影响因素和经济效益

（1）影响因素

装配式成本处于动态变化的过程中，各种影响因素交织在一起，复杂多样。主要有设计因素，管理因素，技术因素，国家政策、标准的影响。其具体的影响因素见表12-4。

装配式混凝土建筑成本影响因素　　　　　　　　　　表12-4

影响因素	具体因素	具体影响
设计因素	预制率与装配率	装配式成本通常随着预制率与装配率提高而增加
	建筑形式、规模	建筑形式越复杂，构件的种类和规格越多，涉及的工序越多，成本越多
	PC构件拆分合理性	根据构件受力情况、施工特点、吊点设计、后期运输、建设单位要求等，拆分合理成本将有所降低
	标准构件重复使用率	标准化程度高，模具重复使用，成本降低
	PC构件生产工艺及生产线	构件的精确度，构件尺寸偏差，材料的浪费将对成本产生影响
管理因素	施工管理	有序、规范的施工现场能保证装配式混凝土建筑施工的效率
	工种间的协作能力	保证交叉作业的有序进行及其安全，高效的协同配合能力将有效提高安装效率、降低工期及成本
	吊具及吊装工序组织	不同型号的吊具租赁费不同，吊重量越大，租赁费相应地越高
	产业链水平	我国装配式混凝土建筑还处于初级阶段，使得产业链上下游相关产业发展不同步，缺乏相应的配套设施，成本增加

影响因素	具体因素	具体影响
技术因素	工业化工人专业水平	工人的操作质量关系到构件的质量，工人的熟练程度直接影响企业的生产效率
	模具设计使用及构件保护	模具设计的精确性与构件的完整性将对成本造成影响，构件保护不当造成构件损坏成本将增加
	运距及运输机械的选择	根据相应的运输规模选择合适的车辆，合理选择构件搭配或装车布置。通常运距短，运输成本低
	固定资产的一次性投入与产量	产量规模越大，固定资产的摊销费用将越低
国家政策、标准	国家现行标准、规范及政策	国家应适当地调整税率或提供相应的优惠政策，并应在财政方面给予支持，促进装配式的发展，降低其成本
	质量体系建立	完善质量建筑管理体系，保证装配式混凝土建筑质量安全

其中影响装配式混凝土建筑成本的因素主要是：预制率与装配率，预制构件的拆分，工种间的协同配合，构件重复使用率及管理经验、体系。参与各方应着重控制项目的装配率、项目的优化设计及各工种间的协同配合，加强施工管理，提高经济效益。

（2）经济效益

很多建筑施工行业人士往往直接将装配式混凝土建筑与传统现浇施工成本进行比较，从而得出采用装配式要比目前成本高的简单结论。但实际上，装配式成本需要从建筑的全生命周期的角度进行分析，即综合考虑项目从前期规划、设计施工、运营使用直至最后的拆除报废阶段所产生的成本。如果全面地看待建筑过程的成本（开发商的时间价值、管理费降低、房屋质量提高、安全成本较低、现场措施费降低等），成本其实是不增加的。

首先，装配式设计与现浇式设计相比，装配式从设计、施工、运行、维护和拆除等全生命周期的各个阶段都会对环境产生积极的影响，降低二氧化碳的排放量，减少建筑垃圾，此外施工过程中节能、节水、节电、节材也带来一定的经济效益。其次，预制构件在工厂生产，在达到一定的生产规模标准后，其生产成本应较现浇有一定程度的降低，给利益相关者带来切实的经济效益；再者，装配式的品质提升，全生命周期维护成本的降低，也为其增加了相应的经济效益。此外，装配式住宅工程的实施为社会做出了非常重要的贡献，包括改善生活品质，提高工作质量、生产力和人体健康效益。从以上角度来看，装配式在全寿命周期上的经济效益将有所增加。

12.3.4 装配式混凝土建筑的进度管控
Progress Control of Precast Concrete Buildings

装配式混凝土结构施工进度控制方法同传统现浇结构施工进度控制方法有较大不同，由于大部分结构构件委托给专业生产企业生产，室内装饰也有部分工作内容如门窗制作、整体厨房设施、整体卫生间均为施工现场外的其他生产企业生产并运输到现场，现场湿作业明显减少，因此装配式混凝土建筑施工进度管控重点也有所差异。

1. 装配式混凝土建筑的进度影响因素

工程项目组织实施的管理形式分为依次施工、平行施工和流水施工三种。受生产线性能影响，构件生产一般为依次预制，在具有多条同性能生产线时，可以平行预制生产。在装配施工现场，每栋建筑之间采用平行施工，一栋建筑采用依次施工。施工进度计划就是施工现场各项施工活动在空间和时间上的顺序体现，施工程序和顺序随着施工规模、性质和装配式混凝土结构施工条件和使用功能的不同而变化。

装配式建造方式可以加快工程进度，装配式混凝土建筑的进度影响因素包括 5 个方面。

（1）构件拆分设计。从设计之初即采取有利于施工的设计原则，可有效降低施工难度，加快施工进度。

（2）预制构件生产计划，特别是构件预制装配率较高的工程。预制构件生产计划管理应由预制构件生产单位编制，经施工总包单位、项目监理单位审查，特别是预制构件生产计划应同施工总包编制的单位施工进度计划相协调，做好无缝对接。

（3）构件生产及运输。生产及运输主要影响供货计划，供货不及时将影响现场安装进度，构件生产及运输需满足以下要求：1）构件生产厂家提前确认生产计划，组织生产备货，准时供应成品构件；2）运输过程中采用运输防护架、木方、柔性垫片等成品保护措施；3）应就近选择构件生产厂家，合理规划到施工现场的运输路线，评估路况，合理安排运输时间。

（4）施工内容的变化。现场施工与传统工程相比，装配式建造方法所涉及的现场施工得到了根本的简化。它本质上归结为在现场组装构件。通常一个由 5 名工人组成的团队每天最多可以组装 6 个构件，也就是 270m² 的完工面积，比传统建筑要快得多。

（5）工序的穿插。施工中应与当地政府主管部门进行沟通，采取主体结构分段验收的形式，提前进行装饰装修施工的穿插，实现多作业面有序施工，提高整体效率。图 12-3 体现了以上影响因素对施工进度的影响。

图 12-3　传统项目与装配式混凝土项目工期对比

2. 装配式混凝土建筑与传统建筑的进度对比

装配式混凝土建筑相对于传统建筑的进度优势主要体现在以下几个方面：

（1）项目施工工艺的减少及工序的有机融合，比如部分墙柱混凝土养护时间缩短，部分外墙装饰工艺、保温工艺和安装工艺相结合，大幅缩短了安装工期。

（2）构件的提前预制，使项目构件加工不占关键线路的工期。

（3）机械化安装更容易形成流水施工，可以进行主体结构立体交叉作业。

（4）现场施工工序简化，湿作业大量减少。在构件生产过程中，墙板的所有受力钢筋和楼板的部分钢筋直接埋入预制构件，因此在施工现场只需要做少量的钢筋连接绑扎工作；最后只需要将二次浇筑的混凝土填充进去，再进行振捣密实就能完成所有工作。

（5）有利于冬期施工。由于装配式建筑的组成是利用预先生产的构件进行进一步的组装，构件生产过程不受天气等因素的影响，施工阶段可对构件连接处做局部维护保温，这一优势就非常适合那些室外施工时间较短的寒冷地区。

（6）保证质量，减少变更和返工。

（7）采用装配式建造方式，施工周期缩短。采用传统现浇方式，主体结构大概为3～5天一层。主体完成之后，各专业才开始施工，实际需要的工期是7天一层。采用装配式建筑，高层建造工期缩短30%左右，多层和底层可以缩短50%以上。以30层精装住宅为例，建筑工业化方式与传统方式的工期对比如表12-5所示。

装配式建造方式与传统方式的各阶段工期对比　　　　　　　　　　　　　表12-5

建造方式	装配式建筑方式	传统建筑方式
主体工程	4天一层，所有部品与构件均在工厂制造，现场进行标准化、精细化组装；5个月内完工	平均7天一层，受天气影响，搭脚手架隐患大，手工作业品质难保障，进度难控制，至少6个月
内外装修	现场进行装配式工业化施工，主体完成之后再加2.5个月	至少需要3～5个月
景观与外场管线	完成±0以下部分即可进场施工，预留出施工通道及场地	主体完成后进场施工
水电安装	与主体及装修同步	至少需2～3个月
从动工到交付	最快10个月	至少需要24～30个月

（8）采用工业化建造方式，现场的人数减少。建筑构件运到现场后，使用吊装设备装备，施工现场建筑工人的角色单一化。较传统模式，装配式住宅的建筑工人将减少50%左右。

3. 基于JIT的思想的进度管控

JIT（Just In Time），中文又称准时制，源于丰田生产模式，是指在合适的时间，将合适的产品，按合适的数量，运到合适的地方，尽量实现零库存、零等待，以彻底消除不增值的劳动和浪费为目的。JIT作为制造业的制胜法宝，被大力推崇并收到了良好的经济效果。而我国传统的建筑业由于受现场现浇湿作业的影响，材料品种过多过杂，品质参差不齐，完全实现JIT有很大的困难，目前随着"设计标准化、生产工厂化、施工机械化、信息集成化"的装配式建筑的大力推广，建筑业逐步由"建造"向"制造"转变，正好为实现JIT创造了更加可行的客观条件，这对改变建筑业管理模式、降低成本、提高工作效率、减少环境污染等都具有十分重要的意义。

在预制构件中应用JIT采购法，可以使供应商随时对建筑项目的进度快慢进行调整，根据预制构件所要采购的数量，在采购方要求的接受预制构件的时间和建筑地点，以要求的时间和建筑项目所需的构件质量提供预制构件。

施工现场与设计、构件厂的协调是基于JIT思想的进度管控关键，装配式混凝土建筑的预制构件吊装是进度计划中的关键工作，而设计、生产、运输和存放都可能造成构件不能正常供应，延误进度。设计方出图时间和出图质量直接影响工厂的生产准备；施工单位应排出构件吊装计划，并要求构件厂排出构件生产计划，现场施工人员应考虑构件存放量，施工单位应与构件厂商确定每批构件的进场时间及进场次序。因此，装配式混凝土建筑要采用EPC总承包模式，统一协调管理，以期高效。

12.3.5 装配式混凝土建筑的质量管理

Quality Management of Precast Concrete Buildings

1. 装配式混凝土建筑的质量管控节点

相比已经非常成熟的现浇混凝土结构工程，装配式工程设计和建造过程除了需要各工程实施主体高标准、精细化管理外，还需要工程管理单位统筹工程方案与工程设计、预制构件生产、现场施工等关键节点的质量管理。

（1）设计质量管理

装配式混凝土结构工程设计分为方案设计、施工图设计、深化设计三个阶段进行。在设计阶段，工程设计单位应对各阶段的设计工作质量总体协调，审查三阶段的设计质量和设计深度。在工程实施阶段，设计单位应派遣设计人员全过程参与装配式混凝土工程项目的配合工作，及时解决与设计有关的技术问题，做好设计技术服务工作。

1）方案设计：装配式混凝土建筑规划及方案设计应结合建筑功能、建筑造型，从建筑整体设计入手，预制建筑方案设计和结构方案设计都要由专业顾问参与指导，规划好各部位拟采用的工业化部位和构配件，并实现部品和构配件的标准化、定型化和系列化。

2）施工图设计：装配式混凝土建筑施工图设计除了要在平面、立面、剖面准确表达预制构件的应用范围、构件编号及位置、安装节点等要求外，还应包括典型预制构件图、配件标准化设计与选型、预制构件性能设计等内容。

3）深化设计：构件加工深化设计工作是装配式混凝土建筑的专项设计，直接影响工程项目实施的质量与成本。在深化设计前，深化设计人员应仔细审核建筑、结构、水、暖、电等设备施工图，补足遗漏、矛盾等问题，提出深化设计工作计划。深化设计过程应加强与预制构件厂及施工单位的配合，确保深化设计成果满足实施要求。深化设计工作完成后，应提交给工程设计单位进行审核确认；确认无误后，构件深化设计图纸即可作为装配式混凝土建筑的实施依据。

（2）预制构件生产质量管理

质量管理要对构件生产过程中试验检测质量的检验工作制定明确的管理要求，保持质量管理有效运行和持续改进。

1）预制构件工厂选择。业主要遴选管理规范、信誉良好、无质量投诉的厂家作为供应厂商。同时，工厂的生产产能和在产工作量需要纳入考核因素。

2）预制构件工厂的质量管理。构件生产的质量控制要系统化，从接收图纸开始，工厂就应当对模具图深化、模具加工、备料等环节进行质量控制。车间要对所生产的构件质量负责，做到不合格的材料不投产、不合格的半品不转序。在全过程中都应安排驻场监理对生产过程进行监督。

3）预制构件资料管理。预制构件资料包含预制构件工厂自身存档资料和构件交付时应提供的验收资料两部分。预制构件工厂资料是预制构件生产全过程质量完整真实记录，预制工厂构件资料应按有关规定进行收集、整理、存档保存，保存方式、年限和储存环境应符合要求，以备索引、检查和生产质量追溯。

4）预制构件工厂提供的资料。构件交付时提供的资料应以设计要求或合同约定为准，一般提供各类质量证明文件。施工单位或监理应对运输到场的预制构件质量和标识进行查验，确认满足要求且与所提供资料相符后方可卸车。

装配式混凝土建筑的构件在生产过程中需要进行构件精度管理，在装模、钢筋加工与关键点处理等环节需要遵守预制构件的质量管控标准。其标准要求请参考本书第10章。

（3）现场施工质量管理

装配式混凝土结构工程施工应制定施工组织设计和专项施工方案，提出构件安装方法、节点施工方案等。装配式混凝土结构工程施工质量管理的重点环节有预制构件进场验收、施工准备、构件安装就位、节点连接施工，应做好质量管理协调工作，制定相应的质量保证措施。

1）预制构件的运输与堆放。需要有专业的运输车辆将构配件运至施工现场，并需要在运送途中对构配件做出相应的保护措施。构配件到达施工现场后，还要对构配件进行合理堆放和适当的养护，以免因自然因素或人为因素影响而受损，从而影响建筑质量。

2）施工准备。装配式混凝土结构施工前应编制专项施工方案和相应的计算书，并经监理审核批准后方可实施。施工机械质量水平、施工人员的专业水平，以及现场基础设施设置情况会对施工质量产生影响。此外，具有完备的图纸会审、质量规划方案和施工方案非常重要。

3）构件安装就位、节点连接施工。装配式混凝土建筑与传统现浇建筑的一个重大区别在于施工方式发生了重大变革，由此也造成了施工现场的人员比例和相关的施工机械配置产生了重大变化。要充分发挥装配式混凝土建筑的施工效益，需要使技术娴熟的工人与性能良好的施工机械之间有机结合。

4）质量管理协调。装配式混凝土建筑在施工技术上比传统的现浇式建筑有了突破性的进展。在此基础上，必然要求组织管理也产生相应的变革。施工方需要与构配件厂就构配件的质量进行协调；同设计单位就技术交底、图纸交底以及某些不可避免的设计变更进行积极协调；为了保证工程验收质量，工程收尾时要与业主方、监理方进行必要的验收工作，尤其是构配件搭接部位和灌浆部位的质量验收；与此同时，劳务分包方也应做好管理协调工作，使施工顺利完成。

2. 装配式混凝土建筑的质量评估

装配式混凝土建筑的建筑质量较现浇混凝土建筑有较大的提升。在建设过程中，需结合装配式混凝土建筑的质量管理特点，实践工程项目质量管理制度；同时应更加关注预制构件和现场施工的质量监控要点。

（1）工程项目质量检测制度

工程项目质量检测机构是对工程和建筑构件、制品以及建筑现场所用的有关材料、设备质量进行检测的法定单位，所出具的检测报告具有法定效力。装配式混凝土结构质量检测形式分为实验室检测和现场检测两大类。实验室检测主要检测项目的材料性能、连接节点以及相应的结构构件性能。现场检测主要应用的技术有套筒灌浆的灌浆饱满度检验技术，冲击回波技术（在结合面、锚浆搭接质量检验中应用）等。

（2）装配式混凝土建筑质量检验内容

预制混凝土构件生产质量检验可分为模具质量检验、钢筋及混凝土原材料质量检验、预埋件及配件质量检验、构件生产过程中各工序质量检验、构件成品检验以及存放和运输检验六部分内容，每部分检验工作都应该制定相应的质量检验制度和方案，规定检验的人员和职责、取样的方法和程序、批量的规则、质量标准、不合格情况的处理、检验记录的形成、资料传递和保存等，确保各项质量检验得以严格和有效执行并保存质量的可追溯性。

预制构件产品质量检查要点包括：混凝土外观质量及构件外形尺寸质量检查情况；预留连接钢筋的品种、级别、规格、数量、位置、外露长度、间距等质量检查情况；钢套筒或金属波纹管的预留孔洞位置等质量检查情况；与后浇混凝土连接处的粗糙面处理及键槽设置质量检查情况；预埋吊环的规格、数量、位置及预留孔洞的尺寸、位置等质量检查情况；水电暖通预埋线盒、线管位置，预留孔洞的尺寸、位置等质量检查情况；夹心外墙板的保温层位置，厚度质量检查情况；门窗框的安装固定及外观质量检查情况；外装饰面层的黏接固定及外观质量检查情况；构件的唯一性标识质量检查情况、构件的结构性能检验报告检查情况。

装配式混凝土建筑施工质量评估重点是对施工中构件节点的连接质量进行评估，包括预制构件与结构之间的连接；节点处混凝土或灌浆材料的强度及收缩性能等；装配施工中后浇接头处的钢筋连接或锚固；临时支撑及临时固定措施设计及安全性；套筒灌浆连接或钢筋间接搭接时专项施工技术质量保证措施情况。此外，还包括装配式结构施工的外观质量与尺寸偏差等。

装配式混凝土建筑施工后质量评估内容包括：装配式结构工程质量验收资料提交情况、装配式结构的结构实体检验情况、隐蔽工程现场验收情况、施工现场成品保护情况等。

（3）装配式混凝土施工常见质量通病

结构施工安装方面的质量通病包括预制墙板、预制挂板轴线偏差超过标准。预制构件的尺寸偏差超过标准，会导致安装就位困难；吊装缺乏统筹考虑，造成构件连接可靠性不足，构件安装时吊点设置不当，操作起吊时机不当；连接钢筋出现位移，造成上下构件对接安装困难，影响构件连接质量；墙板、柱的找平垫块放置随意，造成墙板或柱安装不垂直；预制构件龄期达不到要求就安装，造成构件边角损坏；节点灌浆质量不高，灌浆不密实、漏浆等，影响连接效果，造成质量隐患。

预制构件同后浇混凝土之间的质量通病包括后浇部分模板周转次数过多，板缝较大不严密，易漏浆，尤其节点处模板尺寸的精确性差，连接困难，后浇混凝土养护时间不足就拆卸模板和支撑，造成构件开裂，影响观感和连接质量；预制墙板与相邻后浇混凝土墙板的缝隙及高差大，形成错缝等，墙板连接处缝隙封堵不密实，影响观感和连接质量；预制叠合楼板和叠合墙板因外力开裂，叠合楼板之间连接缝开裂，外挂墙板裂缝，外挂墙板之间缝隙开裂，内隔墙与周边连接处裂缝，均会影响结构整体受力，也影响美观和防渗漏效果。

12.3.6 装配式混凝土建筑的风险管控

Risk Control of Precast Concrete Buildings

目前，我国装配式混凝土建筑处于发展的初期，市场认可程度较低，在发展过程中受到很多因素制约。同时，项目各参与主体对装配式混凝土建筑认识不足，缺乏装配式混凝土建筑的设计、施工及管理的经验，也缺乏技术、管理人才及产业工人。以上因素造成了装配式混凝土建筑的风险问题较传统现浇方式的建筑更为突出。因此，有必要对装配式混凝土建筑的风险进行深入分析，以提高各参与主体对装配式混凝土建筑的认识，从而更好地迎接装配式混凝土建筑技术和管理的变革升级带来的挑战。

从不同阶段对装配式建筑的风险进行识别，决策阶段的风险包括政策风险、投资风险、社会风险；设计阶段的风险包括政策风险、设计体系、设计流程、人员组织、成本控制五个方面；构件生产和运输阶段的风险按阶段识别分为构件生产和构件运输堆放两阶段的风险；施工阶段的风险按阶段识别分为施工前期和施工吊装两阶段的风险；运营阶段的风险包括组织风险、人员风险、社会风险、技术风险、经济风险五方面。具体的风险清单如表 12-6 所示。

各阶段风险清单 表 12-6

阶段	风险名称	风险内容
决策阶段	政策风险	装配式混凝土建筑的相关法律法规不完善
		产业政策、金融政策、环保政策等出现不利变化
		繁杂的审批程序
	投资风险	全寿命周期通货膨胀过高
		对装配式混凝土建筑的长期受益预测不准确
		目标定位不准确
		项目所需资金不足
		缺乏可建造性评估和风险评价
		缺乏装配式技术经济的可行性分析
	社会风险	缺乏与装配式混凝土建筑相关的咨询顾问
		消费者对于装配式混凝土建筑的接受程度低
		缺乏装配式混凝土建筑相关的保险产品
设计阶段	设计体系风险	预制构件设计标准化程度不高
		预制构件连接节点设计不合理
		目前标准化设计无法满足业主的个性化需求
	组织风险	各个专业端口难以有效协同，信息传递不足
	成本风险	前期设计缺乏对装配式建造成本的控制
构件生产、运输阶段	构件生产风险	缺乏职业化产业工人队伍
		建筑材料不规范
		生产管理环境不完善
	构件运输和堆放风险	运输车辆应满足构件尺寸和载重要求
		运输过程中的成品保护问题
		运输路线市政道路的限高、限重等要求
		堆放场地应平整，凹凸不平会折断预制构件

阶段	风险名称	风险内容
施工阶段	施工准备风险	预制构件运输措施不到位
		预制构件存放位置及方式不当
		施工现场用电处理不到位
	吊装风险	起重机选择不当
		临时支撑体系不到位
		叠合楼板的吊点设计不准确
		吊装施工作业不规范
		施工误差较大
		高空外围防护措施不完善
运营阶段	组织风险	缺乏科学合理的维护：多个责任主体，责任划分困难
	人员风险	缺乏有经验的物业公司
		各参与方缺乏合作
	社会风险	需求者对装配式混凝土建筑认知不足，接受度不高
	技术风险	项目与新技术接口处理复杂
		装配式混凝土建筑规范和行业标准缺乏，增加了市场推广难度
	经济风险	后期效益不如预期
		装配式混凝土建筑缺乏相关保险的风险

本 章 小 结

Summary

1. 区别于传统建筑产业模式下的各公司单向性发展，装配式混凝土建筑是集成各相关企业优势的全产业链模式。为了实现装配式混凝土建筑的设计标准化、构件部品化、施工机械化、管理信息化和运行智能化，应重点关注装配式混凝土建筑产业链管理和资源整合的方式方法，具体优化路径体现在装配式混凝土建筑的设计、构件生产、建筑施工、信息协同、利益相关者之间利益分配等方面。

2. 在装配式混凝土建筑项目的生产流程中会面临很多主体，包括：政府、业主、施工单位、设计单位、构件供应商、监理单位。这些主体也会由于装配式混凝土建筑在生产流程和生产方式上的变化，在过去传统的管理活动上增加管理内容和职责。

3. 装配式混凝土建筑承包模式的类型有：传统的设计-招标-建造模式（DBB 模式）、设计施工一体化模式（DB 模式）、设计采购施工总承包模式（EPC 总承包模式）和集成项目交付模式（IPD 模式）。为适应装配式混凝土建筑的发展，基于协同性、集成性、系统性的原则，推荐选用后三种承包模式。

4. 装配式混凝土建筑项目的施工合同宜采用总价合同的形式。合同的价格应该在充分研究的基础上确定，除招标文件或工程总承包合同中约定的调价原则外，一般不予调整。工程总承包商应充分考虑施工中的风险，并将其纳入报价中，这有助于工程顺利施工。

5. 装配式混凝土建筑成本需要从建筑的全生命周期的角度进行分析，即综合考虑项目从前期规划、设计施工、运营使用直至最后的拆除报废阶段所产生的成本。其主要的增量成本体现在预制构件的生产、运输和安装上，现阶段装配式建筑和传统建筑相比，成本有所增加。但从全面分析，可发现其综合效益是增加的。同时，建议预制构件采购中应用JIT采购法，以要求的时间和地点提供预制构件。

6. 装配式混凝土建筑的建筑质量较现浇混凝土建筑有较大的提升，为保证装配式的整体质量，应重视工程方案与工程设计、预制构件生产、现场施工等关键节点的质量管理。同时关注预制构件和现场施工的质量监控要点，做好项目的质量检测，有效防止各种质量通病。

7. 按照不同阶段，装配式混凝土建筑的风险主要有：决策阶段的政策风险、投资风险、社会风险；设计阶段的政策风险、设计体系、设计流程、人员组织、成本控制五个方面；构件生产和运输阶段的风险按阶段识别分为构件生产和构件运输堆放两阶段的风险；施工阶段的风险按阶段识别分为施工前期和施工吊装两阶段的风险；运营阶段的风险包括组织风险、人员风险、社会风险、技术风险、经济风险五方面。

思 考 题

12-1 建筑业产业链和供应链的定义是什么？

12-2 装配式混凝土建筑产业链如何进行整合优化？包含哪些方面？

12-3 装配式混凝土建筑的信息管理是怎样的？基于BIM有哪些实现的路径？

12-4 装配式混凝土建筑的参与主体有哪些？他们都应从哪些方面进行管理？

12-5 装配式混凝土建筑组织模式的特点和选择的原则分别是什么？

12-6 装配式混凝土建筑能适合采用哪种合同形式？为什么？

12-7 装配式混凝土建筑的成本如何构成的？计算的方法有哪些？

12-8 影响装配式混凝土建筑成本的因素主要是哪些？

12-9 装配式混凝土建筑的成本分析如何进行？其增量成本和减量成本有哪些？

12-10 装配式混凝土建筑质量控制的前提和原则是什么？可以采取哪些措施？

12-11 装配式混凝土建筑各阶段面临的风险都有哪些？

拓 展 题

12-1 如何理解传统建筑产业链和装配式混凝土建筑产业链之间的区别？

12-2 建筑供应链与制造业供应链的区别和联系体现在哪些方面？

12-3　从一个装配式混凝土建筑参与主体的角度，思考如何能提升其管理作用和效率？

12-4　能不能提出一种完全适合装配式混凝土建筑的组织模式？

12-5　如何能在未来的发展中降低装配式混凝土建筑的成本？

12-6　传统建筑和装配式混凝土建筑所面临风险的区别与联系有哪些？

12-7　怎样保障装配式混凝土建筑的施工质量？

参 考 文 献

[1] 中华人民共和国住房和城乡建设部. 工程结构通用规范 GB 55001—2021[S]. 北京：中国建筑工业出版社，2021.

[2] 中华人民共和国住房和城乡建设部. 建筑与市政工程抗震通用规范 GB 55002—2021[S]. 北京：中国建筑工业出版社，2021.

[3] 中华人民共和国住房和城乡建设部. 钢结构通用规范 GB 55006—2021[S]. 北京：中国建筑工业出版社，2021.

[4] 中华人民共和国住房和城乡建设部. 混凝土结构通用规范 GB 55008—2021[S]. 北京：中国建筑工业出版社，2022.

[5] 中华人民共和国住房和城乡建设部. 装配式混凝土结构技术规程 JGJ 1—2014[S]. 北京：中国建筑工业出版社，2014.

[6] 中华人民共和国住房和城乡建设部. 钢筋桁架楼承板 JG/T 368—2012[S]. 北京：中国标准出版社，2012.

[7] 中华人民共和国住房和城乡建设部. 预制带肋底板混凝土叠合楼板技术规程 JGJ/T 258—2011[S]. 北京：中国建筑工业出版社，2012.

[8] 姚谏. 建筑结构静力计算实用手册(第2版)[M]. 北京：中国建筑工业出版社，2014.

[9] 中华人民共和国住房和城乡建设部. 混凝土结构设计规范 GB 50010—2010(2015年版)[S]. 北京：中国建筑工业出版社，2011.

[10] 中华人民共和国住房和城乡建设部. 冷轧带肋钢筋混凝土结构技术规范 JGJ 95—2011[S]. 北京：中国建筑工业出版社，2012.

[11] 中华人民共和国住房和城乡建设部. 钢结构设计标准 GB 50017—2017[S]. 北京：中国建筑工业出版社，2018.

[12] 中华人民共和国住房和城乡建设部. 混凝土结构工程施工质量验收规范 GB 50204—2015[S]. 北京：中国建筑工业出版社，2015.

[13] 中华人民共和国住房和城乡建设部. 桁架钢筋混凝土叠合板(60mm厚底板)15G 366—1[S]. 北京：中国计划出版社，2015.

[14] 中华人民共和国住房和城乡建设部. 预制带肋底板混凝土叠合板 14G443[S]. 北京：中国计划出版社，2014.

[15] 中华人民共和国住房和城乡建设部. 装配式混凝土结构连接节点构造(楼盖结构和楼梯)15G310—1[S]. 北京：中国计划出版社，2015.

[16] 中华人民共和国住房和城乡建设部. 装配式混凝土结构连接节点构造(2015年合订本)G310-1~2[S]. 北京：中国计划出版社，2015.

[17] 中华人民共和国住房和城乡建设部. 混凝土结构工程施工规范 GB 50666—2011[S]. 北京：中国建筑工业出版社，2012.

[18] 中华人民共和国住房和城乡建设部. 装配式混凝土建筑技术标准 GB/T 51231—2016[S]. 北京：中国建筑工业出版社，2017.

[19] 中华人民共和国住房和城乡建设部. 预制带肋底板混凝土叠合楼板技术规程 JGJ/T 258—2011[S]. 北京，中国建筑工业出版社，2012.

[20] 湖南省住房和城乡建设厅. 混凝土叠合楼盖装配整体式建筑技术规程 DBJ 43/T 301—2013，2013.

[21] 中华人民共和国住房和城乡建设部. 钢筋套筒灌浆连接应用技术规程 JGJ 355—2015[S]. 北京：中国建筑工业出版社，2015.

[22] 中华人民共和国住房和城乡建设部. 建筑结构可靠度设计统一标准 GB 50068—2018[S]. 北京，中国建筑工业出版社，2018.

[23] 中华人民共和国住房和城乡建设部. 工程结构可靠性设计统一标准 GB 50153—2008[S]. 北京：中国计划出版社，2008.

[24] 上海市预制装配式混凝土建筑设计、生产、施工 BIM 技术应用指南[S]. 上海，2018.

[25] 王茹. BIM 结构模型创建与设计[M]. 西安：西安交通大学出版社，2017.

[26] 卡伦·M·肯塞克. BIM 导论[M]. 北京：中国建筑工业出版社，2017.

[27] 朱溢镕，焦明明. BIM 概论及 Revit 精讲[M]. 北京：化学工业出版社，2018.

[28] 丁烈云. BIM 应用·施工[M]. 上海：同济大学出版社，2015.

[29] 李亚萍，陈国平. BIM 技术在装配式混凝土建筑结构设计中的应用及发展[J]. 混凝土，2018(6)：121-123.

[30] 张雷阳. 基于 BIM 技术的绿色建筑材料管理体系研究[J]. 中国建材科技，2017，26(4)：24-25.

[31] 江伏香. 论 BIM 技术在预制装配式建筑中的数据化进度管理[J]. 居舍，2018(19)：157-158.

[32] 吴慧群. 浅谈目前我国 BIM 技术应用中存在的问题及改进措施[J]. 建设监理，2016(8)：5-7.

[33] 吴金虎，吴荣伟，苏思聪，蔡东杰. 装配式混凝土建筑设计阶段 BIM 技术的应用[J]. 建筑技术开发，2017，44(24)：95-97.

[34] 邓晓红，刘佳，徐秀杰，王全良，张中. 装配式建筑质量追溯系统研究[J]. 住宅产业，2015(10)：46-51.

[35] 林斌. 基于 BIM 技术的装配式建筑吊装的施工研究[J]. 四川建材，2018，44(12)：155-156.

[36] 王娟. 浅谈 Bentley 软件在工程设计中的应用[J]. 数字技术与应用，2018，36(12)：132-133.

[37] 倪妮，许淘，邵建华. Tekla Structures 在钢结构设计中的应用[J]. 山西建筑，2018，44(26)：43-44.

[38] 陈群，蔡彬清等. 装配式混凝土建筑概论[M]. 北京：中国建筑工业出版社，2017.

[39] 齐宝库，朱娅，刘帅，等. 基于产业链的装配式混凝土建筑相关企业核心竞争力研究[J]. 建筑经济，2015，36(8)：102-105.

[40] 方媛. 装配式混凝土建筑物流管理及成本分析[M]. 北京：中国建筑工业出版社，2018.

[41] Xue X，Li X，Shen Q，et al. An agent-based framework for supply chain coordination in construction[J]. Automation in Construction，2005，14(3)：413-430.

[42] Palaneeswaran E，Kumaraswamy M，Rahman M，et al. Curing congenital construction industry disorders through relationally integrated supply chains[J]. Building & Environment，2003，38(4)：571-582.

[43] 柳堂亮. 预制装配式混凝土建筑企业供应链风险管理研究[D]. 重庆：重庆大学，2016.

[44] 单英华. 面向建筑工业化的住宅产业链整合机理研究[D]. 哈尔滨：哈尔滨工业大学，2015.

[45] 王晓锋，蒋勤俭，赵勇.《混凝土结构工程施工规范》GB 50666—2011 编制简介[J]. 装配式结构工程，2012.

[46] 郭学明. 装配式混凝土建筑概论[M]. 北京：机械工业出版社，2018.

[47] 王伟东. 装配式混凝土建筑施工管理[J]. 建材与装饰，2018(41)：153-154.

[48] 丁思康. 装配式混凝土建筑工程管理的影响因素与对策[J]. 建筑工程技术与设计，2018，

(20)：472.

[49]　乔桂军. 装配式住宅工程现场施工监理的质量控制要点[J]. 建设监理，2017(2)：57-60.

[50]　齐宝库，王明振. 我国 PC 建筑发展存在的问题及对策研究[J]. 建筑经济，2014，35(7)：18-22.

[51]　于龙飞，张家春. 基于 BIM 的装配式混凝土建筑集成建造系统[J]. 土木工程与管理学报，2015，
　　　32(4)：73-78，89.

[52]　任志涛，郭林林，郝文静. 基于 BIM 的装配式混凝土建筑项目集成管理模型研究[J]. 建筑经济，
　　　2018，39(9)：27-30.

[53]　樊则森，岑岩. 装配式混凝土建筑系统集成设计方法探析[J]. 动感(生态城市与绿色建筑)，
　　　2017(1)：30-31.

[54]　王禹杰，侯亚玮. BIM 在建设项目 IPD 管理模式中的应用研究[J]. 建筑经济，2015，36(9)：
　　　52-55.

[55]　杨华斌，路军平等. 装配式混凝土建筑工程造价[M]. 郑州：黄河水利出版社，2018.

[56]　陈燕. 我国装配式混凝土建筑全生命周期风险分析[J]. 西昌学院学报(自然科学版)，2018，32
　　　(2)：27-30.

[57]　齐宝库，朱娅，范伟阳. 装配式混凝土建筑全寿命周期风险因素识别方法[J]. 沈阳建筑大学学
　　　报(社会科学版)，2016，18(3)：257-261.

[58]　刘敬爱. 装配式混凝土建筑部品(构件)生产质量风险管理研究——以济南为例[J]. 建筑经济，
　　　2016，37(11)：114-117.

[59]　常春光，颜蕊蕊. 装配式混凝土建筑施工安全风险评价及管理措施[J]. 沈阳建筑大学学报(社会科
　　　学版)，2017(4)：81-85.

[60]　齐宝库，李长福. 装配式混凝土建筑施工质量评估指标体系的建立与评估方法研究[J]. 施工技
　　　术，2014，43(15)：20-24.

[61]　陈晓红. 装配式住宅——绿色住宅的发展趋势[J]. 山西建筑，2012，38(9)：22-23.

[62]　喻晓梦. 装配式混凝土建筑绿色施工评价[J]. 建材与装饰，2018，532(23)：60.

[63]　李文峰，陈群，陈哲，等. 装配式混凝土建筑的绿色价值思考[J]. 福建工程学院学报，2017(5).

[64]　王广明，刘美霞. 装配式混凝土建筑综合效益实证分析研究[J]. 建筑结构，2017(10)：37-43.

[65]　邹建文. 装配式混凝土建筑项目管理关键点研究[J]. 建设监理，2019，(1)：29-32，38.

[66]　宋亦工. 装配整体式混凝土结构工程施工组织管理[M]. 北京：中国建筑工业出版社，2017.

[67]　卢保树，张茜. 装配整体式混凝土结构工程施工[M]. 北京：中国建筑工业出版社，2018.

[68]　黄延铮，魏金桥. 装配式混凝土建筑施工技术[M]. 郑州：黄河水利出版社，2017.

[69]　文林峰. 装配式混凝土结构技术体系和工程案例汇编[M]. 北京：中国建筑工业出版社，2017.

[70]　吴刚. 装配式建筑[M]. 北京：中国建筑工业出版社，2018.

[71]　上海隧道工程股份有限公司. 装配式混凝土建筑结构施工[M]. 北京：中国建筑工业出版
　　　社，2016.

[72]　Jaillon L，Pooncs. The evolution of prefabricated residential building systems in Hong Kong：A re-
　　　view of the public and the private sector，Automation in Construction[J]，2009，18(3)：239-248.

[73]　Blengini G A，CarloT D. Energy-saving policies and low-energy residential buildings：an LCA case
　　　study to support decision makers in Piedmont (Italy)[J]，International Journal of Life Cycle Assess-
　　　ment，2010，15(7)：652-665.

[74]　McGraw-Hill. McGraw-Hill Construction. Prefabrication and Modularization：Increasing Produc-
　　　tivity in the Construction Industry[M]. New York，McGraw-Hill Press，USA，2011.

[75]　Jaillon L，Poon C S，Chiang Y H. Quantifying the waste reduction potential of using prefabrication

in building construction in Hong Kong[J]. Waste Management，2009，29(1)：309-320.

[76] Tam V W，Tam C M，Zeng S，Ng W C. Towards adoption of prefabrication in construction[J]. Building and Environment，2007，42 (10)：3642-3654.

[77] Mao C，Shen Q，Shen L Tang L，Comparative study of greenhouse gas emissions between off-site prefabrication and conventional construction methods：Two case studies of residential projects[J]，Energy and Buildings，2013，66：165-176.

[78] Shen L，Tam V W，Li C. Benefit analysis on replacing in situ concreting with precast slabs for temporary construction works in pursuing sustainable construction practice[J]. Resources，conservation and recycling，2009，53(3)：145-148.

[79] 苟寒梅，毛超，董茜月．预制装配式与现浇式建筑施工成本对比研究[J]．建筑经济，2018，39 (3)：71-74.

[80] 赵亮，韩曲强．装配式混凝土建筑成本影响因素评价研究[J]．建筑经济，2018，39(5)：25-29.